城市地下工程技术研究与实践

吴 波 著

中国铁道出版社

2008·北京

内 容 简 介

城市地下工程具有复杂工程结构条件、复杂工程环境条件、复杂工程地质条件、安全风险高、施工难度大和工期紧等特点，本书是一部紧密结合城市地下工程设计、施工、科研等技术问题的专门研究著作。

本书共分8章，第1章和第2章为城市地下工程研究基础部分，主要介绍了城市地下工程研究现状和地下工程施工过程力学模拟实现方法；第3章至第5章为城市地下工程施工力学研究的内容，主要介绍了城市地下工程施工过程中的群洞效应、时空效应、渗流—应力耦合效应等分析理论、方法和工程应用；第6章和第7章为城市地下工程环境岩土问题研究的内容，主要介绍了城市地下工程施工过程中对邻近建筑物、管线和桥梁的影响以及安全控制标准的定制；第8章为工程技术实践内容，主要介绍了城市地下工程安全快速施工及新技术成果应用典型实例。

本书资料翔实，内容新颖，重视实践，可读性强，可供从事城市地下工程、隧道或相近专业的设计、施工、科研及管理人员参考。

图书在版编目(CIP)数据

城市地下工程技术研究与实践/吴波著.—北京：中国铁道出版社，2008.5
 ISBN 978-7-113-08944-3

Ⅰ.城… Ⅱ.吴… Ⅲ.城市建设-地下工程-工程技术-研究 Ⅳ.TU94

中国版本图书馆CIP数据核字(2008)第086137号

书　　名：城市地下工程技术研究与实践
作　　者：吴　波

责任编辑：江新锡　曹艳芳　　电话：010-51873018
封面设计：冯龙彬
责任校对：张玉华
责任印制：李　佳

出版发行：中国铁道出版社(北京市宣武区右安门西街8号　邮政编码：100054)
印　　刷：北京佳信达艺术印刷有限公司
版　　次：2008年5月第1版　2008年5月第1次印刷
开　　本：787 mm×1 092 mm　1/16　印张：16.75　字数：416千
印　　数：1～2 000册
书　　号：ISBN 978-7-113-08944-3/TU·935
定　　价：60.00元

版权所有　侵权必究

凡购买铁道版的图书，如有缺页、倒页、脱页者，请与本社读者服务部调换。
电　　话：市电(010)51873170　　路电(021)73170(发行部)
打击盗版举报电话：市电(010)63549504　　路电(021)73187

序

随着我国经济和城市化的高速发展,交通阻塞已成为许多城市普遍的突出问题。解决城市交通难的主要措施是修建高效率的地下铁道。正在开通和兴建的地铁已有十多个城市;第二批正在筹建地铁的城市又有20多座。21世纪初将是我国大规模建设地铁的年代。因此,地铁修建过程中的工程技术难题和环境保护安全风险等大量问题将会不断出现,而且在数量上会越来越多。

我国政府和各级主管部门高度重视地铁修建过程中的安全问题。如何在地铁的建设过程中保护地表邻近重要结构物的安全是一个急需解决的问题。这些问题严重影响人民生命、财产安全及工程建设,并造成严重的经济损失和社会影响。从已建和在建的地铁项目来看,这方面的教训很多。作者参加地铁建设十多年,在设计、施工、科研方面做了大量技术工作,发表论文40多篇;在此基础上又进行了分析、整理,结合工程实例,写出了这本很有参考价值的专著,理论紧密联系工程实际,很有特色。这种通过科学研究并用于指导工程实践的研究方法是很正确的,具有重要的现实应用价值。

吴波博士十多年来,专心致力于城市地下工程施工力学的应用以及邻近结构物相互作用、地下工程群洞效应、时空效应、地下水渗流—应力耦合效应等方面的研究;在理论研究紧密联系工程实践方面非常突出,是一位颇有建树的年轻地下工程科技工作者,特别是在地下工程数值仿真方面有较深的造诣。

本书内容紧密结合城市地下工程技术特点和工程实例,应用多种研究手段,深入地研究了城市地下工程施工中的群洞效应、时空效应、渗流—应力耦合效应、地下结构与周围结构物相互作用、施工安全控制标准、安全快速施工技术等关键问题,所研究的问题在理论上属于学科前沿,研究成果丰富,并在实际工程中产生了显著的技术经济效益。全书结构严谨,是作者研究成果和宝贵经验的总结,必然会使读者受益。相信该书的出版将有助于推动我国地下工程技术进步。

城市地下工程在我国蓬勃发展的同时,还将面临很多挑战,研究与实践的任务仍然艰巨,需要广大科技工作者继续努力研究和实践,取得更多的突破,使我国的地下工程技术跃居国际领先水平。谨以此序致意于本书作者和读者。

中国工程院院士

2008年2月

前　言

地铁建设将是我国21世纪城市地下空间开发的重点。除已开通地铁的北京、上海、广州、天津、南京、深圳等城市外，正在兴建和增建的有北京地铁、上海地铁、广州地铁、深圳地铁、南京地铁、重庆地铁、成都地铁、杭州地铁、沈阳地铁、西安地铁等。此外，国家已经批准和正在筹建地铁的城市有20多座。因此，未来地铁施工过程中地下结构以及地表环境对象的安全问题不仅不可避免，而且在数量上会越来越多。

城市地铁工程是在岩土体内部进行的，无论其埋深大小，开挖施工不可避免地将扰动地下岩土体，引起围岩内部应力的重分布，宏观表现为地层的移动与变形，施工影响范围常常波及到地表，形成施工沉降槽。施工沉降槽可能严重影响地面沉降和塌陷，从而导致道路路面破损、地下已有管道破坏以及建筑物、桥梁等市政设施的损坏，同时，地铁工程常常具有开挖跨度大、临时支护和工法转换频繁、时空效应显著、地质条件复杂等特点。因此，城市中进行地铁工程施工时，施工难度大和安全风险高。如何在地铁的建设过程中保证地下结构、地表邻近重要环境设施的安全是一个重要而迫切的现实问题，亟待解决。这些问题严重影响人民生命、财产安全及工程的建设，并造成严重的经济损失和社会影响，因此，城市中进行地下工程施工时，要与保护城市中有历史意义和经济、社会意义的设施协调起来，根据地表保护的要求，采取有效措施来减小变形，以使地表房屋、道路、管线等不至造成损害，生态环境不至恶化。因此，深入开展相关技术的研究具有重要的现实意义。

城市地铁工程问题的研究，主要涉及到三个大的研究方面：首先要对地铁修建过程中地下结构和邻近环境对象的施工响应进行预测和预报分析，涉及到一些相关的研究手段，主要是通过动态数值仿真技术来实现施工过程的可视化，这也是地下工程施工力学研究的重点问题；其次要对地铁在施工过程中因为施工效应对邻近桥梁、建筑和管线等结构物的影响及其控制策略进行研究，涉及到一些相关的软科学，这也是城市地下工程研究的重点和热点；最后就是要研究安全快速施工技术。

施工过程力学研究是城市地下工程研究的基础和前提,城市地下工程研究是在施工过程力学研究的基础上进一步拓展和深入,施工过程力学研究和城市环境地下工程研究的主要目的就是为了实现安全快速施工。他们的研究内容都具有广泛性、综合性和实践性的特点,在理论上属学科前沿,反映学科交叉;在应用上与国民经济密切相关,是工程技术发展亟待解决、体现科技—经济—社会相结合的一个重要研究方向,将会对我国工程建设以及 21 世纪发展产生较为广泛和深远的影响,这些研究成果必将在实际工程中产生显著的技术、经济、社会、环境等综合效益。

本书是笔者多年来所参与工程项目研究成果的综合。由于城市地铁工程问题的研究方兴未艾,随着城市地下工程建设的蓬勃发展,必将有更多的研究成果问世。所以,笔者希望抛砖引玉,把这些研究成果与大家一起交流和分享,以共同促进我国城市地下工程的技术进步。

本书结合城市地下工程的设计、施工、科研,从数值模拟、理论分析、试验、监测、检测、施工技术等方面,比较全面和深入地研究了城市地下工程在施工过程中的群洞效应、时空效应、渗流—应力耦合效应、地下结构与周围结构物相互影响关系、施工安全控制标准以及安全快速施工技术等方面的内容,把理论研究与工程实际紧密地结合起来。

在本书成果的汇集和编写过程中,中南大学彭立敏教授、西南交通大学高波教授、北京交通大学刘维宁教授、铁道第三勘察设计院史玉新设计大师、铁道第三勘察设计院索晓明副总工程师等给予了许多的指导和帮助,在此深表谢意!中铁四局集团公司闫子才总工程师、周振强教授级高级工程师、杨仲杰副总工程师,沈阳地铁公司仝学让总工程师等也给予了大量的支持和帮助;本人所在单位领导、同事也提供了许多关怀和帮助,罗传义教授级高级工程师仔细审阅了书稿,中国铁道出版社江新锡主任和曹艳芳女士为本书的出版付出辛勤的劳动在此一并表示感谢。中国工程院王梦恕院士在百忙之中,审阅书稿、提出修改意见并为本书作序,借此机会深表感谢!

本书编写时间仓促,加之作者水平有限,疏漏、错误之处在所难免,恳请各位专家、同行、读者批评指正。

作 者

2008 年 2 月于合肥

目 录

第1章 城市地下工程研究概述 ……………………………………………… 1

  1.1 城市地下工程研究问题 …………………………………………… 1
  1.2 城市地下工程研究现状 …………………………………………… 2
  1.3 城市地下工程研究前景 …………………………………………… 5

第2章 地下工程施工过程模拟方法 ………………………………………… 6

  2.1 地下工程施工过程力学基本概念 ………………………………… 6
  2.2 地下工程开挖模拟基本方法 ……………………………………… 8
  2.3 地下工程施工措施效果模拟 ……………………………………… 13
  2.4 地下工程施工地表沉降机理 ……………………………………… 27

第3章 地下工程群洞效应研究与实践 ……………………………………… 30

  3.1 地下工程空间效应FEM分析基本理论 ………………………… 30
  3.2 地铁并行小净距隧道施工空间效应分析 ………………………… 43
  3.3 地铁Y型分岔隧道施工空间效应分析 …………………………… 49
  3.4 地铁群洞隧道开挖顺序优化分析 ………………………………… 53
  3.5 地铁群洞隧道施工策略优化分析 ………………………………… 58
  3.6 地铁渡线群洞隧道施工空间效应分析 …………………………… 63
  3.7 地铁三连拱隧道施工离心模型试验 ……………………………… 66

第4章 地下工程时空效应研究与实践 ……………………………………… 70

  4.1 地下工程开挖弹—黏—塑性有限元 ……………………………… 70
  4.2 地下工程几何非线性有限元 ……………………………………… 81
  4.3 地下工程支护时间优化分析 ……………………………………… 83
  4.4 地铁双线隧道开挖时空效应分析 ………………………………… 86
  4.5 城市地铁软土时间特性流变试验 ………………………………… 90
  4.6 地铁车站客流通道施工过程时间效应分析 ……………………… 94
  4.7 地铁车站风道施工过程时间效应分析 …………………………… 96
  4.8 地铁隧道过河过桥施工过程时空效应分析 ……………………… 103

第5章 地下水渗流—应力耦合效应研究与实践 …………………………… 110

  5.1 地下工程地下水概述 ……………………………………………… 110
  5.2 地下水与岩土体的相互作用 ……………………………………… 113

5.3 地下工程渗流—应力耦合分析理论 ……………………………………… 118
5.4 地铁隧道井点降水渗流—应力耦合分析 ………………………………… 120
5.5 地铁隧道降水与开挖渗流—应力耦合分析 ……………………………… 124
5.6 地铁隧道开挖与失水渗流—应力耦合分析 ……………………………… 127
5.7 地铁隧道邻近桥梁降水三维渗流—应力耦合分析 ……………………… 130
5.8 地铁车站邻近桥基降水渗流—应力耦合分析 …………………………… 134

第6章 地下工程施工对结构物的影响研究 ……………………………………… 139
6.1 地下工程施工对建筑物影响分析 ………………………………………… 139
6.2 地铁隧道施工对建筑物影响监测分析 …………………………………… 141
6.3 地下工程施工对管线的影响分析 ………………………………………… 141
6.4 地下管线变形影响因素分析 ……………………………………………… 144
6.5 地下管线保护措施效果分析 ……………………………………………… 146
6.6 地铁隧道施工对管线影响数值模拟分析 ………………………………… 148
6.7 地铁隧道施工对管线影响的离心试验 …………………………………… 151
6.8 地铁隧道施工对管线影响的监测分析 …………………………………… 152
6.9 地铁车站施工对邻近桥基的影响分析 …………………………………… 154

第7章 地下工程施工安全控制标准研究 ………………………………………… 186
7.1 邻近建筑物变形控制标准 ………………………………………………… 186
7.2 邻近管线变形控制标准 …………………………………………………… 190
7.3 邻近桥基变形控制标准 …………………………………………………… 190
7.4 地表及地下结构变形标准 ………………………………………………… 195
7.5 地下工程施工安全风险控制与管理 ……………………………………… 201

第8章 城市地下工程快速施工技术 ……………………………………………… 207
8.1 地铁竖井横通道转正洞快速施工技术 …………………………………… 207
8.2 地铁渡线群洞隧道快速施工技术 ………………………………………… 212
8.3 地铁隧道过河过桥施工技术 ……………………………………………… 219
8.4 地铁隧道富水地层非降水施工技术 ……………………………………… 223
8.5 地铁车站盖挖顺作施工技术 ……………………………………………… 229
8.6 城市地下商场邻近管群施工技术 ………………………………………… 237
8.7 地铁车站钻孔咬合桩施工技术 …………………………………………… 252

参考文献 …………………………………………………………………………………… 260

第1章 城市地下工程研究概述

本章主要介绍城市地下工程在我国发展的必要性，提出在修建过程中所面临的主要研究问题，分析国内外研究现状以及应用前景。

1.1 城市地下工程研究问题

城市规模的快速发展，使我国出现了"城市综合症"。主要是城市人口超饱和、建筑空间拥挤、城市绿化减少、交通阻塞。其中，交通阻塞已成为我国许多城市普遍的突出问题。如北京市干道平均车速已比10年前降低50%以上，而且时速正以每年递减2 km的速度继续下降。据统计，市区183个路口中，严重阻塞的达60%，交通阻塞的关键在于城市道路面积在城市面积中的比例以及人均道路面积太低，每公里道路汽车拥有量太大。发达国家解决城市"交通难"的主要措施是发展高效率的地下有轨公共交通，形成四通八达的地下交通网。

根据预测和分析，我国特大城市的主要干道在21世纪初将达到巨大的高峰单向断面客流量，靠一般的公共电、汽车是不能解决的，只能选用高流量的有轨交通系统方案才行。高架道路对城市景观、噪声和震动的影响将是很难接受的，高架线的建设往往使沿线地价贬值，而地铁沿线的地价却能很快增值。因此，地铁的建设将是我国21世纪城市地下空间开发的重点。

除已开通地铁的北京、上海、广州、天津、南京、深圳等城市外，正在兴建和增建的有北京地铁、上海地铁、广州地铁、深圳地铁、南京地铁、重庆地铁、成都地铁、杭州地铁、沈阳地铁、西安地铁等。此外，国家已经批准和正在筹建地铁的城市有20多座，21世纪将是我国大规模开发地下空间和建设地铁的年代。因此，未来地铁施工过程，对地下结构以及地表环境对象的安全问题不仅不可避免，而且在数量上会越来越多，深入开展相关问题的研究具有重要的现实意义。

城市地铁车站开挖工程是在岩土体内部进行的，无论其埋深大小，开挖施工不可避免地将扰动地下岩土体，使围岩应力产生重分布，宏观表现为地层的移动与变形，施工影响范围常常波及到地表，形成施工沉降槽。施工沉降槽可能严重影响地面沉降和塌陷，从而导致道路路面破损、地下已有管道破坏以及建筑物、桥梁等市政设施的损坏。同时，地铁工程常常具有地质条件复杂、开挖跨度大、临时支撑和工法转换频繁、时空效应显著等特点，因此，城市地铁工程，往往施工难度更大，安全风险更高。

在地铁工程建设过程中，如何保证地下结构、地表邻近重要环境设施的安全是一个重要而迫切的现实问题，亟待解决。这些问题严重影响人民生命财产安全及工程建设的成败，解决不好会造成严重的经济损失和社会影响，因此，城市地铁施工时，要采取有效措施来减小地表变形，保证地表房屋、道路、管线以及历史文物等不至造成损害，生态环境不至恶化。

以地铁工程为代表的城市地下工程技术问题的研究，涉及到三个重要的研究方面：首先要对地铁修建过程中地下结构和邻近环境对象的施工响应进行预测和预报分析，主要是通过理论分析、现场测试和试验等手段，其中，最常用的技术就是通过动态数值仿真技术来实现施工过程的可视化,这也是目前地下工程施工力学中研究的重点问题;其次是要对地铁在施工过程中因为施工效应对邻近桥梁、建筑和管线等既有结构物的安全影响及其控制进行研究,这也是目前城市环境地下工程研究的重点,主要是研究环境对象的施工影响及安全控制策略;最后就是要研究在施工难度大、安全风险高、工期紧迫的现实条件下如何做到快速施工。施工过程力学研究是城市地下工程研究的基础和前提,城市地下工程研究是在施工过程力学研究的基础上进一步拓展和深入,施工过程力学研究和城市地下工程研究的目的都是为了实现安全快速施工,为社会带来技术、经济、社会、环境等综合效益。

1.2 城市地下工程研究现状

1.2.1 地下工程施工力学研究现状

随着地下工程建设水平的不断发展和提高,在工程设计和施工中不仅需要考虑使用期间工程结构物的工作状态,更需要考虑施工过程中不同工序状态的动态响应及相互影响。因此,在地下工程施工过程中,对工程结构物及周围介质的力学分析,便形成了与工程建设密切相关的新的工程力学学科分支——地下工程施工力学。

鉴于地下工程结构以及赋存环境的复杂性,地下工程施工力学所研究的问题常常涉及到求解域的时间效应、空间效应、不同物理场间的耦合效应等方面,在研究这些问题时,常用的研究手段主要是室内模型与土工试验、现场测试与检测、理论分析、数值模拟等,这里重点介绍在工程设计、施工和研究中使用最广泛的数值模拟技术。

随着计算机软件、硬件的快速发展,数值模拟技术在地下工程问题的求解中有着非常广泛的应用前景。一些高校或研究机构自行研制的程序,在理论上已经达到了较高的水平,能够较好地考虑本领域中的某些特殊问题,但其可靠性和实用性还有待验证和提高。目前,国内外还没有能够很好地求解所有地下工程问题的专用软件,国内外科技工作者在解决复杂的实际工程问题时,主要还是依托商业软件来进行。因此,地下工程数值模拟技术的研究水平主要还是通过众多的商业软件来体现,商业软件的水平和高度也反映了在实际工程中的应用水平和所能求解问题的深度。

常用于求解地下工程问题有代表性的国内外软件中,按求解算法分类主要包括:有限元法软件、有限差分法软件、有限体积法软件、离散元法软件、粒子颗粒流法软件、无网格法软件;按求解器类型分类主要包括:隐式求解器软件、显式求解器软件、隐式和显式联合求解器软件;按求解问题的惯性效应分类主要包括静力学问题分析软件、动力学问题分析软件;按求解问题所涉及到不同物理场分类主要包括:固体力学问题分析软件、流体力学问题分析软件、热力学问题分析软件以及不同物理场相互耦合问题分析软件;按解决问题的专业范围分类主要包括:通用软件和专业软件。

目前,地下工程问题分析中常用的软件主要有:SAP 系列软件、ANSYS 系列软件、MSC 系列软件、MIDAS 系列软件、SIGMA 系列软件、理正系列软件、PLAXIS 系列软件、ITASCA 系列软件、GEO-STUDIO 系列软件、同济曙光、ADINA、ABAQUS、DIANA、LS-DYNA、FLUENT 等。

SAP84、SAP2000、ALGOR 等主要用于杆梁结构问题的计算,在实际工程的结构设计中应用比较多,但是用它求解的问题相对比较简单,不能求解复杂地下结构施工过程的施工力学效应。同济曙光、SIGMA、GEO-SLOPE、PLAXIS、MIDAS/GTS、FLAC、DIANA 等是地下工程中的专业软件,具有易学易用、专业结合紧密、解决问题方便快捷等特点,尤其是 FLAC 软件,在求解问题的深度和广度方面更有其独到之处。

但专业软件也具有前后处理功能较弱、求解综合问题性能较差、对某些问题的适应性较差、二次开发性能较差等限制,综合考虑,MIDAS/GTS 的工程应用前景很被看好。ANSYS、MARC、ADINA、ABAQUS 等是用于求解地下工程问题的常用通用软件,这些软件具有前后处理功能强大、处理综合问题能力强、处理某些特殊问题能力强、二次开发功能强、涉及面广等特点,但也具有解决问题时不够专业、对使用者的理论背景要求较高、解决问题的周期比较长等缺陷。

综上所述,FLAC 软件、DIANA 软件、MIDAS/GTS 软件是目前求解复杂地下工程问题相对较好和功能较全面的专业软件,ABAQUS 软件、ADINA 软件、MSC 系列软件、ANSYS 系列软件、FLUENT 软件是目前求解复杂地下工程问题相对较好的通用软件。地下工程施工力学是一门新兴的边缘学科,国内外在这方面的研究还很不成熟,理论研究滞后于蓬勃发展的工程实践,这仍是未来几年我国学术界和工程界研究的重点问题。

1.2.2 城市环境岩土工程问题研究现状

环境岩土工程是一门新兴学科,既是应用性的工程学,又是社会学,是技术、经济、政治、文化相结合的新型学科,它的产生是社会发展的必然结果。地下环境岩土工程是施工过程力学与环境科学密切结合的一门新学科,它主要是应用施工过程力学的观点、技术和方法为治理和保护环境服务。

环境岩土工程问题可以分为两个大类,第一类是人类与自然环境之间的共同作用问题,这类问题的动因主要是由自然灾害引起的,譬如地震灾害、海岸灾害、区域滑坡、洪水灾害、火山等,这些问题通常称为大环境岩土工程问题;第二类是人类的生活、生产和工程活动与环境之间的共同作用问题,这类问题的动因主要是由人类自身引起的,譬如城市垃圾和工业生产中的废水、废液、废渣等有毒有害物对生态环境的危害,以及工程建设活动对周围建筑环境和水环境的影响,有关这方面的问题,统称为小环境岩土工程问题。

环境岩土工程问题所涉及的范围虽然较广,但以解决人类岩土工程活动所产生的环境问题为主体,特别是城市环境岩土工程问题。下面对小环境岩土工程问题中由城市地铁工程活动引起的环境土工问题的研究现状进行论述。

城市地铁工程活动引起的环境土工问题主要是指地铁工程施工活动期间对市区建(构)筑物基础、道路路基和路面、各类地下管线、既有城市立交桥基、既有地铁工程等市政设施的危害,这类危害主要是由于施工诱发变形引起的。因此,城市环境岩土工程问题研究的本质和核心就是施工变形的预计、控制及重要环境对象的安全预报、控制和保护。

近年来,环境岩土工程领域中学科交叉与渗透日益广泛,在现有的施工水平基础上,逐步从一些新的理论(模糊数学、优化理论、灰色理论、神经网络理论、分形几何理论、耗散结构理论、混合物理论、可靠度理论、随机过程理论等)和方法(系统论、控制论、信息论、风险论、专家系统、人工智能方法等)中寻求更大的帮助和出路是一个新的研究动向,这主要是从理论上对城市环境岩土工程问题进行纵向的研究;另一方面,鉴于地下岩土工程问题研究对象的复杂性,研究减少环境影响的施工工艺和施工设备也具有重要的现实意义,因此,在施工工艺、设备上取得进展,提高施工水平,在一定程度上解决和减少环境影响问题应成为今后研究的一个重要方向。

预测未来若干年,我国城市建设规模依然会呈现蓬勃发展的态势,城市环境岩土工程问题的研究水平、设计水平以及施工水平都还处在不断的发展和提高之中,因此,针对这一问题的研究是迫切的并具有重要的现实意义,这将成为我国近期环境岩土工程研究的重点和热点。

1.2.3 存在的缺陷和不足

国内外关于地下工程施工力学和城市环境岩土工程研究现状表明,无论在理论研究还是在数值模拟、测试技术、设计水平、施工水平等方面都有了很大的进展,但从本课题的研究出发,认为还有一些不足之处,主要表现为以下两个方面:

(1)施工过程数值模拟技术的实现方面

地下工程中的施工过程力学问题,主要表现为空间效应、时间效应、流场—应力—温度多物理场耦合效应等特点,目前,实际工程问题的数值模拟水平主要还是以反映弹性或弹塑性空间效应为主,但要把问题解决好并不容易,特别是复杂地下工程问题的应用分析,这里面主要有五个关键技术成为其限制因素。

其一就是能否很好地实现开挖、支护、加固等工程措施。总览国内外虽有众多软件在理论上都能实现开挖、支护过程,但计算结果与理性分析或经验判断相近的软件并不多,正是因为这个原因,也造成了工程界的科技工作者长期以来对计算结果的猜疑,实际上,用于求解地下工程问题的软件最重要的一面就是看其能否很好地实现初始状态以及开挖、支护过程,这一功能实现的效果对计算结果的评判有重大的影响,也成为选用软件的一个重要考虑因素。

其二就是能否构建复杂的有限元模型。在城市地铁工程的建设中,由于地下结构和周围环境对象的空间位置非常复杂,只有利用软件的可视化功能所建的有限元模型才能够很好地逼近现实中的工程物理模型,才能使计算结构更趋于合理,这一功能在一定程度上也限制了一些软件的应用和普及。

其三就是看软件是否具备良好的求解高度非线性问题的性能。地下工程的岩土问题常常具有材料非线性、几何非线性、边界非线性等特点,企图在复杂的空间效应分析中来成功模拟开挖—支护过程以及对周围环境对象的影响是非常困难的。

其四就是对计算分析结果的评价与计算者的理论背景掌握程度、设计施工经验的积累程度、软件使用的熟练程度等是密切相关的。

其五就是还缺乏成熟的用于围岩和周围环境对象稳定性和安全状况的评判标准。正是基于这个原因,才导致部分计算分析工作者为了取得收敛解而人为地去调改计算参数,这种计算结果的利用价值不言而喻,更可怕的是容易混淆数值上的不收敛和物理上的不收敛,如果是数值上的不收敛而被视为物理上的不收敛,那样得出的结论将对实际工程的设计和施工产生很大的负面影响。

实际上,想要利用数值模拟技术来较好地反映实际地下工程问题中的施工效应,主要取决于软件的选用、软件使用的熟练程度、理论背景的掌握、专业知识的掌握、工程和计算经验的累积、反分析技术的应用、安全评价标准的建立和应用等这些因素。

(2)施工环境变形控制理论方面

目前,在城市地下工程设计中,传统的强度控制理论已逐渐让位于变形控制理论,变形控制的基本思想是支护结构在满足强度的前提下,尚需满足其刚度和变形上的使用要求,即工程施工全过程既要保证安全、不失稳,又要保证其对周围土工环境不造成破坏性的影响。

国内外在这方面的研究成果还是初层次的,其中,对实际工程比较实用的两个重要研究方面是:施工过程中施工变形的控制研究和施工变形控制基准的研究。

关于施工变形控制的应用研究,目前,基本上是以平面问题作为研究对象,还需要进一步从三维效应、时空效应、耦合效应等方面进行进一步地深化研究。

关于施工变形控制基准的研究,目前,还没有成熟的规范和行业标准可供参考,也没有形成一套行之有效的研究办法,因此,在施工过程中,针对重要的、典型的建筑物、桥梁、管线等环境对象需要进行专题研究,确定施工变形的控制基准以及环境对象的安全保护措施和策略以及安全管理。

这两个方面的应用研究目前在国内还很不成熟。

1.3 城市地下工程研究前景

由于地下工程施工力学的研究国内外还处于不断地发展之中,而在此基础上进行进一步研究的城市环境土工问题则显得更为不成熟,但它们的研究内容都具有广泛性、综合性和实践性的特点。在理论上属学科前沿,反映学科交叉;在应用上与国民经济密切相关,是工程技术发展亟待解决、体现科技—经济—社会相结合的一个重要研究方向,将会对我国工程建设以及21世纪发展产生较为广泛和深远的影响。

在城市复杂环境条件下进行地铁的浅埋暗挖施工,给实际工程的设计、施工和研究都带来了很大的挑战和风险,同时也带来了机遇,可以预计通过对施工过程及其对邻近重要环境对象的影响研究,其研究成果将直接为该工程的动态设计和信息化施工服务,为保障工程的顺利实施提供理论指导和决策作用,同时提升类似工程的设计、施工、研究和管理水平,为相关行业标准和规范的制定做出应有的贡献,通过技术进步和创新,最终实现工程安全快速施工的目的。

第 2 章　地下工程施工过程模拟方法

本章介绍了地下工程施工过程力学基本特点,阐述了与施工过程力学密切相关的开挖模拟方法,结合自己的研究成果,提出了各种支护措施力学效果的模拟方法,分析了城市地下工程施工过程重点关注的地表沉降机理问题,这些是城市地下工程技术问题研究的基础。

2.1　地下工程施工过程力学基本概念

2.1.1　地下工程施工力学概念

地下工程是修筑在具有一定的应力场、渗流场和温度场的复杂地质(力学)环境中的结构物,这与地面工程是全然不同的,但地下工程长期都处于"经验设计"和"经验施工"这种举步维艰的局面,这种局面与迅速发展的地下工程的现实是极不相称的。因此,寻求用于解决地下工程问题的新的理论和方法,已成为近十几年来业内人士的共同愿望。

近代工程建设发展,提出了一种新的理念,即在工程设计阶段,不但要考虑结构物本身应满足工程力学与使用性能要求,而且还应考虑在工程施工过程中,在不同的工序状态下,对围岩地质环境和相邻结构物的不同影响。根据这种理念,为了解决施工过程中由于工序状态不同、时空环境不同及相邻工程环境不同等动态相互影响所提出的工程问题,需要对结构物及工程介质进行跟踪分析和解答,从而形成了新的工程力学学科分支——施工力学。

土木工程施工力学是在时变力学的基础上,力学学科与土木工程等工程学科结合的产物,研究工程施工过程中物体的力学性质,认为不仅研究对象的几何尺寸、材料参数随时间而变化,而且施加在物体上的荷载大小及方向也是时间的函数。其理论依托将涉及固体力学、结构力学、工程地质力学、岩土力学、(渗)流体力学、计算力学以及结构工程、基础工程、地下工程、水工工程、海洋工程、道桥工程、环境工程等多门学科,需要基础科学与工程科学密切配合与交叉、渗透。施工力学研究在理论上属学科前沿,反映学科交叉;在应用上与国民经济密切相关,是工程技术发展亟待解决,体现科技与经济相结合的一个重要研究方向,其成果将会对我国工程建设以及 21 世纪发展产生广泛、深远影响。

隧道工程施工力学可以认为是土木工程施工力学的一个重要分支学科,主要研究隧道施工过程中隧道结构、围岩及周围环境的力学响应及控制,其所牵涉的内容是比较广泛的,包括从地质体的研究一直到施工结束形成稳定洞室为止的全部内容,涉及地质学、地质力学、岩土力学、渗流(体)力学、结构力学、固体力学、耦合力学、优化理论以及建筑材料、设计、施工、试验、量测、防灾等诸多方面的知识,可以说是一门综合性极强的边缘学科。

2.1.2　地下工程施工力学基本思想

地下工程施工的基本目的是在各类地质体(岩体或土体)中修筑为各种目的服务的、长期稳定的洞室结构体系。从结构角度讲,这个结构体系是由周围地质体和各种支护结构构成的,即洞室结构体系=周围地质体+支护结构。它的形成则是通过一定的施工过程或者说是一定的力学转换过程来实现的。这个过程大体上可作如下表达：

$$原始岩土体 \xRightarrow{开挖} 毛洞 \xRightarrow{支护} 支护体系 \xRightarrow{时间} 稳定洞室$$

与之相应的力学过程为：

$$\begin{matrix} & 开挖 & & 支护 & & 时间 & \\ 初始应力状态 & \Rightarrow & 洞室开挖后应力状态 & \Rightarrow & 支护体系应力状态 & \Rightarrow & 稳定应力状态 \\ （一次应力状态） & & （二次应力状态） & & （三次应力状态） & & （四次应力状态） \end{matrix}$$

新奥地利隧道设计施工法（简称新奥法）是 Rabcewicz 在总结隧洞建造实践经验基础上创立的，是一种设计、施工、监测相结合的科学的隧道建造方法，它的理论基础是最大限度地发挥围岩的自承作用。至今，新奥法在世界各国的隧洞和地下工程建设中获得了极为迅速的发展，在铁路、公路、水工隧洞及软弱地层中的城市地下工程中获得了广泛的应用。其基本原则主要有：

(1) 围岩是隧洞承载体系的重要组成部分，所以在施工中尽可能保护围岩的原有强度，避免围岩出现不利的单轴和双轴应力状态。

(2) 为了充分发挥围岩的结构作用，应允许有控制的围岩变形，一方面允许变形能达到在支护结构周围的围岩中形成承载环的量级，同时必须限制它，使岩体不会过渡松弛而丧失或大大降低承载能力。为此，在施工中必须进行现场量测，来实现围岩的变形控制。

(3) 在选择支护手段时，一般应选用能大面积的、牢固地与围岩体紧密接触，能及时施设和有随时加强可能性的支护手段，多采用喷射混凝土，同时要求层要薄，要有柔性，当要求增加支护抗力时，一般采用喷混凝土与锚杆或钢筋网或钢架等支护方式的联合形式来实现。

(4) 为了提高安全度或设置防水层，一般采用复合式衬砌，即初期支护和二次支护，二次支护要适时，即不要太早也不要太晚。

(5) 支护结构在施工中需适时闭合，设置仰拱形成封闭结构，使其充分发挥作用是施工中的一个重要环节。此外，隧道形状要尽可能圆顺，避免拐点以减少应力集中。

新奥法着重从施工措施的角度总结了现代隧道工程的设计施工方法，却未能从更广泛、更深刻的角度阐明其内在的原因和根据。实际上，隧道从开始开挖施工到工程结束都有一段时间过程，开挖将会使地下岩土体内部原有的物理力学平衡发生变化，通过施工中岩土内部的物理力学诸因素的重新调整与转化，达到施工完毕后的新的平衡状态和稳定状态，施工过程是一个时间和空间都不断变化的过程，而最终状态（最终解）不是唯一的，而是与开挖过程密切相关，或者说是与应力路径或应力历史相关，显然就有一个过程的优化问题，对于复杂的群洞隧道尤其如此。因此，隧道施工力学基本原理可以总结为以下几个主要方面：

(1) 隧道工程的施工受到自然因素不确定性的影响，要全面而正确地认识各种因素的影响，不仅要研究自然因素（如地下水、初始地应力、岩土体的物理力学特性等），还需要研究人为的工程因素（譬如在设计或施工阶段主动地做寻优工作）。

(2) 隧道工程施工期和竣工后的运行期，围岩的稳定性及有关的经济效益、社会效益不仅和其最终状态有关，而且和达到施工最终状态所采取的开挖途径和方法有关。这是因为隧道施工中围岩的边界在时空域中是不断变化的，围岩处于复杂的反复加卸载过程。从力学角度讲，这是一个非线性过程，不只与最终状态有关，而且和应力路径或应力历史相关。

(3) 为了了解隧道结构的稳定性以及施工对环境的影响、施工支护效果，要在施工前对工程进行动态施工力学优化分析，针对不同的开挖顺序以围岩稳定或地表沉降作为优化目标，寻求最优或几个较优的施工方案,以供设计或施工单位决策。

(4)对于复杂条件下的隧道工程,要特别注意施工过程的设计和控制,科学地遵循围岩的动态响应规律,使人为的开挖和支护因素对围岩的损伤程度尽量小,在经济性、合理性、社会性的前提下因地制宜地运用开挖和支护手段,把有害的影响及隐患控制在较低的限度内。

(5)根据优化施工方案进行施工时要不断深化和修正原有认识,做好围岩动态响应的观测及监测工作,要用这些资料与原来的预计情况进行对比(这是因为理论预测基于经典力学或连续介质力学的范畴,不能考虑岩土体介质在开挖中所表现出的全部特性),以判断现有施工方案的合理性,必要时应及时调整现有的施工及支护方案,保证后续工程进程的安全及经济性、社会性。

(6)要强调勘察、设计、施工、科研四个环节紧密结合,互相渗透,根据实际中出现的新情况和新资料不断修正原有的认识和调整原有的施工方案,要有允许随时修改原有施工方案和方法的灵活性,使之符合实际情况。

2.1.3 地下工程施工力学基本原理

施工力学具备以下 6 条基本原理:
(1)系统的非确定性原理;
(2)工程施工状态过程的非线性原理;
(3)工程的稳定性评价及施工支护设计的优化分析原理;
(4)施工过程的设计与控制原理;
(5)适时观测及适时调整原理;
(6)全过程的系统性原理。

2.1.4 地下工程施工力学效应

(1)时间效应

若材料具有黏性或涉及非正常问题,这些含有时间因素的问题将和几何、物性、边界的时变发生耦联,产生施工力学时间效应,即同一结构,不同施工时间控制过程,其最终力学状态不同。

(2)路径效应

若材料具有物理非线性或考虑几何非线性或考虑边界非线性(如接触问题),则这些问题含有的路径因素将和几何、物性、边界的时变发生耦联,产生施工力学路径效应,即同一结构,不同施工顺序控制过程,其最终力学状态不同。

(3)耦合效应

若研究问题涉及到多个物理场,如应力场、温度场、流体场等,这些场之间存在相互作用,产生施工力学耦合效应,当然,其分析结果与非耦合分析不同。

2.2 地下工程开挖模拟基本方法

2.2.1 开挖模拟基本原理

由于城市地铁隧道工程一般接近地表,岩土体结构相对疏松,构造应力常常可以忽略不计,初始应力场可以假定为重力场,用有限单元法计算在自重作用下地下工程的开挖,一般采用反转应力释放法进行计算。

隧道开挖前围岩处于初始应力状态$\{\sigma\}^0$，以及与之相适应的初始位移场$\{u\}^0$，沿开挖边界上的各点也都处于一定的原始应力状态，隧道开挖后，因其周边上的径向应力σ_n和剪切力τ都为零，开挖使这些边界的应力"解除"（卸荷），从而引起围岩变形和应力场的变化。对上述过程的模拟通常所采用的方法是邓肯（J. M. Duncan）等人提出的"反转应力释放法"，即把这种沿开挖作用面上的初始地应力反向后转换成等价的"释放荷载"，通常的做法是根据已知的初始应力，进而求得沿预计开挖的洞周边界上各节点的应力，一般假定各节点间应力呈线性分布，反转洞周边界上各节点的应力方向，并改变其符号，即可求得洞周边界上的释放荷载，然后施加于开挖作用面进行有限元分析，把由此得到的位移作为由于工程开挖卸荷产生的围岩位移，由此得到的应力场与初始地应力场叠加即为开挖后的应力场，这种模拟开挖效果的方法见图 2.2.1-1，可见，这种方法的关键是释放荷载的确定。

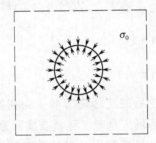
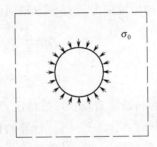

图 2.2.1-1 释放荷载的确定

对于释放荷载的确定，常用的方法是根据预计边界两侧单元的初始应力通过插值求得各边界节点上的应力，然后假定两相邻边界节点之间应力变化为线性分布，从而按静力等效原则计算各节点的等效节点荷载，具体计算方法如下（见图 2.2.1-2）。

具体计算方法为两相邻节点之间初始应力呈线性变化。则对于任一开挖边界点 i，开挖所引起等效释放荷载（等效节点力）为

$$\left. \begin{array}{l} p_x^i = \dfrac{1}{6}(2\sigma_x^i(b_1+b_2)+\sigma_x^{i+1}b_2+\sigma_x^{i-1}b_1+2\tau_{xy}^i(a_1+a_2)+\tau_{xy}^{i+1}a_2+\tau_{xy}^{i-1}a_1] \\ p_y^i = \dfrac{1}{6}[2\sigma_y^i(a_1+a_2)+\sigma_y^{i+1}a_2+\sigma_y^{i-1}a_1+2\tau_{xy}^i(b_1+b_2)+\tau_{xy}^{i+1}b_2+\tau_{xy}^{i-1}b_1] \end{array} \right\} \quad (2.2.1\text{-}1)$$

式中，上标 $i, i-1$ 及 $i+1$ 为沿开挖边界上的有限元网格的节点号，$a_1 = x_{i-1} - x_i$，$a_2 = x_i - x_{i+1}$，$b_1 = y_i - y_{i-1}$，$b_2 = y_{i+1} - y_i$。

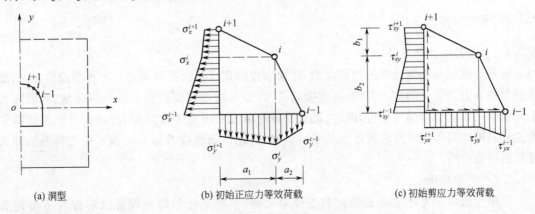

图 2.2.1-2 开挖边界线上应力及等效节点力计算图

如果坐标 x,y 轴与主应力轴重合,则有 $\tau_{xy}=0$,式(2.2.1-1)可简化为

$$\left.\begin{array}{l} p_x^i = \dfrac{1}{6}[2\sigma_x^i(b_1+b_2)+\sigma_x^{i+1}b_2+\sigma_x^{i-1}b_1] \\ p_y^i = \dfrac{1}{6}[2\sigma_y^i(a_1+a_2)+\sigma_y^{i+1}a_2+\sigma_y^{i-1}a_1] \end{array}\right\} \quad (2.2.1\text{-}2)$$

若原始应力场为均匀应力场,即节点 $i,i-1,i+1$ 等各点应力相等,则式(2.2.1-1)可简化为

$$\left.\begin{array}{l} p_x^i = \dfrac{1}{2}[\sigma_{x0}(b_1+b_2)+\tau_{xy0}(a_1+a_2)] \\ p_y^i = \dfrac{1}{2}[\sigma_{y0}(a_1+a_2)+\tau_{xy0}(b_1+b_2)] \end{array}\right\} \quad (2.2.1\text{-}3)$$

式中,$\sigma_{x0},\sigma_{y0},\tau_{xy0}$ 为初始地应力。若 x,y 轴同应力主轴重合,式(2.2.1-3)可简化为

$$\left.\begin{array}{l} p_x^i = \dfrac{1}{2}[\sigma_{x0}(b_1+b_2)] \\ p_y^i = \dfrac{1}{2}[\sigma_{y0}(a_1+a_2)] \end{array}\right\} \quad (2.2.1\text{-}4)$$

考虑到存在一个初始应力场 $\{\sigma_0\}$ 的情况,开挖后的实际应力场应为初始应力场与开挖释放应力场的叠加,即 $\{\sigma\}=\{\sigma_0\}+\{\sigma_e\}$。计算的位移场应是对工程具有实际意义的"围岩变形"。当采用多次开挖时(假定为 n 步),计算中第一次开挖后洞周的释放荷载则是按初始地应力求得的,第二次开挖后洞周的释放荷载则是根据第一次开挖后的围岩应力场求得的,往后各步依次类推,每一次开挖形成一次荷载工况。模型最终位移是各次开挖后引起的位移总合,即 $\{u\}=\{u_1\}+\{u_2\}+\cdots+\{u_n\}$,与原始应力相对应的位移在早期的地质历史过程中已完成,对工程分析不具有实际意义,模型最终的应力场是初始应力场与开挖引起应力场叠加的结果,即 $\{\sigma\}=\{\sigma_0\}+\{\sigma_1\}+\{\sigma_2\}+\cdots+\{\sigma_n\}$。

此外,关于被挖掉单元的处理,较为精确的方法是每次开挖后,除去被开挖单元,并重新划分网格,重新对节点、单元进行编号,但这种方法工作量大,且不易于计算机实现,一般较少采用,常用的方法是将被挖去的单元视为"空气单元",即将其刚度取很小的值或令弹性模量 $E\to 0$,这样可不改变整个模型的单元网格结构,从而不须重新形成刚度矩阵,需要指出的是:把开挖部分以空气单元取代后,可能导致方程"病态"。为此,可同时把与被挖去的节点相对应的方程从总刚度方程中消去,即令这些节点之位移为零,并修改其方程。

2.2.2 开挖模拟方法

2.2.2.1 反转应力释放法

通常的做法是根据已知的初始应力,进而求得沿预计开挖的洞周边界上各节点的应力,反转洞周边界上各节点的应力方向,并改变其符号,即可求得洞周边界上的释放荷载,然后施加于开挖作用面进行有限元分析,同时,把预挖掉的单元从模型中删除掉,把由此得到的位移作为工程开挖卸荷和解除约束所产生的围岩位移,由此得到的应力场与初始地应力场叠加即为开挖后的应力场。

2.2.2.2 空单元法

空单元法模拟开挖效果是通过被挖掉单元的"空单元化",即在保证求解方程不出现病态的情况下把要挖掉单元的刚度矩阵乘以一个很小的比例因子,使其刚度贡献变得很小可

忽略不计,同时使其质量、荷载等效果的值也设为零来实现的,故称为空单元法,同时,被挖掉的单元并没有从模型中删除掉。进行有限元分析后,把由此得到的位移作为工程开挖卸荷和解除约束所产生的围岩位移,由此得到的应力场与初始地应力场叠加即为开挖后的应力场。

2.2.2.3 开挖模拟难点与方法比较

对于开挖过程的模拟来说,不论用上述哪种方法分析,初始应力场和初始位移场的处理是其中的一个关键问题和难点,但处理方法基本类似。

初始位移场处理常用的有3种办法:
(1)直接将初始位移场值零化;
(2)初始应力场和作用的外力进行平衡,从而达到初始位移值为零的目的;
(3)将所求得的位移场需减去初始位移场作为该步开挖后围岩的实际位移场。

初始应力场处理常用的也有3种办法:
(1)输入测试值作为初始应力场;
(2)通过施加荷载来形成初始应力场;
(3)通过反分析来形成初始应力场。

2.2.3 支护效果的模拟

另外一个难点就是对支护效果的模拟。采用有限元空单元法模拟时比较突出,譬如二次衬砌或注浆区域的模拟常常是通过已空单元化的单元位置上单元的复出及材料的改性来实现的,难点在于已经空单元化的单元在变形的过程中,其构形是不断变化的,当相应处的单元需要复出且改性时,其构形应该是与之相协调的,这虽然是一个几何非线性问题,但处理起来却没有那么容易,但使用杆、梁单元模拟时能够避免这种烦恼,同时,被空化的单元常常污染计算结果,考虑到实现起来比较方便和省事,目前常用的商业计算软件譬如 ABAQUS、ADINA、ANSYS 等软件都采用空单元法来模拟开挖—支护过程;采用有限元反转应力释放法模拟时,通过系统单元的删除和添加来实现开挖—支护过程,如果考虑了几何非线性,可以避免上述不足之处,譬如 MIDAS/GTS 软件是具有这种特点的类似软件;目前对开挖—支护过程和效果模拟比较好的软件有 FLAC2D 和 FLAC3D。

2.2.4 应力释放率

采用平面有限元法来模拟地下工程的开挖问题时,常常通过应力释放率来近似考虑掌子面支撑的空间效应。地下工程的挖掘是指人工除去原来存在的地层,被挖掘与不被挖掘区域间的分界线被称为挖掘断面,在挖掘前,挖掘断面上的应力处于平衡状态(见图 2.2.4-1 中 $P_1 = P_2$),从力学角度讲,挖掘即是将领域 P_2 除去,这相当于在分析对象中施加外力 P_1,所以 P_1 也被称为挖掘相当外力,除去 P_2 的过程被称为应力释放。在进行挖掘操作时,挖掘面上的初期应力 P_2 不是立即除去,而是被渐渐地释放掉,释放后的应力与原来初期应力的比率被称为应力释放率。

在理论上,作为物体的分析域被除去的瞬间,挖掘断面变成自由面,P_2 也将不存在,因此释放率通常应为 100%。但是,挖掘断面周围变形状态及应力、应变状态在掌子面还没有足够延伸的情况下保持不安定,即被考察处将受到掌子面支撑的影响,离掌子面越远所受的影响越小。因此,为了能用平面有限元法来考虑掌子面支撑空间效应,可以通过应力释放率来近似模

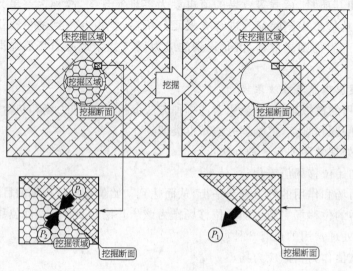

图 2.2.4-1　挖掘过程示意

拟。采用应力释放率应该十分慎重,释放率的调整必须具有充足的工学上、理论上或经验上的依据,要从根本上解决这个问题,三维分析是不可缺少的。

在实际操作中,一般对各挖掘对象的典型施工阶段设置相应的应力释放率,在某一挖掘对象的应力释放率达到了100%时,才可进行下一步的开挖。见图2.2.4-2。

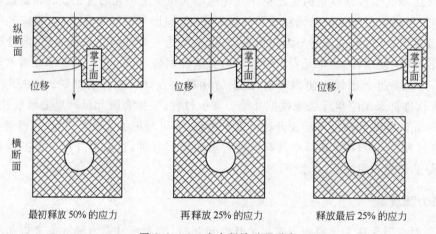

图 2.2.4-2　应力释放过程示意

实际上,由于岩土材料具有时间效应,也就是说即使是在三维分析中,即使掌子面不向前推进,围岩的变形仍是在随时间发展的。因此,在通常的三维弹塑性分析中,同样需要通过荷载释放来近似考虑弹塑性在反映时效方面的缺陷,要从根本上解决这个问题,三维的弹—黏—塑性分析是不可缺少的。荷载释放的办法常常是通过荷载下降法和刚度下降法来实现,研究表明,开挖面上不同部位处的荷载释放率并不一样。另外,就是目前软件在处理荷载释放问题时,基本上都在同一开挖施工步中进行的,在实际工程中并不是变形稳定后再进行下步开挖施工,因此,要合理考虑开挖过程中荷载释放率的这些问题,需要具有相关的理论背景知识、积累工程经验、熟悉施工工艺、充分利用监控信息进行反馈等多方面的知识和技能。

2.3 地下工程施工措施效果模拟

地下工程支护或加固措施在有限元计算中的模拟,对于平面问题常常采用线单元或面单元进行模拟,对于空间问题常常采用线单元、面单元或体单元进行模拟,对于作用机理相对明确的支护或加固措施可以直接进行模拟,对于作用机理尚不明确或为了降低问题实现的难度,主要从其总体力学效果方面来进行等效模拟。当某一施工工况需要支护或加固措施时,对于用线单元(平面或三维分析中)或面单元(三维分析中)模拟的支护主要是通过恢复其材料属性或几何属性的设计值来实现,不过这些属性在此之前都被空单元化,许多软件把这两个过程分别称之为单元"生"或"死";对于用面单元(平面分析中)或体单元(三维分析中)模拟的支护或预加固措施通过重新赋予材料属性来实现,但更多的场合是这些单元需要先处于"生"状态。

对于支护措施本文主要考虑锚杆、格栅钢架、网喷混凝土、模筑混凝土等四种支护措施,对于预加固或预支护结构主要考虑小导管注浆、水平旋喷预支护等两种措施,这也是地下工程中常用的支护或加固措施,如何在有限元计算中比较合理地反映这些措施的作用机理或效果,是影响计算结果合理性的关键因素之一。

2.3.1 锚杆的力学模拟

目前在数值模拟分析中,对锚杆力学效果的模拟主要根据其作用的等效原则和力学模型两个方面来考虑,对于前者主要考虑施锚后,围岩弹性模量、黏聚力、内摩擦角、抗压强度等指标的提高,于是有一些相关的经验公式可供采用;对于后者主要通过锚杆单元来实现。

2.3.1.1 锚杆力学效果的等效模拟

(1)经验公式表明,有锚杆时,锚固区的 C_i,φ_i 值可取

$$\varphi_i = \varphi_0, C_i = C_0 + \frac{\tau_a A}{e \cdot i} \qquad (2.3.1\text{-}1)$$

式中,τ_a 为锚杆抗剪强度,$\tau_a = 0.06 R_{st}$,R_{st} 为钢筋的抗拉强度设计值;e,i 为锚杆的纵横间距;A 为单锚杆的截面积。

(2)施锚区弹性模量的提高公式

$$E_i = E_0 \left(1 + \frac{A}{e \cdot i}\right) \qquad (2.3.1\text{-}2)$$

(3)由于摩擦角改变较小,不予考虑,而锚固围岩体的黏结力可由以下经验公式给出

$$C_i = C_0 \left(1 + \frac{\eta}{9.8} \frac{\tau_a A}{e \cdot i} \times 10^4\right) \qquad (2.3.1\text{-}3)$$

式中,η 为经验系数,可取为 2~5。

2.3.1.2 锚杆效果的力学模型模拟

经验值虽然运用起来非常方便,但具有应用范围和条件有限等缺点而显得缺乏足够的科学性和合理性。力学模型从力学机理方面去描述锚杆的力学效应,在用有限元法模拟锚杆时,常常采用杆单元,同时将杆单元与围岩单元耦合在一起进行计算,这种方法对于点锚式锚杆或预应力点锚式锚杆应用较多。对于软弱围岩中的黏结锚杆,由于杆体与灌浆体以及灌浆体与围岩之间存在接触面,这些接触部位也是锚杆破坏、失效的薄弱环节。由于杆体和围岩的模拟相对成熟,因此,正确地反映这些接触面的力学机理就显得更为重要。在较好的岩层中,一般认为最薄弱的环节是杆体与灌浆体间的黏结,而在软弱围岩中,一般认为最薄弱的环节是灌浆

体与围岩间的黏结,在计算中常常不是两个接触面都考虑,而是为了简化计算只考虑这两个接触面中起控制作用的那一个。本文主要针对软弱围岩,因此,主要考虑灌浆体与围岩间的黏结效应。

1. 灌浆体与围岩间的黏结作用

灌浆体与围岩间的黏结主要包括3个作用。

(1)黏着力,即灌浆体与围岩间的物理黏结。当这两种材料由于剪力作用产生应力时,黏着力就构成了发生作用的基本抗力,当锚固体发生位移时,这种抗力就会消失。

(2)机械联锁,由于锚固体可能有凹凸等存在,故在围岩中形成机械联锁,这种联锁同黏着力一起发生作用。

(3)摩擦力,这种摩擦力的形成与夹紧力及锚固体表面的粗糙度成函数关系,而且摩擦系数的量值也取决于摩擦力是否发生在沿接触面位移之前(摩擦系数量值较大)或位移过程中(此时表面上残留的摩擦系数较小)。

2. 接触摩擦模型

根据上述分析可知,需要选取合适的摩擦模型,一般选取常用的库仑摩擦模型,见图2.3.1-1、图2.3.1-2。

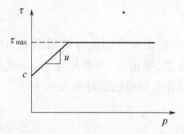

图 2.3.1-1　摩擦模型示意图

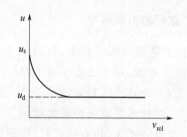

图 2.3.1-2　摩擦衰减示意图

其表达式为

$$\tau = up + c \tag{2.3.1-4}$$

式中,τ 为等效剪应力;p 为接触压力;c 为黏着阻力;u 为摩擦系数,u 按指数形式衰减,见图2.3.1-2,且

$$u = u_d \times [1 + (f-1)\exp(-k \times v_{rel})] \tag{2.3.1-5}$$

式中,u_d 为动摩擦系数;f 为静摩擦和动摩擦系数的比值,$f = u_s/u_d$;v_{rel} 为接触面的相对速率;k 为衰减系数,如果能够知道 $u - v_{rel}$ 曲线上的一点 (u, v_{rel}),那么,衰减系数 k 也可表示为

$$k = \frac{1}{v_{rel}} \times \ln\left(\frac{u_0 - u}{(f-1) \times u}\right) \tag{2.3.1-6}$$

3. 二维接触问题

对于锚杆中的接触摩擦行为,比较理想的是采用接触摩擦单元来模拟,这种单元能够考虑固定、滑动和张开3种接触条件,能够模拟具有初始间隙和初始穿透、初始刚好接触等初始状态的两物体间的摩擦滑动、张开、闭合。下面介绍一下锚杆中的二维接触问题。

考虑围岩 A 和围岩 B 与锚固体的接触,对它们进行离散之后,在围岩与锚固体间的接触表面上布置双节点,见图2.3.1-3(a)。整个问题的描述采用笛卡尔坐标系 (x, y),局部坐标系 (s, n) 用于描述接触单元。接触问题是高度非线性问题,一般采用增量—迭代法求解,以下各公式中的量都为增量。

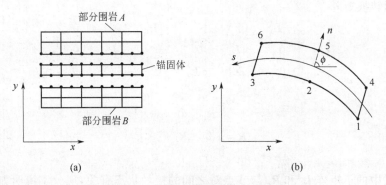

图 2.3.1-3 有限元离散网格和接触单元

(1) 单元节点接触应力和节点力之间的关系

为了能够模拟接触面复杂的几何形状,在这里特采用 6 节点的接触等参单元,见图 2.3.1-3(b),运用虚位移原理,经过适当的推导,可以得到单元节点接触应力和节点力之间的关系

$$C^T S\sigma = F \tag{2.3.1-7}$$

式中,σ 为局部坐标系中增量节点接触应力矢量;F 为总体坐标系中增量等效节点力矢量;而

$$S = \int_\Gamma N^T N \mathrm{d}J \tag{2.3.1-8}$$

其中,N 为插值函数矩阵;而 C 为转换矩阵

$$C = \begin{bmatrix} -L_1 & 0 & 0 & -L_1 & 0 & 0 \\ 0 & -L_2 & 0 & 0 & -L_2 & 0 \\ 0 & 0 & -L_3 & 0 & 0 & -L_3 \end{bmatrix} \tag{2.3.1-9}$$

其中

$$L_i = \begin{bmatrix} \cos\phi_i & \sin\phi_i \\ -\cos\phi_i & \cos\phi_i \end{bmatrix} (i=1,2,3) \tag{2.3.1-10}$$

式中,ϕ_i 为整体坐标系 x 与局部坐标系 n 之间的夹角,见图 2.3.1-3(b)。

(2) 约束条件

对于二维问题,接触条件可分为 3 类,即固定、滑动和张开。对不同的接触状态,接触面上的位移和应力满足不同的平衡方程和连续条件。接触单元的几何和静力约束方程可统一表示成

$$\{C'R\} \begin{pmatrix} a \\ \sigma \end{pmatrix} = a^* \tag{2.3.1-11}$$

式中,a^* 为给定的节点相对位移或节点接触应力矢量,其值由表 2.3.1-1 确定。

表 2.3.1-1 给定的约束荷载向量 a^*

荷载步→(k) ↓ (k−1)	固定	滑动	张开
固定	$\Delta u^* = 0$ $\Delta v^* = 0$	$\Delta u^* = 0$ $T = [\tau]^k - \tau^{k-1}$	$N = -\sigma^{k-1}$ $T = -\tau^{k-1}$
滑动	$\Delta u^* = 0$ $\Delta v = 0$	$\Delta u^* = 0$ $T = [\tau]^k - \tau^{k-1}$	$N = -\sigma^{k-1}$ $T = -\tau^{k-1}$
张开	$\Delta u^* = -(\Delta u')^{k-1} - g$ $\Delta v^* = (\Delta v')_i \left\| \dfrac{\Delta u^*}{(\Delta u')_i} \right\|$	$\Delta u^* = -(\Delta u')^{k-1} - g$ $T = [\tau]^k$	$N = 0$ $T = 0$

C' 为坐标转换矩阵

$$C' = \begin{bmatrix} -L'_1 & 0 & 0 & -L'_1 & 0 & 0 \\ 0 & -L'_2 & 0 & 0 & -L'_2 & 0 \\ 0 & 0 & -L'_3 & 0 & 0 & -L'_3 \end{bmatrix} \qquad (2.3.1\text{-}12)$$

而

$$R = \begin{bmatrix} R_1 & 0 & 0 \\ 0 & R_2 & 0 \\ 0 & 0 & R_3 \end{bmatrix} \qquad (2.3.1\text{-}13)$$

以上两式中的子矩阵 L_i 和 R_i 与节点对之间的接触状态有关,现分别说明如下。

①固定状态。在固定状态,节点对之间的法向相对位移和切向相对位移等于零,这时有

$$L'_i = \begin{bmatrix} \cos\phi_i & \sin\phi_i \\ -\sin\phi_i & \cos\phi_i \end{bmatrix} (i=1,2,3) \qquad (2.3.1\text{-}14)$$

$$R = \begin{bmatrix} 0 & 0 \\ 0 & 0 \end{bmatrix} (i=1,2,3) \qquad (2.3.1\text{-}15)$$

$$a^* = \{\Delta u_1^* \quad \Delta v_1^* \quad \Delta u_2^* \quad \Delta v_2^* \quad \Delta u_3^* \quad \Delta v_3^*\}^\mathrm{T} \qquad (2.3.1\text{-}16)$$

②滑动状态。在滑动状态,节点对在法线方向仍保持接触,但沿切线方向产生滑动,总剪力等于容许剪应力。假设节点对(1,4)处于滑动状态,其余节点对仍处于固定状态,见图 2.3.1-3(b),则有

$$L'_1 = \begin{bmatrix} \cos\phi_1 & \sin\phi_1 \\ 0 & 0 \end{bmatrix} \quad L'_i = \begin{bmatrix} \cos\phi_i & \sin\phi_i \\ -\sin\phi_i & \cos\phi_i \end{bmatrix}(i=2,3) \qquad (2.3.1\text{-}17)$$

$$R_1 = \begin{bmatrix} 0 & 0 \\ 0 & 1 \end{bmatrix} \quad R_i = \begin{bmatrix} 0 & 0 \\ 0 & 0 \end{bmatrix}(i=2,3) \qquad (2.3.1\text{-}18)$$

$$a^* = \{\Delta u_1^* \quad T_1 \quad \Delta u_2^* \quad \Delta v_2^* \quad \Delta u_3^* \quad \Delta v_3^*\}^\mathrm{T} \qquad (2.3.1\text{-}19)$$

③张开状态。在张开状态,节点对沿法线和切线方向的总接触应力等于零,假设节点对(1,4)处于张开状态,其余节点对仍处于固定状态,则有

$$L'_1 = \begin{bmatrix} 0 & 0 \\ 0 & 0 \end{bmatrix} \quad L'_i = \begin{bmatrix} \cos\phi_i & \sin\phi_i \\ -\sin\phi_i & \cos\phi_i \end{bmatrix} \quad (i=2,3) \qquad (2.3.1\text{-}20)$$

$$R_1 = \begin{bmatrix} 1 & 0 \\ 0 & 1 \end{bmatrix} \quad R_i = \begin{bmatrix} 0 & 0 \\ 0 & 0 \end{bmatrix} \quad (i=2,3) \qquad (2.3.1\text{-}21)$$

$$a^* = \{N_1 \quad T_1 \quad \Delta u_2^* \quad \Delta v_2^* \quad \Delta u_3^* \quad \Delta v_3^*\}^\mathrm{T} \qquad (2.3.1\text{-}22)$$

式(2.3.1-16)、(2.3.1-19)、(2.3.1-22)中 $\Delta u_i^*, \Delta v_i^*, N_i, T_i$ 由表 2.3.1-1 给出。

(3)等效单元刚度矩阵和节点荷载向量

将式(2.3.1-7)和式(2.3.1-11)写在一起,则得到

$$\begin{bmatrix} 0 & C^\mathrm{T}S \\ C' & R \end{bmatrix} \begin{Bmatrix} a \\ \sigma \end{Bmatrix} = \begin{Bmatrix} F \\ a^* \end{Bmatrix} \qquad (2.3.1\text{-}23)$$

式中

$$K_c = \begin{bmatrix} 0 & C^\mathrm{T}S \\ C' & R \end{bmatrix} \qquad (2.3.1\text{-}24)$$

称为接触单元的等效单元刚度矩阵;

$$f_c = \begin{Bmatrix} 0 \\ a^* \end{Bmatrix} \quad (2.3.1\text{-}25)$$

称为接触单元的等效节点荷载向量,这种接触单元就可以在单元水平上进行刚度和荷载的组装,可用常规的有限元集成规则迭加到总刚度矩阵和总荷载向量中去。

(4) 数值计算的实现

接触摩擦问题需经过多次迭代才能获得正确解,计算时,首先假定单元处于某种接触状态(固定、滑动和张开),按照假定的状态,分别计算等效单元刚度矩阵和等效荷载向量,解有限元方程后,得到一组试验解,将试验解进行接触状态检查,看其是否与原假设状态相同,若相同,说明原假设接触状态正确,相应的解即为正确解,计算结束,若不同,则选取试验的解为新的假设状态,并修改荷载向量,进行新的一轮迭代,直至收敛。主要的计算步骤为:

假设在荷载步 k 已进行了第 $(i-1)$ 次迭代,相应的位移和应力 $a_{i-1}^k, \sigma_{i-1}^k$ 已经求得,现考察第 i 次迭代的情况。

步骤 1,假设第 $(i-1)$ 次迭代时求得的接触应力为正确状态,按式(2.3.1-24)计算等效单元刚度矩阵;

步骤 2,根据假设的接触状态,根据表 2.3.1-1 按式(2.3.1-25)形成等效单元荷载向量;

步骤 3,将等效单元刚度矩阵和等效单元荷载向量分别组集到总刚度矩阵和总荷载向量中;

步骤 4,求解有限元方程,得到增量位移 a_i 和增量应力 σ_j;

步骤 5,计算总位移和总应力

$$\begin{cases} a_i^k = a_i^{k-1} + a_i \\ \sigma_i^k = \sigma_i^{k-1} + \sigma_i \end{cases} \quad (2.3.1\text{-}26)$$

式中,a^{k-1}, σ^{k-1} 为荷载步 $(k-1)$ 时的位移和应力;

步骤 6,按表 2.3.1-2 对每一节点对选择新的接触状态;

表 2.3.1-2 接触状态判据

迭代步→(i) ↓ $(i-1)$	固定	滑动	张开
固定	$\sigma_i^k < [\sigma]$ $\tau_i^k < [\tau]$	$\sigma_i^k < [\sigma]$ $\tau_i^k \geq [\tau]$	$\sigma_i^k \geq [\sigma]$
滑动	$\sigma_i^k < [\sigma]$ $\|(\Delta v')_i\| < \varepsilon$	$\sigma_i^k < [\sigma]$ $\|(\Delta v')_i\| \geq \varepsilon$	$\sigma_i^k \geq [\sigma]$
张开	$(\Delta u')_i + g < 0$		$(\Delta u')_i + g \geq 0$

步骤 7,检查新的接触状态是否与原假设相同,若相同,迭代结束,转入新的荷载增量步;否则,转步骤 1,进行新的下一轮迭代。

表 2.3.1-1 和表 2.3.1-2 中 $[\sigma]$、$[\tau]$ 分别为法线和切线方向的最大容许应力;g 为接触面间的初始间隙。

(5) 算例分析

为了考察用接触单元对锚杆分析的合理性,对图 2.3.1-4 中的锚杆算例进行了弹塑性分析,假定隧道为全断面一次开挖,开挖后及时施做锚杆。

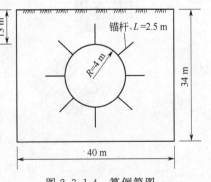

图 2.3.1-4 算例简图

计算结果表明,锚杆的轴力(正为受拉)基本上均呈受拉状态,见图2.3.1-5,锚杆的轴力沿杆长显"凸形"分布,锚杆两端的轴力均较小,与量测锚杆的轴力分布形态基本一致,说明用本文的接触单元进行锚杆的计算分析是合理可行的。锚杆表面的接触压力(正为受压)分布见图2.3.1-6。此外,本文还对该算例的锚杆直接采用杆单元进行了分析,以便比较,计算结果见图2.3.1-7,比较表明,两种模拟结果锚杆受力的大小及分布形态差别都比较大。

图2.3.1-5 隧道开挖接触单元模拟锚杆时其轴力分布

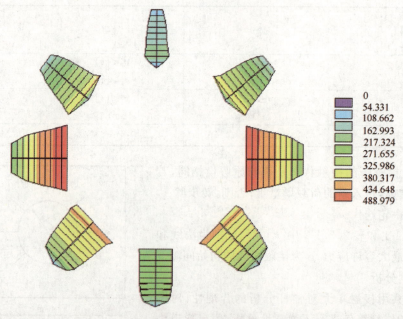

图2.3.1-6 隧道开挖接触单元模拟锚杆时其表面接触压力分布

图 2.3.1-7　隧道开挖杆单元模拟锚杆时其轴力分布

2.3.2　格栅钢架的力学模拟

在浅埋、偏压、软弱围岩及城市地下隧道工程中,常常在初期支护中采用格栅钢架,在锚喷等支护发挥作用前使围岩稳定,提高初期支护的强度和刚度,抑制地表下沉。另外,隧道施工需要施做超前支护时,需要设置钢架作为超前锚杆、小钢管、小导管、管棚、旋喷桩等的支承构件。

在数值分析中,格栅钢架也常常通过等效作用和力学模型两种方法进行考虑,按等效法考虑时,根据抗压刚度相等的原则,将钢架的弹性模量折算给喷混凝土,计算公式为

$$E = E_0 + \frac{S_g \times E_g}{S_c} \tag{2.3.2-1}$$

式中,E 为折算后混凝土弹性模量;E_0 为原混凝土弹性模量;S_g 为钢拱架截面积;E_g 为钢材弹性模量;S_c 为混凝土截面积。此外,在数值分析中,也可将格栅钢架采用梁单元来进行模拟。

2.3.3　网喷混凝土的力学模拟

隧道开挖后,立即喷射混凝土,及时封闭围岩暴露面,由于喷层与岩壁密贴,故能有效地隔绝水和空气,防止围岩因潮解风化产生剥落或膨胀,避免裂隙中充填物流失,防止围岩强度降低。此外,高压高速喷射混凝土时,可使一部分混凝土浆液渗入张开的裂隙或节理中,起胶结和加固作用,提高围岩强度。含有速凝剂的混凝土喷射液,可在喷射后 2～10 min 内凝固,及时向围岩提供支护抗力,使围岩表层岩土体由未支护时的二向受力状态变为三向受力状态,提高了围岩强度,见图 2.3.3-1。

喷层中的钢筋网具有防止收缩裂缝,使喷层应力分布均匀,增强锚喷支护的整体性,增强喷层的柔性等作用。

在有限元计算中,喷层常常作为弹性材料采用杆梁单元或板壳单元来进行模拟。对于喷

层中的钢筋网作用,在计算中常常作为安全储备考虑,也可通过提高喷层参数值来近似模拟。

2.3.4 模筑混凝土的力学模拟

模筑混凝土在施工期间参与工作的时间不同所起的力学作用也不一样,如果围岩变形基本稳定后才施模筑混凝土,那么模筑混凝土主要作为安全储备,如果变形还没

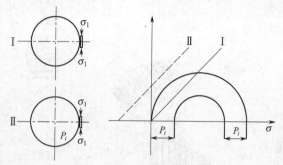

图 2.3.3-1 喷层的力学作用示意图

有稳定就做模筑混凝土,那么模筑混凝土作为承载结构的一部分。在使用期间,考虑到时间长久后,初支因锈蚀、腐蚀等原因强度要降低,这时,模筑混凝土可能仍起承载结构作用,因此,模筑混凝土在施工期间和使用期间的作用可能是不一样的。在有限元计算中,模筑混凝土常常作为弹性材料采用梁单元或实体单元来进行模拟。

2.3.5 注浆小导管的力学模拟

小导管常常是在掌子面上沿隧道纵向在拱上部开挖轮廓线外一定范围内向前上方倾斜一定的角度,或者沿隧道横向在拱脚附近向下方倾斜一定的角度的密排注浆花管,注浆花管的外露端通常支于开挖面后方的钢架上,共同组成预支护系统。

注浆小导管既能加固洞壁一定范围内的围岩,又能支托围岩,其支护刚度和预支护效果均大于超前锚杆,适用于较干燥的砂土层,砂卵(砾)石层、断层破碎带、软弱围岩浅埋段等地段的隧道施工。

在计算分析中,小导管的注浆效果可视为在隧道围岩中形成了约 0.6~1.2 m 厚的环状加固圈,见图 2.3.5-1,因此,小导管注浆加固围岩可采用改善围岩参数的等效方法进行考虑。

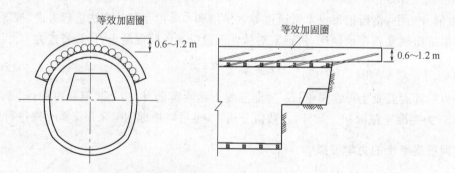

图 2.3.5-1 小导管预注浆加固围岩示意图

此外,对小导管注浆加固砂质土的物理力学指标进行了现场实测,可供参考,见表2.3.5-1。

表 2.3.5-1 围岩加固前后的物理力学指标

地层	弹性模量 E(MPa)	泊松比 μ	黏聚力 c(MPa)	内摩擦角 φ(°)	容重 γ(kN/m³)
砂土层	30.0	0.30	0.02	30.0	18.5
注浆地层	100.0	0.30	0.30	35.0	20.0

2.3.6 管棚的力学作用及模拟

管棚是在隧道开挖之前沿隧道开挖断面外轮廓,以一定间隔与隧道平行钻孔,再从插入的钢管内压注水泥浆或水泥砂浆,来增加钢管外围岩的抗剪强度,并使钢管与围岩一体化,由管棚和围岩构成棚架体系。其效果可归纳为梁效应和加强效应。所谓的梁效应是指,因钢管是先行设置的,在掘进时,钢管在掌子面及其后方的支撑的支持下,形成梁式结构,以防止围岩的崩塌和松弛;加强效应是指钢管插入后,压注水泥浆,加强了钢管周边的围岩。常用的管棚形状及配置见图 2.3.6-1。

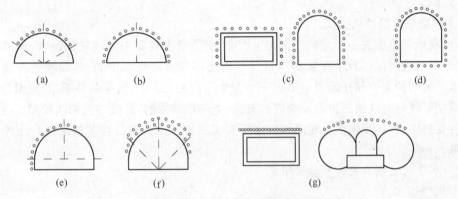

图 2.3.6-1 管棚的配置及形状

在浅埋隧道情况下,地表有结构物存在时或隧道接近地下结构物时,为把隧道开挖的影响限制在最小的范围内,尽量防止围岩的松弛和坍塌,采用管棚法是有利的。在计算分析中,管棚的力学作用将其模拟成隧道周边的壳单元进行分析,力学参数可按式(2.3.2-1)进行简化计算。

2.3.7 水平旋喷预支护的力学作用及模拟

为适应软弱地层中修建地下铁道及隧道等构筑物,日本于 20 世纪 80 年代初期首先开始试验研究水平钻孔旋喷注浆施工法,近年来欧美国家也逐步得到应用。国外很多工程实例已经证明,在软弱地层中应用水平或倾斜钻孔旋喷注浆技术形成拱棚或墙柱,对防止坑道坍塌,有效控制地面沉陷,使隧道顺利施工起到了良好的作用。我国对水平钻孔旋喷注浆技术研究起步较晚,近几年,石家庄铁道学院进行了大量的试验和应用研究,中国地质科学院探矿工艺研究所也对水平钻孔旋喷注浆技术在隧道中的应用进行了大量而卓有成效的研究。国内已在天津市塘沽区北塘镇隧道、四川崇州市鞍子河电站梁家山隧道、神一延线沙哈拉峁隧道等工程中成功应用了水平钻孔旋喷注浆技术,取得了满意的结果。由于水平旋喷法有利于降低工程造价、缩短工期、保证施工安全等特点,目前正受到相关行业的广泛关注和重视,因此,水平旋喷法技术在我国的应用前景是很好的。

2.3.7.1 水平旋喷预加固原理及特点

水平旋喷预支护的适用范围与一般垂直旋喷相同,主要适用于黏性土、砂类土、泥页岩及小直径的砂砾层和破碎带等软弱地层。其加固原理包括成桩原理和成拱原理两个方面。

1. 水平旋喷成桩原理

高压水泥浆液从喷射孔喷出后,切割破坏土体,部分土体被喷射浆液所置换,另一部分与水泥浆混合形成水泥土,其余土体在喷射动压、离心力和重力的共同作用下,在横断面上重新排列,从而形成一个由水泥和岩土组成的固结桩体,固结体周围地层也因挤压渗透作用得到一定程度的加固。水平旋喷的成桩机理及固结体性能与竖直旋喷基本相同,也可以在旋喷后插入钢筋以增强固结体的抗弯、抗剪强度。

2. 水平旋喷成拱原理

在隧道轮廓线外四周根据设计的旋喷桩成桩直径,排布一系列旋喷钻孔,每个旋喷桩相互搭接咬合,形成一个类似地下连续墙具有承载力的水泥—岩土固结体支护拱壳,在其保护下进行隧道掘进,从而达到提高隧道施工的安全性、防止地表下沉、降低支护费用、加快施工进度等目的。

3. 水平旋喷成拱特点

(1)可在地层中形成一个完整的水泥土拱壳,受力情况较管棚有明显的改善,经济技术比较,均显示了其优越性;(2)水泥浆的用量及切削土体的方向可以控制,各旋喷桩重叠比较规则;(3)水平旋喷预支护只在地层中形成一个完整的水泥土拱壳,同等条件下,其耗用的水泥量少于固结注浆;(4)组成预支护的旋喷桩的直径、方向可以控制,形成的支护体较固结注浆开挖后形成的支护体均匀,且强度也较高;(5)水平旋喷桩加固区具有抗渗及提高复合土体强度的双重效果。

2.3.7.2 水平旋喷预加固效果试验研究

1. 试验情况简介

水平旋喷成拱主要设备有(按水流经顺序排列):水箱→搅拌箱→二次搅拌箱→储浆箱→高压泵→钻机。高压旋喷分为单管、双重管、三重管3种方法,双、三重管是用水和空气来破坏土体,然后再注入水泥浆,置换量较大,在水平旋喷时,置换量过大会引起地表沉降及坍塌,因此,一般采用单管旋喷。

试验选用的水平钻机为日本产 FS-A-300 型,高压注浆泵为 BWF-120/30 型,配备一台 300 L 搅拌桶,钻杆为 50 mm 的空心钻杆,钻头有普通合金钻头(外径为 120 mm)和旋喷钻头(外径为 90 mm),一般地质时采用旋喷钻头钻进和注浆,在遇到局部硬岩时采用普通合金钻头代替旋喷钻头钻进。

进行水平旋喷试验的土层有全风化花岗岩层(实际上为类砂土层)和软黏土层,全风化花岗岩层中的水平旋喷选在深圳地铁大剧院站~科学馆站区间1号竖井横通道上导处,里程为:JB0+29.7 m;软黏土层中水平旋喷选在1号竖井横通道与正洞斜交处,里程为:JB0+45.6 m。先后两次试验都是在掌子面封闭的情况下进行的,因此,钻机就位后,对掌子面喷射的混凝土层先用合金钻头破除,后换为旋喷钻头,采用压力为 5 MPa 的高压水以每分钟 30~40 cm 的速度钻进,钻至设计标高后(钻深15 m),压注1:1的水泥浆(旋喷长11.5 m),注浆压力为 20 MPa,边旋转注浆边退杆,退速为 30 cm/min,并在孔口用水泥袋封堵,以防泥浆大量涌出,压浆完毕后,立即插入钢管,用水泥袋封死孔口,施工中采用间隔施工。施工工艺流程见图 2.3.7-1。

2. 旋喷加固试验分析与评价

(1)施工工艺和操作控制对成桩质量影响很大,进一步完

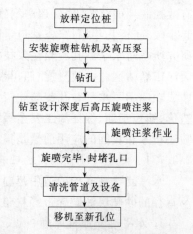

图 2.3.7-1 旋喷桩施工流程图

善工艺、加强管理和控制后,能够确保施工质量:平均桩径不小于0.5 m,最小桩径不小于0.3 m,小于0.5 m的桩不大于总数的20%,桩长不小于设计长度,开挖3 m后旋喷桩位于开挖线以外,尾部不大于开挖线1.2 m,桩间咬合率不小于80%,其中未咬合部分最大间距不大于10 cm,没有出现断桩和空桩。

(2)两次旋喷试验都是针对洞内围岩很差的地层环境,采用小导管注浆难以进展的现状,采用水平旋喷桩进行超前预支护,并辅以小导管补充注浆后,围岩加固和止水的效果都较好,保证了施工顺利进行,隧道开挖施工更安全可靠,每旋喷一孔所需时间约120 min,单孔单线每一环工作时间为3 d,每循环有效加固长度为9.8 m,开挖耗时为5 d,平均日进尺为1~1.2 m。

(3)洞内施工时,能有效地控制地面下沉,确保管线及道路交通安全,对地面交通无干扰,但对洞内施工干扰较大,施工时要做好泥浆处理,同时还要合理安排各施工工序;拱顶小导管压浆,作为对旋喷桩不足部分进行补充是必不可少的。

2.3.7.3 旋喷加固地层效果量化分析

在水平旋喷试验之前,在钻孔处取土样进行土的各项物理力学性能指标测试,旋喷后在与固结体轴线水平处取土样对其物理力学指标进行测试,以检查旋喷注浆对固结体周围土体的加固效果,对旋喷固结体力学性能指标的测试,试验中采用圆柱体试件,直径为50 mm,高径比为2.0~2.5,挖开固结体上覆土层检查旋喷效果时,在旋喷柱体上截取柱段,搬回室内置入水槽中进行常规养护,将柱体用岩石切割机和钻岩取样机加工成所需试件,参照低标号混凝土试件强度试验方法控制加载步骤和速度。关于旋喷注浆加固地层的加固效果比较一致的结论是:除了在地层中凝固成一定尺寸、一定强度的固结体之外,固结体周围土体同时也得到了挤密和固结,因此,旋喷以后,固结体周围土体的物理力学性能也得到了相应的改善。

(1)旋喷固结体的物理力学指标

经过试验分析表明,旋喷固结体的一些关键指标主要有固结体的直径、单轴抗压强度、固结体的容重、固结体的弹性模量等。在旋喷压力基本相同的条件下,由于黏土层比风化层密实得多,黏土层的旋喷固结柱体直径小于风化层柱体直径。旋喷固结体以抗压性能为其基本力学性能,其单轴抗压强度是加固效果的最重要的力学指标,在黏土和风化层中,旋喷固结体强度变化的幅度都比较大,强度最大值是最小值的2.4~3.6倍;风化层旋喷固结体强度高于黏土层旋喷固结体强度,这一点与竖直旋喷固结体强度有相同的规律;旋喷固结体与原状土相比,强度提高了几十倍,甚至上百倍,可见加固效果相当显著。关于固结体的容重,原来密度比较高的地层部分被水灰比较大的浆液置换后,固结体密度会有所降低,如黏土层;原来密度较小的地层,空隙被浆液填充后,固结体密度会相应提高,如风化地层。旋喷固结体平均弹性模量反映了水平旋喷固结体抵抗外力变形的平均能力,强度高的风化层其旋喷固结体弹性模量也较高,具体见表2.3.7-1。

表2.3.7-1 旋喷前后固结体的物理力学参数

指 标	黏 性 土			全 风 化 层		
	原状土	固结体	提高比	原状土	固结体	提高比
直径(cm)		35±5			45±15	
抗压强度(MPa)	0.088	5.8	66倍	0.049	9.8	200倍
容重(kN/m³)	18.03	16.13	−10.5%	19.5	21.5	20.5%
弹性模量(MPa)	3.28	2 670	814倍	25.0	10 440	417倍

(2) 固结体周围土体的物理力学指标

水平旋喷固结体周围土体由于被压实,使土体的孔隙比减小,从而引起土体中多余水分向外层土体渗透,造成土体容重的增大和含水量的减小。由于周围土体的固结,使土体的各项力学指标均得到改善,抗渗透能力也得到了提高。在旋喷以前,风化层已比较密实,因而其力学指标增加幅度相对较小,但水平旋喷对桩周风化层还是有一定加固效果的。黏土地层和风化地层中水平旋喷固结体周围土体各项物理力学指标改变情况见表 2.3.7-2。

表 2.3.7-2 黏土层和全风化层旋喷前后主要物理力学参数

物理力学指标	黏 土 层				全 风 化 层			
	旋喷前	旋喷后	提高值	提高比(%)	旋喷前	旋喷后	提高值	提高比(%)
天然容重(kN/m^3)	18.07	18.61	0.54	3	18.8	20.4	1.6	8.5
压缩模量(MPa)	3.28	8.66	5.38	164	6.87	7.0	0.13	1.9
内摩擦角(°)	25.2	29.5	4	17.1	25.1	27.0	1.9	7.6
黏聚力(kPa)	30	75	45	150	15.8	28.7	12.9	81.6
渗透系数($10^{-4} cm \cdot s^{-1}$)	0.515	0.130	−0.385	−74.8	0.8	0.23	−0.57	−71.3

2.3.7.4 旋喷桩预加固效果的数值分析

在上述试验研究的基础上,对由中铁四局承建的深圳地铁大剧院站~科学馆站区间并行小间距隧道段进行了三维弹塑性数值模拟分析,该施工段在过受保护的煤气管线时考虑了施做水平旋喷桩来控制地表下沉量。水平旋喷桩在洞内外插角为 5°~8°(视地质和线路坡度调整),水平旋喷桩超前预加固形成拱棚每一循环钻孔 15 m,旋喷长度 12 m,因始端侵入隧道开挖断面,故在前端 3 m 范围内不注浆,旋喷加固体纵向搭接长 1.5 m,环向间距在开孔处为 0.33 m,终孔处为 0.4 m,开挖支护循环进尺 10.5 m,开挖掘进时,用 $\phi42$ 小导管注浆补充加固和止漏,小导管注浆补充填塞桩间的空隙,见图 2.3.7-2。

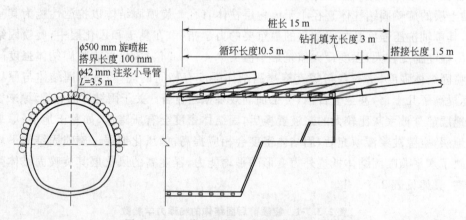

图 2.3.7-2 拱部土体水平旋喷加固示意图

在计算分析中,对于旋喷桩采用等效方法进行考虑,由于旋喷桩辅以小导管补充注浆,在地层中形成坚固、连续的拱壳结构,因此,基于旋喷桩的力学效果及设计尺寸,经过综合分析,将旋喷桩简化为 0.5 m 厚的预支护结构,见图 2.3.7-3。

为了便于分析比较旋喷桩的力学效果,本文按有、无旋喷桩两种情况进行了分别计算,由于主要是为了反映其力学效果以及验证旋喷桩简化的合理性,将计算中的有关细节予以忽略,

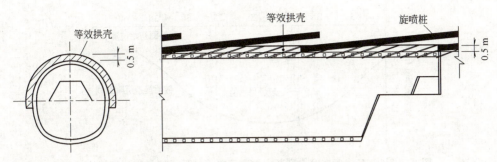

图 2.3.7-3 水平旋喷加固等效简化示意图

现将左右线隧道施工完成时的部分计算成果给出。

1. 地表变形分析

由计算结果可知,没有旋喷桩时,左、右线隧道施工完成时的地表沉降最大值大于 71 mm,见图 2.3.7-4(图中单位为 m,负值代表下沉,其余相同不再说明),而有旋喷桩时地表沉降最大值小于 29 mm,见图 2.3.7-5,地表沉降下降幅度约 61%,进一步的分析也表明没有旋喷桩时将导致邻近管线的破坏,而有旋喷桩时由于地表沉降曲线的斜率和曲率都得到了较好的改善,提高了施工期间管线及其他构筑物的安全,从图 2.3.7-4 和图 2.3.7-5(变形放大系数相同)也可以直观的了解到这一点。此外,有旋喷桩时某典型断面地表沉降的计算值与现场测量值比较见图 2.3.7-6,由图 2.3.7-6 可知,两者基本吻合,说明数值模拟能够比较好的反映了施工过程的力学性态。

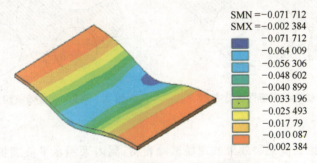

图 2.3.7-4 无旋喷桩时地表沉降示意图

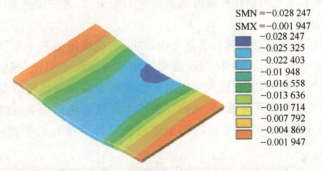

图 2.3.7-5 有旋喷桩时地表沉降示意图

2. 围岩稳定性分析

通过对隧道周围收敛对比分析可知,隧道变形比较敏感的地方都位于隧道上半断面,这与

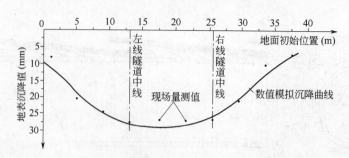

图 2.3.7-6　有旋喷桩时典型断面地表沉降值现场量测与数值模拟比较

上半断面的围岩明显差于下半断面的地质条件有直接的关系,没有旋喷桩时右线隧道断面拱顶的最大沉降值达到了 100 mm,而有旋喷桩时为 47 mm,右线拱顶沉降下降幅度 53%;对于左线隧道没有旋喷桩时拱顶的最大沉降值达到了 130 mm,有旋喷桩时为 60 mm,下降幅度 54%。由此可见,有旋喷桩时隧道周边的变形将会得到很大的改善,围岩的稳定性明显提高,在很大程度上保证了隧道施工的安全性。

此外,左右隧道的净距从 6.5 m 逐渐变小至 2 m 时,计算表明,没有旋喷桩时左线隧道开挖到净距为 3.5 m 处时,围岩的变形不能收敛,处于不稳定状态,经过对两隧道间的围岩进行加固处理并及时设置支护后,围岩才能够处于稳定状态;有旋喷桩时并采取同样的措施后,围岩的稳定性得到了明显提高,洞周塑性区的范围明显减小,见图 2.3.7-7、图 2.3.7-8。

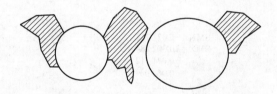 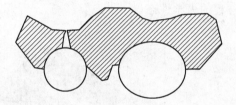

图 2.3.7-7　有旋喷桩洞周塑性区分布图　　图 2.3.7-8　无旋喷桩洞周塑性区分布图

3. 结论

(1)水平旋喷桩预加固地层效果的现场试验表明:洞内采用水平旋喷桩进行超前预支护,并辅以小导管补充注浆后,围岩加固和止水的效果都较好,能够保证施工的顺利进行,隧道开挖更安全可靠。而施工工艺和操作控制对成桩质量影响很大,进一步完善工艺、加强管理和控制后,能够确保施工质量。

(2)水平旋喷桩预加固地层效果的量化分析表明:在旋喷压力基本相同的条件下,黏土层的旋喷固结柱体直径小于风化层柱体直径;旋喷固结体与原状土相比,强度提高了几十倍,甚至上百倍,加固效果相当显著,风化层旋喷固结体强度高于黏土层旋喷固结体强度;旋喷加固后,黏土地层固结体密度会有所降低,风化地层固结体密度会相应提高;强度高的风化层其旋喷固结体弹性模量也较高;旋喷固结体周围土体的各项力学指标均得到一定程度的改善和提高。

(3)水平旋喷桩预加固地层效果的数值分析表明:水平旋喷桩预加固地层效果是非常明显的,无旋喷时地表最大沉降约为 71 mm,有旋喷时地表最大沉降约为 28 mm,能够保证周围构筑物的安全;此外,有旋喷桩时,隧道拱顶最大沉降下降幅度约为 53%,洞周塑性区面积减小至 1/4 左右。数值分析和现场量测数据较好的吻合表明:文中的分析结果是令人满意的,对旋喷桩按等效提供进行简化计算的方法,其结果也是令人满意的。

(4)现场测试、理论分析和现场监控量测均表明:在软弱围岩中开挖隧道,特别是在城市繁华地段,水平旋喷桩预支护对控制地表沉降、提高隧道作业的安全性等方面的效果是非常明显的。

2.4 地下工程施工地表沉降机理

2.4.1 基本概念

地表沉陷包括地表移动和变形两部分内容,地表移动可以分为两个组成部分,即地表垂直位移和水平位移;地表变形主要指不均匀地表沉降和不均匀水平位移所形成的地表倾斜和水平变形以及地表的曲率变形。下面以特征点为例进行详细说明。

2.4.1.1 特征点的移动

特征点的移动状态可以用垂直移动分量和水平移动分量来描述,特征点的下沉就是其垂直移动分量,水平移动就是其水平移动分量。

(1)特征点下沉

特征点 i 的下沉表达式为

$$W_i = H_n^i - H_0^i \tag{2.4.1-1}$$

式中,W_i 为第 i 个特征点的下沉值;H_n^i 和 H_0^i 分别为第 i 个特征点在下沉以后和下沉以前的高程值。当 W_i 为负值时,表示特征点 i 下沉;当 W_i 为正值时,表示特征点 i 上升。

(2)特征点水平移动

特征点 i 的水平移动表达式为

$$U_i = L_n^i - L_0^i \tag{2.4.1-2}$$

式中,U_i 为第 i 个特征点的水平移动值;L_n^i 和 L_0^i 分别为第 i 个特征点在水平移动以后和水平移动以前 i 点至观测线控制点之间的水平距离值。

2.4.1.2 特征点的变形

(1)特征点倾斜变形

在地表沉陷区,由于相邻两特征点的下沉值不同,则会使两点之间的地面产生倾斜。因此,倾斜变形是指两特征点间曲线中点切线的斜率,即特征点间地面的平均坡度,表达式为

$$I_{i-j} = \frac{W_j - W_i}{L_{i-j}} \tag{2.4.1-3}$$

式中,I_{i-j} 为两特征点 i,j 之间的倾斜变形;W_i 和 W_j 分别表示特征点 i 和 j 的下沉值;L_{i-j} 为特征点 i,j 两点之间的水平距离。当 I_{i-j} 为正时,表示由特征点 i 至特征点 j 方向为地面下沉减小的方向;而当 I_{i-j} 为负时,表示由 i 至 j 方向为地面下沉值增大的方向。

(2)特征点曲率变形

设有三个特征点 i,j 和 k,I_{i-j} 为特征点 i,j 两点之间的倾斜变形;I_{j-k} 为特征点 j,k 两点之间的倾斜变形。由于 I_{i-j} 和 I_{j-k} 值不同,则在两段特征点之间的地表产生倾斜变形差,如果再除以两线段中点之间的水平距离,则得到平均倾斜变形的变化值,即特征点的曲率变形表达式为

$$K_{i-j-k} = \frac{2(I_{j-k} - I_{i-j})}{L_{i-j} + L_{j-k}} \tag{2.4.1-4}$$

式中，L_{i-j}，L_{j-k} 分别为特征点 i,j 两点之间和特征点 j,k 两点之间的水平距离。当 K_{i-j-k} 为正时，表示地表呈凸形变形；而当 K_{i-j-k} 为负时，表示地表呈凹形变形。

(3) 特征点水平变形

由于两相邻特征点的水平移动值不同，引起地表发生水平变形。特征点之间的水平变形是指两相邻特征点之间单位长度的拉伸变形与压缩变形。设 i,j 为两相邻特征点，U_i，U_j 分别为特征点 i,j 的水平移动量，则水平变形表达式为

$$E_{i-j} = \frac{U_j - U_i}{L_{i-j}} \tag{2.4.1-5}$$

式中，L_{i-j} 为特征点 i,j 之间的水平距离。当 E_{i-j} 为正时，表示拉伸变形；当 E_{i-j} 为负时，表示压缩变形。

2.4.2 地下工程施工地表沉降机理分析

地球表层岩土体及地面地形，乃是亿万年地质作用的产物，相对于微观的工程变形监测而言，它们被认为处于应力平衡状态，而对于极为缓慢的大陆漂移及造山运动对监测数据的影响可以忽略不计。

在隧道施工引起的地表移动与变形中，地表沉降的大小和分布是最受关注的。隧道施工所引起地表沉降主要为：

(1) 由于隧道开挖施工所引起的地表沉降，主要包括开挖卸载时开挖面土体向隧道内移动所引起的地表沉降、支护结构背后的空隙闭合所引起的地表沉降、隧道支护结构变形所引起的地表沉降以及隧道结构因整体下沉所引起的地表沉降，可称之为开挖地表沉降。

(2) 在含水地层中进行隧道施工时，当土颗粒骨架之间的水分逐渐排出时，引起土体内部孔隙水压力的变化，使地层发生排水固结引起地表沉降，并把这种地层因孔隙水压力变化和渗透力作用而产生的地面沉降，称之为固结地表沉降。这是由于含水层内地下水位下降，土层内液压降低，使粒间应力，即有效应力增加的结果。

假定地表下某深度 z 处地层总应力为 σ，有效应力为 σ'，孔隙水压力为 p，依据著名的太沙基有效应力原理，水位下降前满足下述关系

$$\sigma = \sigma' + p \tag{2.4.2-1}$$

随着水位下降，孔隙水压力也随之下降，假定土层总应力基本保持不变，那么下降了的孔隙水压力值转化为有效应力增量（见图 2.4.2-1），因此，有下式成立

$$\sigma = (\sigma' + \Delta p) + (p - \Delta p) \tag{2.4.2-2}$$

由上式可知，孔隙水压力减少了 Δp，而有效应力增加了 Δp，有效应力的增加，可以归结为两种作用过程：

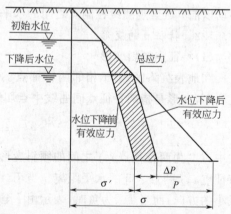

图 2.4.2-1 水位下降后土中有效应力的增加

① 水位波动改变了土粒间的浮托力，水位下降使得浮托力减小；

② 由于水头压力的改变，土层中产生水头梯度，由此导致渗透压力的产生。

浮托力及渗透压力的变化，导致土层发生压密，压密的延滞效应与土层的透水性质有关，一般认为，砂层的压密是瞬时发生的，黏性土的压密时间较长。

此外，在隧道施工过程中，如果有土体颗粒伴随着地下水的流失而流失，这也将引起地表沉降，即水土流失所引起的地表沉降。

(3) 隧道开挖岩土体受扰动后，土体骨架还会发生持续很长时间的压缩变形，在土体蠕变过程中产生的地表沉降为次固结沉降。在空隙比和灵敏度较大的软塑和流塑性黏土中，次固结沉降往往要持续几年以上，对典型地层的长期观测资料分析可知，它所占总沉降量的比例可高达 35% 以上。

因此，隧道在施工期间的地表沉降可以认为主要由"开挖地表沉降＋固结地表沉降＋次固结地表沉降"组成，其中，次固结地表沉降更多情况下是在隧道使用阶段进行考虑。

第3章 地下工程群洞效应研究与实践

工程实践表明,地下工程具有明显的空间效应,特别是复杂结构和复杂环境条件下的地下工程,只有通过空间效应分析,才能较好地反映工程实际。本章空间效应分析理论与实践主要包括平面和三维的弹塑性和接触摩擦分析基本理论与工程应用。

3.1 地下工程空间效应FEM分析基本理论

排水条件下,正常固结黏土和松砂的试验曲线表明,在硬化阶段,材料体积因受压缩而减小;对于超固结黏土或密实砂,曲线具有硬化和软化两个阶段。岩土应力应变曲线存在弹塑性耦合现象(弹性参数将随塑性变形的发展而变化),且常在硬化后期就开始出现体积膨胀。但在实际处理上,则认为硬化阶段体积收缩,软化阶段体积膨胀。为了能更好地反映岩土的硬化和软化特性,通常采用在Mohr-Coulomb锥面(或Drucker-Prager锥面)上加一个帽盖,称为帽盖模型或双屈服面模型,帽盖模型的优点是可以照顾到材料在静水应力下能产生塑性体积应变这一事实,这样可以反映岩土不仅有剪切屈服,而且有体积应变屈服这一事实。而剪切型开口的锥形单屈服面,无法完全反映岩土材料的屈服特性,但由于其简单、计算参数少且容易获取,故仍常常被采用。此外,Mohr-Coulomb条件由于在棱角处有奇异性,所以常常采用Drucker-Prager条件。

3.1.1 弹塑性体力学模型概念

地下结构所涉及的材料介质一般既有弹性性质,又有塑性性质。当应力小于材料的屈服值时,反映为弹性;当应力等于或大于屈服值时,反映为塑性。下面介绍两种用弹簧和滑块的组合模型来表示这种物体的模型。

(1)弹—理想塑性体

以弹簧(H体)与滑块(St.V体)串联的力学模型表示的物体,称为弹—理想塑性体,见图3.1.1-1(a),其应力—应变为[见图3.1.1-1(b)]

$$\left.\begin{array}{l}\sigma<\sigma_s \text{ 时},\sigma=E\varepsilon \\ \sigma\geqslant\sigma_s \text{ 时},\varepsilon\geqslant\dfrac{\sigma_s}{E}\end{array}\right\} \quad (3.1.1-1)$$

式中,σ_s为屈服值。

(2)弹—强化塑性体

此类材料的力学模型见图3.1.1-2(a),其应力—应变为[见图3.1.1-2(b)]

$$\left.\begin{array}{l}\sigma<\sigma_s \text{ 时},\sigma=E\varepsilon \\ \sigma\geqslant\sigma_s \text{ 时},\left(1+\dfrac{E_T}{E}\right)\sigma\geqslant E_T\varepsilon+\sigma_s\end{array}\right\} \quad (3.1.1-2)$$

式中,E_T是描述塑性变形过程中物体强化的模量,可见在加入一个与滑块平行的弹簧以后,模型就能反映出在塑性变形过程中(应力大于屈服值)的强化作用。

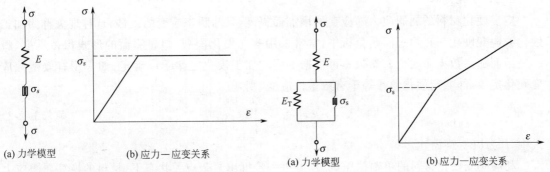

图 3.1.1-1　弹—理想塑性体的力学模型及机理　　图 3.1.1-2　弹—强化塑性体的力学模型及机理

3.1.2 弹塑性体本构关系基本理论

弹塑性体应力—应变关系即本构关系包括以下四个组成部分：(1)屈服条件和破坏条件，确定材料是否塑性屈服和破坏；(2)硬化定律，指明屈服条件由于塑性应变而发生的变化；(3)流动法则，确定塑性应变的方向；(4)加载和卸载准则，表明材料的工作状态。

3.1.2.1 屈服条件和破坏条件

在复杂应力状态下，材料内某一点开始产生塑性变形时，应力必须满足一定的条件，它就是复杂应力状态下的屈服条件。一般可表示为

$$F(\sigma_{ij}, k) = f(\sigma) - \sigma_s(k) = 0 \tag{3.1.2-1}$$

式中，k 为塑性应变的标函数，称为硬化参数；F 为屈服函数；$f(\sigma)$ 为等效应力；$\sigma_s(k) = \sigma_y$ 为换算屈服应力。

屈服函数是一种标量函数，它在主应力空间的图像称为屈服面，屈服面也可以看成是由多个屈服的应力点连接起来所构成的一个空间曲面。屈服面所包围的空间区域称为弹性区，在弹性区内的应力点处于弹性状态，位于屈服面上的应力点处于塑性状态。常见屈服函数的表达式见表 3.1.2-1。

表 3.1.2-1　常见的几种屈服函数

屈服函数名称	屈服函数表达试
德鲁克—普拉格	$F = \alpha J_1 + \sqrt{J_2'} - k'$
冯·米塞斯	$F = \sqrt{3J_2'} - \sigma_y$
摩尔—库仑	$F = \dfrac{1}{3}\sin\varphi J_1 + \left(\cos\theta - \dfrac{\sin\varphi\sin\theta}{\sqrt{3}}\right)\sqrt{J_2'} - c\cos\varphi$
屈瑞斯卡	$F = 2\cos\theta \sqrt{J_2'} - \sigma_y$

注：c, φ 为材料的内聚力和内摩擦角；θ 为表示偏应力第三不变量的 Lode 角。

对于弹—理想塑性材料，材料开始屈服也就是开始破坏，因此，其屈服条件也就是破坏条件，初始屈服面与破坏面重合。对于应变硬化—软化材料，在硬化阶段，在初始屈服后，屈服面要不断发生变化，破坏面可认为是代表极限状态的一个屈服面；在软化阶段，屈服面是不断收缩的，材料的强度在不断地降低，待收缩到最终屈服面时，材料进入流动状态，此时的破坏面称

为残余破坏面。

3.1.2.2 硬化定律

应变硬化材料的屈服应力随应变的增加而提高,且为瞬态应变的函数,这种现象称为加工硬化或应变硬化。在静态问题分析中,常常采用等向硬化模型,即屈服面的形式保持不变,瞬态屈服面随参数 k 而改变。参数 k 可根据不同的加工硬化定律予以确定,如采用有效塑性应变硬化定律,即假定硬化参数等于有效塑性应变,则

$$k = \bar{\varepsilon}_p = \int_L d\bar{\varepsilon}_p \tag{3.1.2-2}$$

式中,L 为应变路径。

利用应变硬化材料的单轴拉压试验,可进一步推出复杂应力状态下,材料的换算屈服应力表达式为

$$\sigma_s(k) = \sigma_s^0 + H' d\bar{\varepsilon}_p \tag{3.1.2-3}$$

式中,σ_s^0 为换算初始屈服应力;H' 为材料的塑性模量,也称为硬化系数,它和弹性模量以及切线模量的关系为

$$H' = \frac{E_T}{1 - E_T/E} \tag{3.1.2-4}$$

3.1.2.3 流动法则

流动法则(Von Mises 1928)假定,塑性应变增量与塑性势 Q 的应力梯度成正比

$$d\varepsilon_{ij}^p = d\lambda \frac{\partial Q}{\partial \sigma_{ij}} \tag{3.1.2-5}$$

式中,$d\lambda$ 为一个正值的比例因子,又称为塑性系数。如果采用关联流动法则,则有 $F \equiv Q$,在这种情况下,塑性应变增量的矢量垂直于屈服面,则有

$$d\varepsilon_{ij}^p = d\lambda \frac{\partial F}{\partial \sigma_{ij}} \tag{3.1.2-6}$$

由于岩土材料具有剪胀现象,且塑性体积膨胀随内摩擦角增加而增大,如果采用关联流动法则,则会夸大岩土的膨胀值,可以采用非关联流动法则予以纠正,通常的做法是将塑性势函数取成屈服函数同样的函数形式,将其内摩擦角 φ 替换成剪胀角 ψ,令

$$0 \leqslant \psi \leqslant \varphi \tag{3.1.2-7}$$

3.1.2.4 加载和卸载准则

该准则用以判别从一塑性状态出发是继续塑性加载还是弹性卸载,这是计算过程中判定是否继续塑性变形以及决定是采用弹塑性本构关系还是弹性本构关系所必须的。

(1)理想塑性材料的加载和卸载

理想塑性材料不发生强化,加载条件和屈服条件($F(\sigma_{ij})=0$)相同,应力点不可能位于屈服面外,当应力点保持在屈服面上时,称为加载,因为这时塑性变形可以增长。当应力点从屈服面上退回到屈服面内时,属于卸载。理想塑性材料的加载和卸载可表示为[见图 3.1.2-1(a)]

$$\left. \begin{array}{l} F(\sigma_{ij}) < 0 \quad \text{(弹性状态)} \\ F(\sigma_{ij}) = 0, dF = \dfrac{\partial F}{\partial \sigma_{ij}} d\sigma_{ij} = 0 \text{(加载)} \\ F(\sigma_{ij}) = 0, dF = \dfrac{\partial F}{\partial \sigma_{ij}} d\sigma_{ij} < 0 \text{(卸载)} \end{array} \right\} \tag{3.1.2-8}$$

(2) 强化塑性材料的加载和卸载

强化材料的加载面可以扩大，因此只有当 dσ 指向面时才是加载，当 dσ 沿着加载面变化时，加载面并不改变，只表示一点的应力状态从一个塑性状态过渡另一个塑性状态，但不引起新的塑性变形，这种变化过程称为中性变载，dσ 指向加载面时，为卸载。强化塑性材料的加载和卸载准则可表示为[见图 3.1.2-1(b)]

$$\left.\begin{array}{l}F(\sigma_{ij})=0, dF=\dfrac{\partial F}{\partial \sigma_{ij}}d\sigma_{ij}>0 \quad (加载)\\ F(\sigma_{ij})=0, dF=\dfrac{\partial F}{\partial \sigma_{ij}}d\sigma_{ij}=0 (中性变载)\\ F(\sigma_{ij})=0, dF=\dfrac{\partial F}{\partial \sigma_{ij}}d\sigma_{ij}<0 \quad (卸载)\end{array}\right\} \quad (3.1.2-9)$$

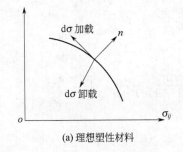 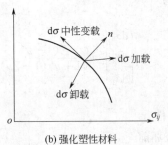

(a) 理想塑性材料　　(b) 强化塑性材料

图 3.1.2-1　加载和卸载

3.1.2.5 弹塑性体本构关系

材料进入塑性状态后，一般说来，不再存在着应力与应变之间的一一对应关系，只能建立增量与应变增量之间的关系，这种用增量理论表示的材料本构关系称为增量理论或流动理论。

任一点的应变增量 $\{d\varepsilon\}$ 由弹性应变增量 $\{d\varepsilon^e\}$ 和塑性应变增量 $\{d\varepsilon^p\}$ 两部分组成，即

$$\{d\varepsilon\}=\{d\varepsilon^e\}+\{d\varepsilon^p\} \quad (3.1.2-10)$$

利用前述基本理论和适当的推导，可以得到关联流动法则的塑性体的增量本构方程为

$$\{d\sigma\}=\{D\}_{ep}\{d\varepsilon\} \quad (3.1.2-11)$$

式中，$[D]_{ep}=[D]-[D]_p$，$[D]_p=\dfrac{[D]\left\{\dfrac{\partial F}{\partial \sigma}\right\}\left\{\dfrac{\partial F}{\partial \sigma}\right\}^T[D]}{A+\left\{\dfrac{\partial F}{\partial \sigma}\right\}^T[D]\left\{\dfrac{\partial F}{\partial \sigma}\right\}}$，$[D]_{ep}$ 为弹塑性矩阵；$[D]$ 为弹性矩阵；$[D]_p$ 为塑性矩阵；对于理想塑性体，$A=0$，对于强化塑性体，$A=H'$。

3.1.3 岩土体无拉力有限元分析

岩土体的抗拉强度很低，在受拉破坏后即不能承受拉应力。当然，原有的受拉破坏的岩土体仍然具有承压的能力。因此，岩土体对受拉和受压具有明显不同的应力—应变特性。

处理岩土体不抗拉或低抗拉特性的有限元分析中，辛克维奇等人提出的所谓"应力转移"技术被广泛采用，即对出现拉力的单元，令其拉力为零或等于其抗拉强度，并以等效节点力作用于单元节点上，然后重新进行有限元分析，迭代至受拉破坏的单元不再受拉为止。应力转移法的无拉应力分析可以模拟受拉破坏时应力重分布过程，但它没有考虑拉裂而导致应力分量的变化。改进的方法是将不受拉破坏视作材料"塑性"破坏状态，类似于塑性软化特性，其初始抗拉强度为

R_t,受拉破坏后 $R_t=0$。与塑性增量理论一样,也需要建立其"弹—塑性"本构关系。

3.1.3.1 基本假定

(1)拉破坏前材料应力—应变关系服从虎克定律;

(2)当任一方向的拉应力达到抗拉强度时,材料发生拉破裂,该方向拉应力变为零,消除拉应力后,应力必须重新调整;

(3)开裂应变为开裂前的弹性应变及开裂后的"塑性应变"之和,因此仍有 $\{d\varepsilon\}=d\varepsilon^e+d\varepsilon^p$ 关系,因为这里把受拉破坏视作塑性破坏的一种特殊形式。

3.1.3.2 拉破坏的条件与拉裂弹塑性矩阵

对于拉破坏宜采用主应力与主应变的关系,因为最大或最小主应力不超过抗拉强度,那么材料中任一方向就不会超过抗拉强度,所以按主应力容易检验破坏。主应力与主应变表示的 $\{d\sigma\}=[D]\{d\varepsilon\}$ 为

$$\begin{Bmatrix} d\sigma_1 \\ d\sigma_2 \\ d\sigma_3 \end{Bmatrix} = \frac{E(1-u)}{(1+u)(1-2u)} \begin{bmatrix} 1 & & 对 \\ \frac{u}{1-u} & 1 & 称 \\ \frac{u}{1-u} & \frac{u}{1-u} & 1 \end{bmatrix} \begin{Bmatrix} d\varepsilon_1 \\ d\varepsilon_2 \\ d\varepsilon_3 \end{Bmatrix} \quad (3.1.3\text{-}1)$$

1. 拉破坏条件

(1)初次拉破坏前

$$F=\sigma_i-R_t\leqslant 0,(i=1,2,3) \quad (3.1.3\text{-}2)$$

(2)初次拉破坏后

$$F=\sigma_i\leqslant 0,(i=1,2,3) \quad (3.1.3\text{-}3)$$

式中,σ_i 为任一主应力分量;R_t 为岩土体抗拉强度。按式(3.1.3-3),相当于拉破坏后材料"软化",主应力与主应变增量为非线性关系,有

$$\{d\sigma\}=\{D_{ep}\}\{d\varepsilon\} \quad (3.1.3\text{-}4)$$

式中,$[D_{ep}]$ 称为拉裂弹塑性矩阵。它可根据破坏条件及弹塑性矩阵确定。

2. 拉裂弹塑性矩阵

(1)只有一个主应力为拉应力并发生拉裂破坏时,则破坏条件

$$F=\sigma_1-R=0 \quad (3.1.3\text{-}5)$$

利用式(3.1.2-11),令 $A=0$,可以得出

$$[D'_{ep}]=[D]-[D_p]=\frac{E}{1-u^2}\begin{bmatrix} 0 & 0 & 0 \\ 0 & 1 & u \\ 0 & u & 1 \end{bmatrix} \quad (3.1.3\text{-}6)$$

(2)两个主应力为拉应力,并同时达到破坏,则破坏条件为

$$F=\sigma_i-R_t=0,(i=1,2) \quad (3.1.3\text{-}7)$$

同样可以得出相应的拉裂弹塑性矩阵为

$$[D'_{ep}]=\boldsymbol{E}\begin{bmatrix} 0 & 0 & 0 \\ 0 & 0 & 0 \\ 0 & 0 & 1 \end{bmatrix} \quad (3.1.3\text{-}8)$$

(3)三向拉伸时,单元已完全破坏,可得

$$[D_{ep}]=0 \quad (3.1.3\text{-}9)$$

3.1.3.3 应力的调整

对出现拉应力超过抗拉强度的单元,消除拉应力后调整各主应力。利用相应的本构关系可得

$$\{\sigma'\} = [D'_{ep}]\{\varepsilon'\} \tag{3.1.3-10}$$

式中,$\{\sigma'\}$,$\{\varepsilon'\}$为修正后的主应力和主应变。而

$$\{\varepsilon'\} = [T]\{\varepsilon'\} \tag{3.1.3-11}$$

式中,$[T]$为坐标转换矩阵

$$[T] = \begin{bmatrix} l_1^2 & m_1^2 & n_1^2 & l_1 & m_1 & m_1 & n_1 & n_1 & l_1 \\ l_2^2 & m_2^2 & n_2^2 & l_2 & m_2 & m_2 & n_2 & n_2 & l_2 \\ l_3^2 & m_3^2 & n_3^2 & l_3 & m_3 & m_3 & n_3 & n_3 & l_3 \end{bmatrix} \tag{3.1.3-12}$$

其中l_i,m_i,n_i分别为σ_i主方向与x,y,z轴之间的方向余弦。

$$\{\sigma\} = [T]^T\{\sigma'\} \tag{3.1.3-13}$$

式中,$\{\sigma\}$为经坐标系转换后得到的整体坐标系中的应力分量。

3.1.3.4 应力迁移计算

把破坏单元多余的应力迁移到附近其他单元的方法称为应力迁移法,这就需要把多余荷载施加于整体坐标系进行应力重分配。

修正前的应力状态$\{\sigma_0\}$是与外荷载相平衡的,修正后成为$\{\sigma\}$便与外荷载不再平衡,修正前后的应力差为多余应力

$$\{\Delta\sigma\} = \{\sigma_0\} - \{\sigma\} \tag{3.1.3-14}$$

则多余应力构成不平衡的节点荷载增量,为

$$\{\Delta R\} = \sum \int_V [B]^T \{\Delta\sigma\} dV \tag{3.1.3-15}$$

这就是未被平衡的那部分荷载,需将此不平衡的结点荷载施加于结构,重新做有限元计算,把求得的应力增量再迭加到原来的应力上,再检查是否有单元破坏,若有破坏单元,则重复上述步骤。经过迭代若干次后,使超过破坏的那部分应力小于容许值,则可停止运算。

此外,在通常的弹塑性分析中,对于超出屈服应力的那些高斯点的应力也需要进行调整,使之满足屈服准则和本构关系。

3.1.4 材料的几何非线性

在软土中开挖隧道时,当围岩的变形较大时,小变形弹塑性理论的计算分析将给计算结果带来较大的误差,基于有限变形弹塑性理论的数值模拟能够更好的描述地层的材料特性和运动特性。在利用Lagrangian法进行大变形分析过程中,常采用Hencky应变来处理几何非线性。此外,为了能够正确地反映隧道工程的开挖—支护过程,只有考虑了单元变形的几何非线性特性,才能使计算结果更加合理。

当构形的的几何形状的变化和转动改变刚度时,则被视为几何非线性,而当变形构形的应变超过一定数值后,由于应变引起的构形的几何变化将不再忽略时,考虑这种影响的应变分析称为大应变或有限应变分析。有限应变几何非线性能处理大的局部变形,为了度量有限变形构形的变形形态,必须精确地研究构形的变形。假设构形前后的位移矢量分别为$\{X\}$和$\{x\}$,则位移矢量$\{u\}$为(见图3.1.4-1)。

$$\{u\} = \{x\} - \{X\} \tag{3.1.4-1}$$

其变形梯度张量$[F]$为

$$[F] = \frac{\partial\{x\}}{\partial\{X\}} \quad (3.1.4\text{-}2)$$

将式(3.1.4-1)以点的位移方式代入式(3.1.4-2)得

$$[F] = [I] + \frac{\partial\{u\}}{\partial\{X\}} \quad (3.1.4\text{-}3)$$

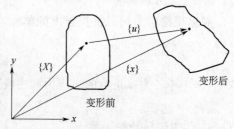

图 3.1.4-1 变形体的位移矢量和移动

式中,$[I]$为单位矩阵;$[F]$包含了变形构形的体积变化、转动变化和形状变化。

点的体积变化为

$$\frac{dV}{dV_0} = \det[F] \quad (3.1.4\text{-}4)$$

式中,V_0为原始体积;V当前体积;$\det[\cdot]$为矩阵行列式的值。

利用右极分解定理,$[F]$可分解为转动矩阵和形状变化矩阵,即

$$[F] = [R][U] \quad (3.1.4\text{-}5)$$

式中,$[R]$为转动矩阵,是正交张量($[R]^T[R]=[I]$);$[U]$为形状变化矩阵,也称为右伸长张量,是对称正定矩阵。

一旦变形矩阵知道后,logarithmic 或 hencky 应变张量可由下式给出

$$[\varepsilon] = \ln[U] \quad (3.1.4\text{-}6)$$

在有限应变弹塑性有限元分析中,构形运动采用修正的拉格朗日(Updated Lagrangian)描述方法和增量形式,因此(3.1.4-6)式中的应变张量可表示为

$$[\varepsilon] = \int d[\varepsilon] = \sum [\Delta\varepsilon_n] \quad (3.1.4\text{-}7)$$

$$[\Delta\varepsilon_n] = \ln[\Delta U_n] \quad (3.1.4\text{-}8)$$

式中,$[\Delta U_n]$为变形梯度增量矩阵,可由下式求出

$$[\Delta F_n] = [\Delta R_n][\Delta U_n] \quad (3.1.4\text{-}9)$$

式中,$[\Delta F_n]$为右伸长增量矩阵,可由下式求出

$$[\Delta F_n] = [F_n][F_{n-1}]^{-1} \quad (3.1.4\text{-}10)$$

式中,$[F_n]$为当前时刻的变形梯度矩阵;$[F_{n-1}]$为上一时刻的变形新梯度矩阵。

为了求解式(3.1.4-8),Huges 提出了一种"中点构形法"的应变算法,该方法适用于每一个增量步的应变增量小于 10% 的情况,其计算精度是对数应变的二阶近似。根据该方法式(3.1.4-8)的发展方程可写为

$$[\Delta\varepsilon_n] = [R_{1/2}]^T[\Delta\ddot{\varepsilon}][R_{1/2}] \quad (3.1.4\text{-}11)$$

式中,$[R_{1/2}]$是转动矩阵,由中点构形的右极分解定理求得,可由下式求出

$$[F_{1/2}] = [R_{1/2}][U_{1/2}] \quad (3.1.4\text{-}12)$$

式中,$[F_{1/2}] = [I] + \frac{\partial\{u_{1/2}\}}{\partial\{X\}}$;$\{u_{1/2}\} = \frac{1}{2}(\{u_n\} + \{u_{n-1}\})$;$\{u_n\}$是当前时间步的位移;$\{u_{n-1}\}$是前一时间步的位移。

求得应变增量$\{\Delta\varepsilon\}$以后,利用前一时间步的应变$\{\varepsilon_{n-1}\}$便可得到当前的总 Hencky 应变为

$$\{\varepsilon_n\} = \{\varepsilon_{n-1}\} + \{\Delta\varepsilon\} \quad (3.1.4\text{-}13)$$

3.1.5 有限变形弹塑性有限元列式

经离散化后的单元矩阵和荷载矢量可由 Updated Lagrangian 公式导出

$$[\overline{K}]\Delta u_i = \{F^{app}\} - \{F_i^{nr}\} \tag{3.1.5-1}$$

式中,切矩阵 $[\overline{K}] = [K_i] + [S_i]$,$[K_i] = \int [B_i]^T [D_i][B_i] dV$ 为通常的刚度矩阵;$[B_i]$ 是基于当前几何形状 $\{X_n\}$ 的应变位移矩阵;$[D_i]$ 是当前的应力—应变矩阵;$[S_i] = \int [G_i]^T [\tau_i][G_i] dV$ 为应力刚度(或几何刚度)贡献矩阵;$[G_i]$ 是形函数导数矩阵;$[\tau_i]$ 是在整体坐标系中当前时刻的 Cauchy(真实)应力 $\{\sigma_i\}$ 的矩阵;$\{F^{app}\}$ 为等效外荷载;$\{F_i^{nr}\}$ 为 Newton-Raphson 失衡力,可由下式求出

$$[F_i^{nr}] = \int [B_i]^T \{\sigma_i\} dV \tag{3.1.5-2}$$

将 Cauchy 应力分解成偏应力和体积应力两部分,可以导出静力分析的有限元公式为

$$\begin{bmatrix} K^{uu} & K^{up} \\ K^{pu} & K^{pp} \end{bmatrix} \begin{Bmatrix} \Delta u \\ \Delta p \end{Bmatrix} = \begin{Bmatrix} F \\ O \end{Bmatrix} - \begin{Bmatrix} F^u \\ F^p \end{Bmatrix} \tag{3.1.5-3}$$

式中,$\{\Delta u\}$ 为节点位移增量;$\{\Delta p\}$ 为静水压增量;$\{F\}$ 为节点外荷载;而

$$\{K^{pp}\} = \frac{\partial}{\partial p} \left[\int [N^p](\Delta J - \Delta \hat{J}(\Delta p)) dV \right] \tag{3.1.5-4}$$

其中,$[N^p]$ 为与单独插入(内插)的静水压自由度有关的形函数;ΔJ 为单元体积改变量,$\Delta \hat{J} = \exp(-\Delta p/K)$,$K$ 为材料的体积弹性模量;而

$$\{K^{uu}\} = \frac{\partial}{\partial u} \left[\int [B]^T \{\bar{\sigma}\} dV \right] \tag{3.1.5-5}$$

其中,$\{\bar{\sigma}\}$ 为总的 Cauchy 应力;而

$$[K^{up}] = [K^{pu}]^T = \frac{\partial}{\partial p} \left[\int [B]^T \{\bar{\sigma}\} dV \right] \tag{3.1.5-6}$$

$$\{F^u\} = \int [B]^T \{\bar{\sigma}\} dV \tag{3.1.5-7}$$

$$\{F^p\} = \int [N^p]^T (\Delta J - \Delta \hat{J}(\Delta p)) dV \tag{3.1.5-8}$$

3.1.6 有限变形弹塑性问题的求解方法

岩土材料和地下结构物在外力作用下常常表现出非线性特性,而地下工程问题一般可用一组非线性方程组来进行描述,因此,地下工程问题常常归结为对非线性方程组的求解,在求解非线性方程组时,仍以线性问题的处理方法为基础,通过一系列的线性运算来逼近真实的非线性解,这种逼近的实现有几种方法(见图 3.1.6-1),其中,迭代法和基本增量法是基础,其他方法都是直接或间接地在它们的基础上构造的。原则上,这些方法都可以用来求解非线性弹性问题,对于非线性弹塑性或弹黏塑性问题,由于采用的是增量型本构关系,因此,更适宜采用以增量法为基础的求解方法。实际上地下工程的开挖问题不仅与当时的应力水平有关,而且还与整个应力历史的路径相关,必须采用增量法。

增量法是将全部荷载分为若干级荷载增量,逐级施加于结构,在每级荷载下,假定材料是线弹性的,根据前级荷载的计算结果确定本级荷载下的材料弹性常数和刚度矩阵,从而求得各

级荷载作用下的位移、应变和应力增量。将它们累加起来就是全部荷载作用下的总位移、总应变和总应力。这种方法相当于用分段的直线来逼近曲线,当荷载划分较小时,能收敛于真实解。增量法概念比较直观,而且由于荷载是逐渐施加的,因此可以模拟施工加荷过程,计算结果可以清楚地反映施工各阶段的变形和应力情况,它比一次加载的迭代法具有更大的优越性,因而使用较广,对于既有材料非线性又有几何非线性的双非线性问题,常用增量变刚度法(即增量—迭代混合法)适应性较好。

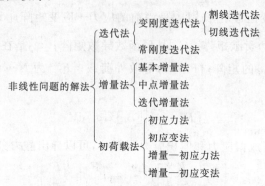

图 3.1.6-1　非线性问题求解方法

3.1.7　三维接触分析基本理论

第 2 章研究锚杆力学效果时,介绍了二维接触单元,关于结构—土相互作用的三维问题进行数值分析时,在结构—土的交界面上布置三维接触单元来反映其相互作用的力学特性,由于后面在研究桩—土相互作用三维问题时会涉及这部分内容,在此一并介绍。

整个问题的描述采用笛卡尔坐标系 $\{x, y, z\}$,局部坐标系 (n, s, t) 用于描述接触摩擦单元。

3.1.7.1　接触单元节点接触力与节点力之间的关系

定义三维接触单元见图 3.1.7-1,运用虚位移原理,得到

$$\delta \boldsymbol{a}^{\mathrm{T}} \boldsymbol{F} = \int_L (\delta \boldsymbol{A})^{\mathrm{T}} \boldsymbol{\Sigma} \mathrm{d}L \tag{3.1.7-1}$$

式中,a, F 为整体坐标系中的增量节点位移向量和等效增量结点力矢量。且

$$\boldsymbol{a} = \{u_1 \quad v_1 \quad w_1 \quad u_2 \quad v_2 \quad w_2 \quad \cdots \quad u_{16} \quad v_{16} \quad w_{16}\}^{\mathrm{T}}$$

$$\boldsymbol{F} = \{F_{x1} \quad F_{x1} \quad F_{x1} \quad F_{x1} \quad F_{x1} \quad F_{x1} \quad \cdots \quad F_{x1} \quad F_{x1} \quad F_{x1}\}^{\mathrm{T}}$$

而 A, Σ 为局部坐标系中的增量相对位移向量和增量接触应力向量,且

$$\boldsymbol{A} = \{\Delta u' \quad \Delta v' \quad \Delta w'\}^{\mathrm{T}}$$

$$\boldsymbol{\Sigma} = \{\sigma \quad \tau_s \quad \tau_t\}^{\mathrm{T}}$$

引入插值函数矩阵 N,则有

$$\boldsymbol{A} = \boldsymbol{N} \Delta \boldsymbol{a}' \tag{3.1.7-2}$$

$$\boldsymbol{\Sigma} = \boldsymbol{N} \boldsymbol{\sigma} \tag{3.1.7-3}$$

$$\Delta \boldsymbol{a}' = \boldsymbol{C} \boldsymbol{a} \tag{3.1.7-4}$$

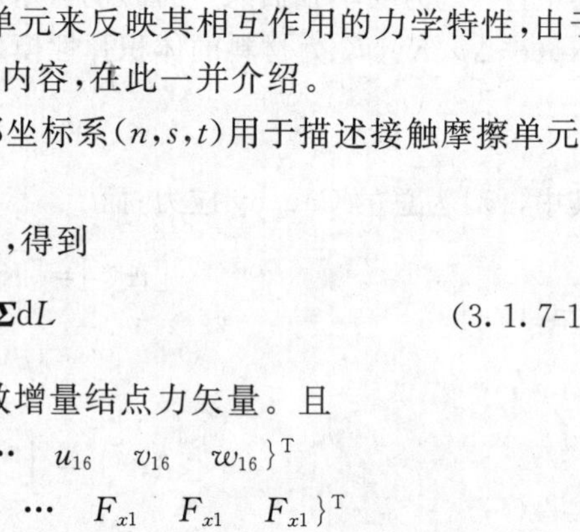

式中,$\Delta a'$、σ 为局部坐标系中的增量结点相对位移向量和增量结点接触应力向量;

图 3.1.7-1　局部坐标系中的三维接触单元

$$\Delta \boldsymbol{a}' = \{\Delta u_1' \quad \Delta v_1' \quad \Delta w_1' \quad \cdots \quad \Delta u_8' \quad \Delta v_8' \quad \Delta w_8'\}^{\mathrm{T}}$$

$$\boldsymbol{\sigma} = \{\sigma_1 \quad \tau_s \quad \tau_p \quad \cdots \quad \sigma_8 \quad \tau_{s8} \quad \tau_{l8}\}^T$$

$$\boldsymbol{N} = \begin{bmatrix} N_1 & 0 & 0 & & N_8 & 0 & 0 \\ 0 & N_1 & 0 & \cdots & 0 & N_8 & 0 \\ 0 & 0 & N_1 & & 0 & 0 & N_8 \end{bmatrix} \quad (3.1.7\text{-}5)$$

而 C 为坐标转换矩阵，

$$\boldsymbol{C} = \begin{bmatrix} -\boldsymbol{L}_1 & & & 0 & \boldsymbol{L}_1 & & & 0 \\ & -\boldsymbol{L}_2 & & & & \boldsymbol{L}_2 & & \\ & & \cdots & & & & \cdots & \\ 0 & & & -\boldsymbol{L}_8 & 0 & & & \boldsymbol{L}_8 \end{bmatrix} \quad (3.1.7\text{-}6)$$

上式中

$$\boldsymbol{L}_i = \begin{bmatrix} l_{nx} & l_{ny} & l_{nz} \\ l_{sx} & l_{sy} & l_{sz} \\ l_{tx} & l_{ty} & l_{tz} \end{bmatrix} \quad (i=1,2,\cdots,8) \quad (3.1.7\text{-}7)$$

其中，l_{nx} 为局部坐标轴 n 与整体坐标 x 之间的方向余弦。

将式(3.1.7-2)、(3.1.7-3)、(3.1.7-5)代入式(3.1.7-1)中，得到三维接触问题接触应力与结点力之间的关系为

$$\boldsymbol{C}^T \boldsymbol{S} \boldsymbol{\sigma} = \boldsymbol{F} \quad (3.1.7\text{-}8)$$

其中

$$\boldsymbol{S} = \int_L \boldsymbol{N}^T \boldsymbol{N} \, \mathrm{d}L \quad (3.1.7\text{-}9)$$

3.1.7.2 接触面约束条件

在三维接触问题中，接触条件可以分为 3 类，即固定、滑动和张开。其中，固定是指结点对闭合，无相对位移；滑动指接触面上总剪应力超过允许剪应力，结点对之间有相对位移；张开指节点对产生裂缝。

表 3.1.7-1 相对节点位移向量 $\hat{a}$ 和结点接触应力向量 $\hat{Q}$

荷载步→(k) ↓ (k-1)	固 定	滑 动	张 开
固定 滑动	$a=0$ $b_s=0$ $b_t=0$	$a=0$ $T_s = a\tau_s^k - \tau_s^{k-1}$ $T_t = \alpha\tau_t^k - \tau_t^{k-1}$	$N = -\sigma^{k-1}$ $T_s = -\tau_s^{k-1}$ $T_t = -\tau_t^{k-1}$
张开	$a = -(\Delta u')^{k-1} - g$ $b_s = (\Delta v')_i \left\| \dfrac{a}{(\Delta u')_i} \right\|$ $b_t = (\Delta w')_i \left\| \dfrac{\Delta u^*}{(\Delta u')_i} \right\|$	$a = -(\Delta u')^{k-1} - g$ $T_s = \alpha\tau_s^k$ $T_t = \alpha\tau_t^k$	$N = 0$ $T_s = 0$ $T_t = 0$

对应于上述不同的接触状态，接触面上的位移和应力应满足不同的连续条件和平衡条件，或称为约束条件。例如对图 3.1.7-1 中的节点对(1,9)，其约束条件为

$$\boldsymbol{R}_1 \boldsymbol{L}_1 = \begin{Bmatrix} u_9 - u_1 \\ v_9 - v_1 \\ w_9 - w_1 \end{Bmatrix} + (\boldsymbol{I}_1 - \boldsymbol{R}_1) \begin{Bmatrix} \sigma_1 \\ \tau_{s1} \\ \tau_{t1} \end{Bmatrix} = \boldsymbol{R}_1 \begin{Bmatrix} a_1 \\ b_{s1} \\ b_{t1} \end{Bmatrix} + (\boldsymbol{I}_1 - \boldsymbol{R}_1) \begin{Bmatrix} N_1 \\ T_{s1} \\ T_{t1} \end{Bmatrix} \quad (3.1.7\text{-}10)$$

式中,I_1 为三阶单位矩阵;$a_1,b_{s1},b_{t1},N_1,T_{s1},T_{t1}$ 为给定的节点相对位移或接触应力,与上一荷载步和当前计算步时节点对所处的接触状态有关,由表 3.1.7-1 给出;L_1 为节点对(1,9)的方向余弦矩阵,见(3.1.7-7)式;R_1 为对角矩阵,且有

$$R_1 = \begin{bmatrix} m_1 & 0 & 0 \\ 0 & m_2 & 0 \\ 0 & 0 & m_3 \end{bmatrix} \tag{3.1.7-11}$$

其中,m_1,m_2 和 m_3 与当前计算步节点对所处的接触状态有关。

对于固定状态

$m_1=1,m_2=1,m_3=1$

对于滑动状态

$m_1=1,m_2=0,m_3=0$

对于张开状态

$m_1=0,m_2=0,m_3=0$

图 3.1.7-1 所示的三维接触单元共有 8 个节点对,分别记为(1,9),(2,10),…,(8,16)。每个节点对都可写出形如(3.1.7-10)式的约束方程。因此,可将接触单元的约束方程统一表示为

$$RCa+(I-R)\sigma = R\hat{a}+(I-R)\hat{Q} \tag{3.1.7-12}$$

式中

$$R = \begin{bmatrix} R_1 & & & 0 \\ & R_2 & & \\ & & \ddots & \\ 0 & & & R_8 \end{bmatrix}, I = \begin{bmatrix} I_1 & & & 0 \\ & I_2 & & \\ & & \ddots & \\ 0 & & & I_8 \end{bmatrix}$$

$$\hat{a} = \{a_1 \quad b_{s1} \quad b_{t1} \quad a_2 \quad b_{s2} \quad b_{t2} \quad \cdots \quad a_8 \quad h_{s8} \quad b_{t8}\}^T \tag{3.1.7-13}$$

则约束方程式可写成

$$RCa+(I-R)\sigma = Q \tag{3.1.7-14}$$

3.1.7.3 三维接触单元的等效刚度矩阵和等效荷载向量

将式(3.1.7-8)和式(3.1.7-14)两式合写在一起,则得到

$$\begin{bmatrix} 0 & C^T S \\ RC & I-R \end{bmatrix} \begin{Bmatrix} a \\ \sigma \end{Bmatrix} = \begin{Bmatrix} F \\ Q \end{Bmatrix} \tag{3.1.7-15}$$

由此得到等效单元刚度矩阵和等效节点荷载向量为

$$k_c = \begin{bmatrix} 0 & C^T S \\ RC & I-R \end{bmatrix} \tag{3.1.7-16}$$

$$f_c = \begin{Bmatrix} 0 \\ Q \end{Bmatrix} \tag{3.1.7-17}$$

3.1.7.4 坐标转换矩阵 L_i

在三维接触单元中,仅用中面的 8 个节点定义单元的几何形状。在局部坐标系中,插值函数是根据图 3.1.7-2 定义的。

$$N_i = \frac{1}{4}(1+\xi_0)(1+\eta_0)(\xi_0+\eta_0-1) \quad i=1,2,3,4 \tag{3.1.7-18a}$$

$$N_i = \frac{1}{2}(1-\eta^2)(1+\xi_0) \quad i=5,7 \quad (3.1.7\text{-}18\text{b})$$

$$N_i = \frac{1}{2}(1-\xi^2)(1+\eta_0) \quad i=6,8 \quad (3.1.7\text{-}18\text{c})$$

其中,$\xi_0 = \xi_i\xi, \eta_0 = \eta_i\eta$

为了在单元内任一点建立局部坐标系(n,s,t),作如下两条切线

$$\begin{cases} \mathrm{d}\vec{\xi} = \left(\vec{i}\dfrac{\partial x}{\partial \xi} + \vec{j}\dfrac{\partial y}{\partial \xi} + \vec{k}\dfrac{\partial z}{\partial \xi}\right)\mathrm{d}\xi \\ \mathrm{d}\vec{\eta} = \left(\vec{i}\dfrac{\partial x}{\partial \eta} + \vec{j}\dfrac{\partial y}{\partial \eta} + \vec{k}\dfrac{\partial z}{\partial \eta}\right)\mathrm{d}\eta \end{cases} \quad (3.1.7\text{-}19)$$

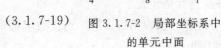

图 3.1.7-2 局部坐标系中的单元中面

式中,$\vec{i},\vec{j},\vec{k}$为整体坐标系中的单位矢量。

令

$$\vec{n} = \mathrm{d}\vec{\xi} \times \mathrm{d}\vec{\eta} = \begin{vmatrix} \vec{i} & \vec{j} & \vec{k} \\ \dfrac{\partial x}{\partial \xi} & \dfrac{\partial y}{\partial \xi} & \dfrac{\partial z}{\partial \xi} \\ \dfrac{\partial x}{\partial \eta} & \dfrac{\partial y}{\partial \eta} & \dfrac{\partial z}{\partial \eta} \end{vmatrix} = n_x\vec{i} + n_y\vec{j} + n_z\vec{k} \quad (3.1.7\text{-}20)$$

则有

$$l_{nx} = \frac{n_x}{|\vec{n}|}, l_{ny} = \frac{n_y}{|\vec{n}|}, l_{nz} = \frac{n_z}{|\vec{n}|} \quad (3.1.7\text{-}21)$$

式中,$n_x = \dfrac{\partial y}{\partial \xi}\dfrac{\partial z}{\partial \eta} - \dfrac{\partial y}{\partial \eta}\dfrac{\partial z}{\partial \xi}, n_y = \dfrac{\partial x}{\partial \eta}\dfrac{\partial z}{\partial \xi} - \dfrac{\partial x}{\partial \xi}\dfrac{\partial z}{\partial \eta}, n_z = \dfrac{\partial x}{\partial \xi}\dfrac{\partial y}{\partial \eta} - \dfrac{\partial x}{\partial \eta}\dfrac{\partial y}{\partial \xi}, |\vec{n}| = \sqrt{n_x^2 + n_y^2 + n_z^2}$

再作

$$\vec{S} = \vec{n} \times \vec{i} = \begin{vmatrix} \vec{i} & \vec{j} & \vec{k} \\ l_{nx} & l_{ny} & l_{nz} \\ 1 & 0 & 0 \end{vmatrix} = S_x\vec{i} + S_y\vec{j} + S_z\vec{k} \quad (3.1.7\text{-}22)$$

得到

$$l_{sx} = \frac{S_x}{|\vec{S}|}, l_{sy} = \frac{S_y}{|\vec{S}|}, l_{sz} = \frac{S_z}{|\vec{S}|} \quad (3.1.7\text{-}23)$$

式中,$S_x = 0, S_y = l_{nz}, S_z = -l_{ny}, |\vec{S}| = \sqrt{S_x^2 + S_y^2 + S_z^2}$

如果$\vec{n} // \vec{i}$,则用$\vec{S} = \vec{n} \times \vec{j}$代替。

最后令

$$\vec{t} = \vec{n} \times \vec{S} = \begin{vmatrix} \vec{i} & \vec{j} & \vec{k} \\ l_{nx} & l_{ny} & l_{nz} \\ l_{sx} & l_{sy} & l_{sz} \end{vmatrix} = t_x\vec{i} + t_y\vec{j} + t_z\vec{k} \quad (3.1.7\text{-}24)$$

式中,$t_x = l_{ny}l_{sz} - l_{sy}l_{nz}, t_y = l_{sx}l_{nz} - l_{nx}l_{sz}, t_z = l_{nx}l_{sy} - l_{sx}l_{ny}, |\vec{t}| = \sqrt{t_x^2 + t_y^2 + t_z^2}$,

式(3.1.7-9)用数值积分可表示成

$$S = \int_L \mathbf{N}^{\mathrm{T}}\mathbf{N}\mathrm{d}L = \int_{-1}^{1}\int_{-1}^{1} \mathbf{N}^{\mathrm{T}}\mathbf{N}|\mathbf{J}|\mathrm{d}\xi\mathrm{d}\eta \quad (3.1.7\text{-}25)$$

式中,$|\mathbf{J}| = \sqrt{\left(\dfrac{\partial y}{\partial \xi}\dfrac{\partial z}{\partial \eta} - \dfrac{\partial y}{\partial \eta}\dfrac{\partial z}{\partial \xi}\right)^2 + \left(\dfrac{\partial x}{\partial \eta}\dfrac{\partial z}{\partial \xi} - \dfrac{\partial x}{\partial \xi}\dfrac{\partial z}{\partial \eta}\right)^2 + \left(\dfrac{\partial x}{\partial \xi}\dfrac{\partial y}{\partial \eta} - \dfrac{\partial x}{\partial \eta}\dfrac{\partial y}{\partial \xi}\right)^2}$

3.1.7.5 数值计算的实现

接触摩擦问题需经过多次迭代才能获得正确解,计算时,首先假定单元处于某种接触状态(固定、滑动和张开),按照假定的状态,分别计算等效单元刚度矩阵和等效荷载向量,解有限元方程后,得到一组试验解,将试验解进行接触状态检查,看其是否与原假设状态相同。若相同,说明原假设接触状态正确,相应的解即为正确解,计算结束;若不同,则选取试验的解为新的假设状态,并修改荷载向量,进行新的一轮迭代,直至收敛。主要的计算步骤为

假设在荷载步 k 已进行了第 $(i-1)$ 次迭代,相应的位移和应力 a_{i-1}^k、σ_{i-1}^k 已经求得,现考察第 i 次迭代的情况。

步骤 1,假设第 $(i-1)$ 次迭代时求得的接触应力为正确状态,按式(3.1.7-19)计算等效单元刚度矩阵;

步骤 2,根据假设的接触状态,根据表 3.1.7-1 按式(3.1.7-20)形成等效单元荷载向量;

步骤 3,将等效单元刚度矩阵和等效单元荷载向量分别组集到总刚度矩阵和总荷载向量中;

步骤 4,求解有限元方程,得到增量位移 a_i 和增量应力 σ_i;

步骤 5,计算总位移和总应力

$$\begin{cases} a_i^k = a_i^{k-1} + a_i \\ \sigma_i^k = \sigma_i^{k-1} + \sigma_i \end{cases} \tag{3.1.7-26}$$

式中,a^{k-1},σ^{k-1} 为荷载步 $(k-1)$ 时的位移和应力;

步骤 6,按表 3.1.7-2 对每一节点对选择新的接触状态;

表 3.1.7-2 接触状态判据

迭代步→(i) ↓ $(i-1)$	固 定	滑 动	张 开
固定	$\sigma_i^k < [\sigma]$ $\tau_i^k < [\tau]$	$\sigma_i^k < [\sigma]$ $\tau_i^k \geqslant [\tau]$	$\sigma_i^k \geqslant [\sigma]$
滑动	$\sigma_i^k < [\sigma]$ $(\Delta s')_i \leqslant \varepsilon$	$\sigma_i^k < [\sigma]$ $(\Delta s')_i \geqslant \varepsilon$	$\sigma_i^k \geqslant [\sigma]$
张开	$(\Delta u')_t + g < 0$		$(\Delta u')_t + g \geqslant 0$

步骤 7,检查新的接触状态是否与原假设相同,若相同,迭代结束,转入新的荷载增量步;否则,转步骤 1,进行新的下一轮迭代。

表 3.1.7-1 和表 3.1.7-2 中,σ^{k-1},τ_s^{k-1},τ_t^{k-1},$(\Delta u')^{k-1}$ 分别表示荷载步 $(k-1)$ 时局部坐标系中的法向接触应力沿 s 和 t 方向的切向剪应力及法向相对位移;g 为沿法线方向的初始裂缝;$(\Delta u')_i$,$(\Delta v')_i$,$(\Delta w')_i$ 分别为荷载步 k 当前迭代步 i 时局部坐标系中沿 n,s,t 方向的增量相对位移;$[\sigma]$ 为局部坐标系中法线方向的容许应力;σ_i^k,τ_i^k 分别为荷载步 k 当前迭代步 i 时局部坐标系中的法向接触应力和切向合剪应力。

$$(\Delta s')_i = \sqrt{(\Delta v')_i^2 + (\Delta w')_i^2} \tag{3.1.7-27}$$

$$\alpha = \frac{[\tau]}{\sqrt{(\tau_s^k)^2 + (\tau_t^k)^2}} \tag{3.1.7-28}$$

其中,ε 为给定的精度,例如可取 $\varepsilon = 0.1$ mm。

结点处于固定的条件是

$$\sigma_i^k < [\sigma], \tau_i^k < [\tau] \quad (3.1.7\text{-}29)$$

其中，$\tau_i^k = \sqrt{(\tau_s^k)_i^2 + (\tau_t^k)_i^2}$，$[\tau] = -\mu \sigma_i^k$。

处于滑动的条件是

$$\sigma_i^k < [\sigma], \tau_i^k \geqslant [\tau] \quad (3.1.7\text{-}30)$$

在剪切面上的滑动方向可由下式计算

$$\tan\beta = \frac{(\tau_t^k)_i}{(\tau_s^k)_i} \quad (3.1.7\text{-}31)$$

处于张开的条件是

$$\sigma_i^k \geqslant [\sigma] \quad (3.1.7\text{-}32)$$

3.2 地铁并行小净距隧道施工空间效应分析

3.2.1 工程概况

3.2.1.1 工程简介

深圳地铁1号线大剧院站~科学馆站区间隧道工程，在缩短单渡线范围内，在设计里程SK3+341.145~391.145和SK3+399.145~449.145两处各50 m范围内形成并行小间距隧道，隧道净间距从6.281 m渐变减小至0.532 m，由于两处小间距的情况基本类似，选取图3.2.1-1所示的一处进行相关的研究。左右隧道的空间位置关系见图3.2.1-2。图3.2.1-1中断面较大的双线隧道开挖跨度从7.168 m渐变至12.968 m，开挖高度从7.427 m渐变至10 m，拱顶埋深为14.5~16.5 m，见图3.2.1-3。

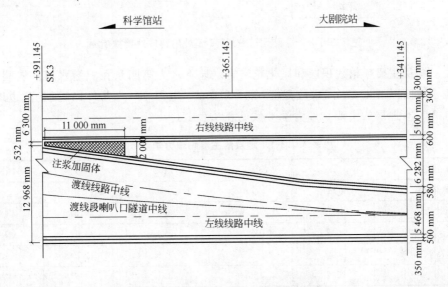

图3.2.1-1 小间距隧道结构平面图

3.2.1.2 工程地质与水文地质

研究范围内隧道所处地层主要上覆第四系全新统人工堆积层和第四系残积层，下伏燕山

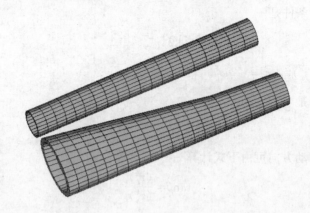

图 3.2.1-2　左右隧道的空间位置关系图

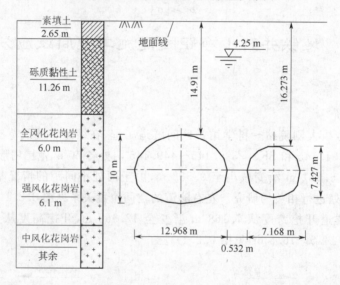

图 3.2.1-3　里程 SK3+391.145 处的隧道地质横断面

期花岗岩。洞身主要穿越残积层和风化花岗岩。地下水为第四系孔隙潜水和基岩裂隙水,稳定水位位于地面以下 4.25 m,水位变幅 0.5～2.0 m。里程 SK3+391.145 处的隧道地质横断面见图 3.2.1-3,地层的主要物理力学参数见表 3.2.1-1。

表 3.2.1-1　地层的主要物理力学参数

地层名		μ	E(MPa)	c(kPa)	φ(°)	γ(kN/m³)
素填土		0.35	17.0	30.9	24.6	19.7
黏性土		0.23	17.7	22.8	26.8	19.1
风化花岗岩	全	0.2	25.0	15.8	25.1	19.5
	强	0.21	52.9	24.1	11.3	20.4
	中	0.2	150.0	60	25	20.0

注:μ—泊松比;E—弹性模量;c—黏聚力;φ—内摩擦角;γ—计算容重。

工程所在地现为交通主干道和商住区。地面交通繁忙,车行如梭;地下管线密集,纵横交错;道路两侧大厦林立,花红草绿,环境优美,是深圳市政治、经济、文化中心带,设计规定不准在地面采取任何工程措施,并要求地表最大沉降量不得超过 30 mm。

3.2.2 施工方案的选定及优化

3.2.2.1 施工方案选定的基本原则

(1)确保地面沉降不大于 30 mm,以保证地面交通和地下管网正常运营;
(2)可操作性强,在追求先进性的同时,应充分考虑我国现阶段的施工技术水平;
(3)灵活性好,根据断面形状和地质条件,因地制宜地选择施工方案,而不局限于一种固定的模式;
(4)具有可连续组织施工的特点,兼顾前后断面形式的变化,方便于施工工艺的转换;
(5)经济效果好,在保证工期、确保结构和环境安全的条件下降低工程造价。

3.2.2.2 超前支护方案比选

该段区间隧道处于软弱富水地层中,没有进行地面降水的条件,隧道开挖后,会有大量的地下水涌突,存在极大的工程隐患。因此,必须对隧道周围地层进行超前支护和预注浆止水加固地层,确保掌子面的稳定,实现控制地面沉降。

国内外既有的工程超前支护方案主要有以下五种。

(1)小导管注浆:是一种近距离超前预支护方法,一般适用于掌子面能够短时间稳定或围岩自稳能力很低、少水的地层,常将外露端支于开挖面后方的钢架上,共同组成预支护系统,控制地表沉降的效果一般,防渗止水的效果一般,施工工艺要求一般,造价低。

(2)大管棚注浆:是一种长距离超前预支护方法,由于超前距离长,刚度大,适用于掌子面不能自稳、含水的地层,常与钢架共同组成预支护系统,控制地表沉降的效果较好,防渗止水的效果较好,施工工艺要求较高,造价高。

(3)大管棚注浆+小导管补充注浆:除具有上述(2)的特点外,能够防止管棚下方三角土体的坍落,这种长短结合的预支护效果更好。

(4)水平旋喷桩预支护:是一种新型的长距离超前预支护方法,超前距离长,刚度大,适用于掌子面不能自稳、含水丰富的地层,与钢架共同组成预支护系统,控制地表沉降的效果好,防渗止水的效果好,施工工艺要求高,造价较高。

(5)水平旋喷桩+小导管补充注浆:除具有上述(4)的特点外,能够防止旋喷桩下方三角土体的坍落,这种组合系统的预支护以及防渗的效果更为理想。

经过综合比较和现场试验,最后决定,右线小断面隧道拱部采用(1)方案,即选用小导管注浆。左线大断面隧道拱部采用(5)方案,即水平旋喷桩+小导管补充注浆。

3.2.2.3 施工工法优化

在选定了超前支护方案后,就可在目前国内外常用的施工方法中,根据施工经验和施工效应研究的结论,并考虑各个洞室的稳定性、断面大小、地表沉降的控制要求、施工条件等因素,分别选用不同的施工方法,由于右线隧道断面较小,采用常规正台阶法施工,不予讨论,以下主要讨论左线大断面的优化施工方法。

应用平面弹塑性有限元法,以地表沉降作为控制目标,模拟分析了表 3.2.2-1 中不同施工方法的施工效应,计算结果及各种施工方法的特点比较见表 3.2.2-1。经过比较分析并考虑工期因素,最后拟定本工程优化后的施工为:左线隧道由于断面连续变化,里程 SK3+341.145~365.145 共 24 m 的范围内采用表 3.2.2-1 中的 CRD 工法 4 进行施工,里程 SK3+365.145~391.145 共 26 m 的范围内采用表 3.2.2-1 中的 CRD 工法 1 进行施工。

表 3.2.2-1 施工工法比较

比较示项	上台阶中柱法	眼镜工法	CRD工法1	CRD工法2	CRD工法3	CD工法1	CRD工法4	CD工法2
示意图								
安全性	不够安全	安全	安全	安全	安全	较安全	安全	较安全
技术难度	低	一般	高	高	高	较高	高	较高
地表沉降(mm)	42.85	25.65	22.75	24.26	25.45	28.82	27.56	29.03
施工速度	快	慢	较慢	较慢	较慢	较快	一般	较快
工程造价	低	高	高	高	高	中	较高	中
适用断面	大	大	大	大	大	中	较大	中

3.2.2.4 施工方法优化分析

由于地下工程的开挖问题具有非线性的路径相关性,对于并行的小间距隧道,不同的开挖路径以及不同开挖台阶长度,都会有不同的施工效应,为了更好的控制地表沉降,必须在优化方案的基础上,对施工路径和台阶长度进行优化,以供施工决策。

(1) 开挖步序优化分析

为了研究左右隧道开挖步序对地表沉降的影响,对图 3.2.2-1 的 12 种工序进行了模拟分析,其中工序 1～工序 6 是针对某重点保护的管线断面;工序 7～工序 12 是针对左右隧道净间距为 1.2 m 处的断面,同时包括中隔墙土体注浆和不注浆两种情况。模拟结果分别见表 3.2.2-2 和表 3.2.2-3。计算结果表明:左线大断面隧道施工时,左右断面开挖比上下断面开挖所引起的地表沉降更小;先开挖左线大断面隧道中近右线小断面隧道一侧的土体,再开挖距右线小断面隧道较远的土体,最后开挖右线小断面隧道,所引起的地表沉降为最小;先开挖右线小断面隧道,再开挖左线大断面隧道中近右线小断面隧道一侧的土体,再开挖距右线小断面隧道较远的土体,所引起的地表沉降虽不是最小,但却是在右线小断面隧道先施工情况下的优化方法,且仍可以满足地表沉降控制要求(≤30 mm);相邻隧道间距较小时,中隔墙土体未注浆时地表的沉降明显大于注浆时的地表沉降,中隔墙土体注浆对于加强隧道的稳定性、控制地表沉降的效果明显。

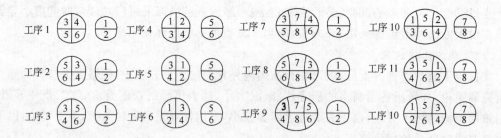

图 3.2.2-1 不同工法示意图

表 3.2.2-2 不同工法对地表的沉降影响值(mm)

工法1	工法2	工法3	工法4	工法5	工法6
−38.4	−25.2	−28.5	−35.2	−20.5	−23.7

表 3.2.2-3　不同工法对地表沉降影响值(mm)

工法 7	工法 8	工法 9	工法 10	工法 11	工法 12
−41.1*	−27.6*	−30.3*	−37.7*	−22.6*	−25.4*
−44.9	−32.7	−36.0	−39.7	−28.4	−31.1

注：带 * 项表示注浆的值；不带 * 项表示不注浆的值。

根据工程的实际情况，综合考虑工期和经济效益，最后决定选用能满足地表沉降控制要求的工序 2 和工序 8 为实际施工方法。

(2)台阶长度的优化分析

实际施工时，对于各种不同断面的不同施工方法都需要用台阶进行分割，合适的台阶长度对于洞室的稳定性与控制地表沉降都有一定的影响作用，单洞模拟的三维有限元分析表明：在留够掌子面核心土和必要的作业空间时，台阶长度应尽量短些，经统计分析，一般以 $0.5D \sim 0.75D$ 为好，D 为洞室宽度。台阶长度对地表沉降的影响见图 3.2.2-2。

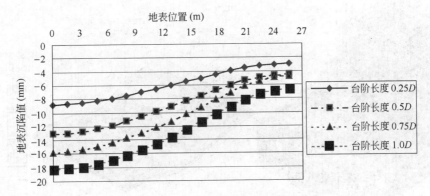

图 3.2.2-2　台阶长度对地表沉降的影响

3.2.3　施工过程力学性态三维模拟分析

在前述分析的基础上，进一步进行了施工过程的三维动态仿真分析，以更好地了解围岩的稳定性和量化地表的沉降。

3.2.3.1　计算模型的建立

为了即不影响计算精度，又能节省时间，建模时洞周应力、位移比较敏感的区域采用 20 节点等参块单元进行模拟，离洞周较远的区域采用 8 节点等参块单元进行模拟，中间过渡区域采用可调的 12 节点等参块单元进行模拟，初支和临时支护全部采用 8 节点空间等参壳单元进行模拟，板壳单元附着在实体单元上，其与实体单元间自由度的协调性通过程序提供的自由度间的耦合功能来实现。喇叭型大断面隧道的临时支护见图 3.2.3-1。

由于采用非降水施工，因此，可按水土合算的总应力法进行分析。岩土材料特性考虑成 Drucker-Prager 屈服准则的弹塑性行为。共划分单元 15 350 个，其中壳单元为 1 709 个，节点总数为 25 225 个，有限元部分模型见图 3.2.3-2。

3.2.3.2　计算结果分析

通过三维有限变形弹塑性有限元分析可知，右线按台阶法施工完成后，地表的最大沉降量约为 14.8 mm，表现在右线隧道中线与地表的交汇处，左线隧道按 CRD 四步或六步施工时，随着断面的不断变大和隧道间距的不断减小，地表的沉降值越来越大，施工完成时地表最大沉降量约为 29.91 mm,见图 3.2.3-3,由此可知,因此施工期间地表的沉降量满足环境控制要求(≤30 mm)。

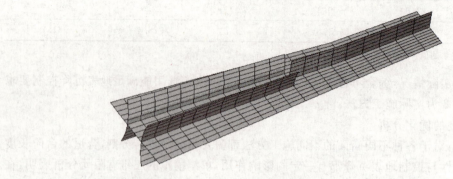

图 3.2.3-1 大断面隧道的临时支护

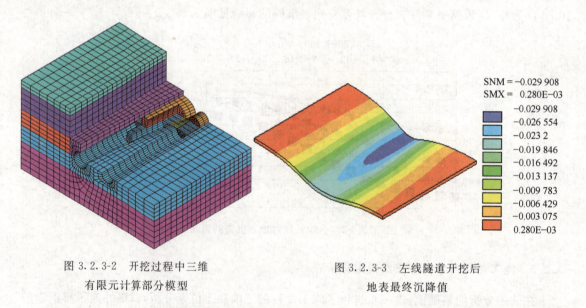

图 3.2.3-2 开挖过程中三维有限元计算部分模型

图 3.2.3-3 左线隧道开挖后地表最终沉降值

典型断面的地表沉降随掌子面的推移时沉降曲线变化规律,见图 3.2.3-4,图中分别绘出

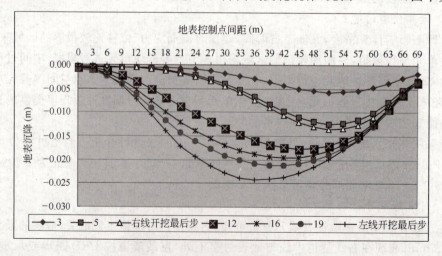

图 3.2.3-4 典型断面地表沉降变化图

了第3步、第6步、右线最后步开挖、第12步、第16步、第19步、左线最后步开挖时地表下沉规律,由图中可知,地表的最大沉降量由右线逐渐向左线转移,最后地表最大沉降量位于左右线之间,这主要是因为左右隧道施工时对地表沉降的影响具有耦合叠加效应。典型断面施工结束时沉降的计算值与现场量测值比较见图3.2.3-5。

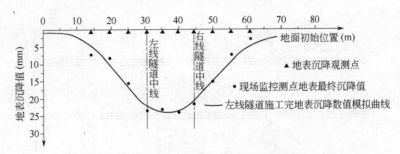

图3.2.3-5 典型断面地表沉降计算与量测比较

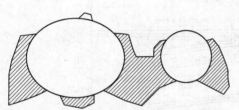

图3.2.3-6 间距为3.68 m时洞周围岩塑性区分布

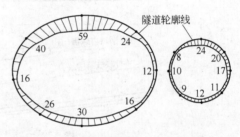

图3.2.3-7 间距最小时洞周收敛曲线(单位:mm)

计算还表明,当两隧道的间距为3.68 m时,左右两隧道的塑性区已开始连通,见图3.2.3-6,进一步的分析表明,当两隧道的间距减小至2 m,如果中隔墙土体不注浆加固,计算中很难收敛,说明此时围岩的稳定性较差,经对中隔墙土体注浆加固后计算得以顺利通过,从而反映了当间距较小时中隔墙注浆加固的必要性和重要性,两隧道的间距为最小时,洞周围岩的收敛变形见图3.2.3-7。

3.2.3.3 结论

(1)在小间距隧道的力学分析中,深入研究其施工技术是必要的,其中主要是针对施工的主要目标值进行施工方案和施工力学的优化分析。

(2)数值分析表明施工期间地表的最大沉降变形为29.91 mm,拱顶的最大下沉量为59 mm,满足环境控制要求而且围岩和结构处于稳定状态。地表沉降计算值与现场量测值吻合较好,反映了文中计算结果的合理性和可靠性,起到了超前预测、预报的目的,为施工提供了理论依据和指导作用。

(3)不管是理论分析还是施工实践,一致认为,当隧道的间距减小至2 m时,其中隔墙体的预加固处理是必要的,其效果也是非常明显的。

3.3 地铁Y型分岔隧道施工空间效应分析

3.3.1 工程概况

深圳地铁1号线大剧院站~科学馆站区间隧道工程,其中区间隧道范围内设2号线联络线预留接口一处,该处结构断面形式变化多样,除单孔单线断面外,还有喇叭口单孔双线大断面、双孔双线连拱隧道,同时左线隧道与预留2号线隧道的净间距从1 720 mm渐变减小至544 mm,隧道结构在平、纵断面上呈现出复杂的空间受力状态,成为该施工标段的控制工段之一,隧道结构间的平面关系见图3.3.1-1,其空间关系见图3.3.1-2。隧道研究范围内地层的物理力学参数见表3.3.1-1。

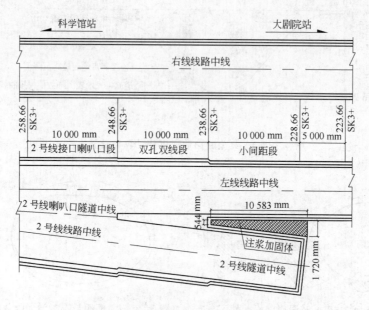

图3.3.1-1　隧道结构平面关系

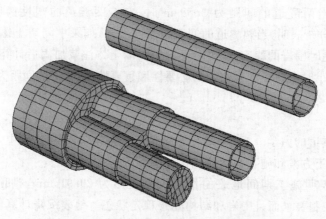

图3.3.1-2　隧道结构空间关系图

表3.3.1-1　地层的主要物理力学参数

地层名	μ	E(MPa)	c(kPa)	φ(°)	γ(kN/m³)
素填土	0.35	17.0	30.9	24.6	19.7
砾砂	0.28	46.0	29.1	16.8	19.1
流塑土	0.4	10.0	17	20.0	19.3
全风化岩	0.2	25.0	15.8	25.1	19.5
强风化岩	0.21	52.9	24.1	11.3	20.4
中风化岩	0.2	150.0	60	25	20.0

3.3.2 施工方法与路径分析

由于地下工程的开挖问题具有非线性的路径相关性,为了取得比较理想的施工效果,以地表沉降作为控制目标,针对不同工法采用平面弹塑性有限元对喇叭型大断面和双洞连拱隧道断面的施工效应进行了数值模拟分析,研究数值分析成果并结合施工经验,决定小断面隧道采用正台阶法施工,喇叭口大断面隧道采用 CRD 六步工法施工,双洞连拱隧道采用中洞法施工,由于右线隧道与左边的分岔隧道净间距约为 6.6 m,在施工时具有耦合迭加效应,平面有限元分析表明,施工左边的分岔隧道时,先施工距右线隧道较近侧的洞室,再施工较远侧的洞室更加有利于围岩的稳定和控制地表的沉降,各种典型断面的开挖顺序及支护方案见图 3.3.2-1。

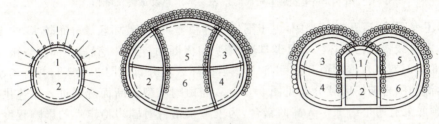

图 3.3.2-1 隧道结构断面支护及开挖顺序示意图

由于靠近大剧院站端附近设有 1 号竖井,在考虑施工路线时,为了节省工期,先施工左线隧道至里程 SK3+238.66,同时对里程 SK3+228.66～238.66 的并行小间距隧道段的中隔墙围岩施打小导管进行注浆预加固,以便预留 2 号线隧道开挖时有利于围岩的稳定和减少地表的沉降,然后通过大剧院站端的施工横通道施工右线的隧道,再通过科学馆站端的施工横通道施工 2 号线接口喇叭口段的大断面隧道,再通过错台施工里程 SK3+248.66～238.66 的双孔双线段隧道,最后施工 2 号线接口剩余的小间距隧道,见图 3.3.1-1(施工横通道未示)。

3.3.3 施工过程力学性态三维模拟分析

(1)计算模型的建立

隧道走向上的范围取为里程:SK3+223.66～258.66,共划分单元 9 817 个,其中壳单元为 1 249 个,节点总数为 26 931 个,计算模型在 x,y,z 方向上分别约束该方向的平动自由度,有限元计算部分模型见图 3.3.3-1。

(2)计算结果分析

通过三维弹塑性有限元分析可知,施工完成时地表最大沉降量约为 27.887 mm,靠近喇叭口端的地表沉降更大,见图 3.3.3-2,由此可知,施工期间地表的沉降量满足环境控制要求(≤30 mm)。施工期间隧道围岩的最大沉降值位于大断面喇叭形隧道的拱顶部位(最大)以及双连拱隧道拱顶部位,最大下沉值约为 41.738 mm,最大隆起也位于这些部位的仰拱底部,最大隆起量约为 28.531 mm。变形计算结果一方面表明施工期间围岩处于稳定状态,另一方面也表明这些部位是施工中的薄弱环节,应引起

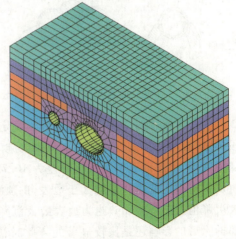

图 3.3.3-1 三维有限元部分计算模型

高度重视和密切关注,加强这些部位的监控量测工作。

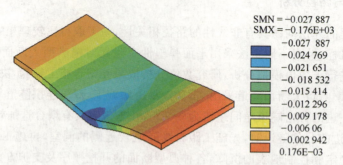

图 3.3.3-2 施工完成时地表变形示意及最终沉降值

计算还表明,隧道开挖过程中,由于围岩条件很差,洞周破坏区域分布较大,主要集中在拱脚部位,左右线隧道的破坏区域已经贯通,喇叭口大断面隧道开挖后,洞周围岩破坏区域分布见图 3.3.3-3,双孔双线隧道开挖后,洞周围岩破坏区域分布见图 3.3.3-4,并行的小间距隧道开挖后,洞周围岩破坏区域分布见图 3.3.3-5,当由喇叭型大断面隧道进入双连拱隧道时,在其交汇顶底处有两个约 1.5 m 高的错台,为了考察错台对围岩稳定性的影响程度,同时计算了没有施做堵头墙的情况,计算结果表明,错台对围岩的稳定性影响显著,因此,在施工中大断面施做完后应及时施做堵头墙,然后再进行双连拱隧道的开挖,这样更有利于围岩和结构的稳定。同样表明,2 号线接口隧道施做到设计里程后也需要及时施做堵头墙,以有利于隧道结构稳定,减少地表的沉降。

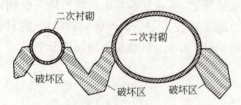

图 3.3.3-3 大断面开挖后围岩破坏区分布

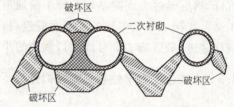

图 3.3.3-4 双孔双线隧道开挖后围岩破坏区分布

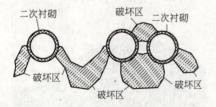

图 3.3.3-5 小间距隧道开挖后洞岩破坏区分布

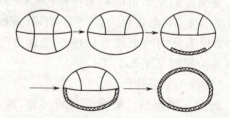

图 3.3.3-6 临时支护的拆除及二砌的施工

为了考察临时支护拆除时对围岩稳定性的影响,计算中,将喇叭口隧道的临时支护进行分段拆除,临时支护的拆除及二次衬砌的施工流程见图 3.3.3-6。计算结果表明,待临时支护全部拆除后,引起地表的最大沉降差为 10.77 mm,引起拱顶的最大沉降差为 18.22 mm,拆除临时支护对拱定的沉降影响大于地表,拱顶沉降差约为地表沉降差的 1.7 倍,同时可知,拱顶最大沉降值(41.738 mm)约为地表最大沉降值(27.887 mm)的 1.5 倍。分析表明,临时支护全部拆除后的影响还是比较显著的。此时初期支护典型断面的计算轴力见图 3.3.3-7(负号表示受压),弯矩见图 3.3.3-8。计算还表明对于双孔双线隧道的临时支护一次性全部拆除后,对结构的受力和围岩的变形影响比较小,引起地表的最大沉降差为1.3 mm,引起拱顶的最大沉降差为3.6 mm。

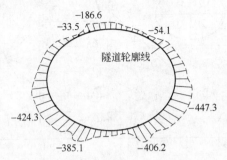

图3.3.3-7 支护结构轴力分布(单位:kN)

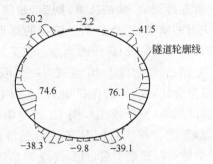

图3.3.3-8 支护结构弯矩图(单位:kN·m)

(3)结论

深圳地铁大剧院站～科学馆站区间2号线预留接口段洞群模拟结果表明,施工期间,地表的最大沉降为27.887 mm,能够满足地表下沉量不超过30 mm的位移控制基准要求,同时,隧道结构和围岩的变形和受力也能满足稳定性要求,同时可知,喇叭口大断面隧道的临时支护可分段进行拆除,双连拱隧道断面的临时支护可一次性拆除,这样对实际工程来说可以保证二次衬砌的质量和节省工期,同时计算出了洞周围岩的破坏区域分布和不利部位,并从理论上验证了文中拟定的施工方案是合理可行的。

该工程在实际施工中,由于采用的工程措施与计算中的工程条件有较大的出入,实际施工时,由于超前预加固(支护)的施做质量不甚好,导致水土流失,从而引起较大的地表沉降,量测结果表明,地表最大沉降量达到了约10 cm,但施工过程中周围建(构)筑物没有出现安全隐患。

3.4 地铁群洞隧道开挖顺序优化分析

城市地铁群洞隧道工程是分期分块的开挖、逐步形成洞室设计体型特点,它的最终状态不是唯一的,而是与过程相关,显然,就有一个过程的优化问题,目前普遍的做法是从已比较的任选的几种方案中找到较优者,但有可能并非全局最优而只是局部最优,这种做法显得比较粗糙有相当大的任意性。群洞隧道工程的开挖过程是一个多阶段决策问题,而动态规划原理能够较好的解决这类问题。

3.4.1 问题的提出

图3.4.1-1表示一个隧道断面分四步进行开挖,可视为左(①、②两个分块组成)、右(③、④两个分块组成)两个洞室的开挖,假定每个洞室自上而下的顺序开挖,每一开挖步骤对应一个分块,要求选择一条最优的路径,使地表的控制点沉降为最小。由于动态规划原理是解决多阶段决策优化问题的一种有效方法,下面从动态规划原理的角度来简单分析这个问题,把开挖—支护系统顺序向前发展划分为若干个阶段,开挖过程中每完成一个开挖步视为一个阶段,要使图3.4.1-1隧道断面分四块四个开挖步骤完成,假设需要从A站走到F站,其间需要经历四个开挖步骤即五个阶段(最后一个阶段是满足动态规划原理而虚拟的一个阶段,只具有功能上的作用,最后阶段对系统开挖效应没有贡献),其中,从A站(初始或0次位移场)出发到

B 站(1 次位移场)为第一阶段,这时有两个选择:一是到 B_1 站(挖分块①);一是到 B_2 站(挖分块③)。若选择到 B_2 站的决策,则 B_2 站就是第一阶段决策的结果,它既是第一阶段的终点,又是下一阶段(第二阶段)路线的始点。在第二阶段,再从 B_2 站出发,对应于 B_2 点就有一个可供选择的终点集合 $\{C_3, C_4\}$,若选择由 B_2 走到 C_3 为第二阶段的决策(挖分块①),则 C_3 就是第二阶段的终点(3 次位移场),同时又是第三阶段的始点,类似地可以递推下去,直到终点 F 站(终极位移场)。由此可知,各个阶段的决策不同,所走的

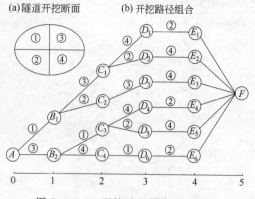

图 3.4.1-1 开挖过程最优路径问题

路线也不同,那么形成的位移场也不一样。现在需要求在各个阶段中选取一个恰当的决策,使由这些决策所决定的一条开挖路线,使地表控制点的累计沉降为最小,解决这个问题需要运用动态规划的最优性原理,下文结合该问题介绍几个与动态规划有关的术语以及开挖顺序优化的数学模型。

3.4.2 群洞隧道开挖顺序优化的动态规划模型

3.4.2.1 动态规划基本概念

(1)阶段(Stage)

隧道洞室群的开挖问题是一个多阶段决策过程,图 3.4.1-1 中共分为 5 个相互联系的阶段,常用 k 表示阶段变量,$k=0,1,2,3,4$。对有 n 个阶段的问题,$k=0,1,\cdots,n-1$。

(2)状态(State)

隧道洞室群的开挖问题中,各阶段都有若干个站,这些站,它是该段以后某路径的出发点,也是前一段路径的终点,这些站叫做状态(各阶段的站叫做该阶段的状态即开挖分块完成后所形成的位移场),描写状态的变量叫状态变量,第 k 阶段的状态变量 x_k 的取值集合称为状态集合(假定有 r 个),可以表示为

$$x_k \in X_k = \{x_k^{(1)}, x_k^{(2)}, \cdots, x_k^{(r)}\} \tag{3.4.2-1}$$

见图 3.4.1-1,第二阶段有四个状态,状态集合为

$$X_2 = \{x_2^{(1)}, \cdots, x_2^{(4)}\} = \{C_1, C_2, C_3, C_4\} \tag{3.4.2-2}$$

(3)决策(Decision)

决策就是某阶段状态给定后,从该状态演变到下一阶段的选择即选择挖哪一个分块,描述决策的变量称为决策变量,常用 $u_k(x_k)$ 表示第 k 阶段处于第 x_k 状态时采取的决策,显然 $u_k(x_k)$ 是状态 x_k 的函数,它的取值范围称为允许决策集合,通常以 $D_k(x_k)$ 表示第 k 阶段处于状态 x_k 的允许决策集合,即 $u_k(x_k) \in D_k(x_k)$。

图 3.4.1-1 中,第一阶段的状态集合是

$$X_1 = \{B_1, B_2\} \tag{3.4.2-3}$$

如从 B_1 站出发,它可能有两种决策,即 x_k 取为 B_1,其决策集合为

$$D_1(B_1) = \{C_1, C_2\} \tag{3.4.2-4}$$

如选择到 C_2 的路径,则 $u_1(B_1) = C_2$。

(4)状态转移

洞室群的开挖问题中,当给定第 k 阶段状态变量 x_k 的值 $x_k^{(i)}$,如果决策变量 $u_k(x_k^{(i)})$ 的值一经确定(如选取从第 k 阶段第 i 点到第 $k+1$ 阶段第 j 点的路径),则第 $k+1$ 阶段的状态变量 x_{k+1} 的值也就完全确定,即 $x_{k+1}=x_{k+1}^{(j)}$,这时,$x_{k+1}=u_k(x_k^{(i)})=x_{k+1}^{(j)}$,由此可见,一般说来,$x_{k+1}$ 的值随 x_k 和 u_k 的值变化而变化,这种变化关系可用函数表示为

$$x_{k+1}=T_k(u_k,x_k) \tag{3.4.2-5}$$

上式表示了由第 k 阶段到第 $k+1$ 阶段的状态转移规律,称为状态转移方程。

在洞室群的开挖问题中,状态转移方程可具体表示为

$$x_{k+1}=x_k+\Delta x_{k+1} \tag{3.4.2-6}$$

式中,Δx_{k+1} 表示 $k+1$ 阶段开挖时所引起的位移变化量。

(5)策略(Policy)

假设隧道洞室群开挖问题可分为 n 个阶段即 $k=0,1,\cdots,n-1$,那么由第 0 阶段开始到第 $n-1$ 阶段结束为止的过程称为问题的全过程,由每段的决策函数 $u_k(x_k)$ 组成的决策序列,称为全过程策略,简称策略,记为 p_{0n},即

$$p_{0n}(x_0)=\{u_0(x_0),u_1(x_1),\cdots,u_{n-1}(x_{n-1})\} \tag{3.4.2-7}$$

从第 k 阶段开始到全过程的终点为止的过程,称为原过程的后部子过程(或称为 k 子过程),其决策函数序列称为 k 子过程策略,简称 k 子策略,记为

$$p_{kn}(x_k)=\{u_k(x_k),\cdots,u_{n-1}(x_{n-1})\} \tag{3.4.2-8}$$

在实际问题中可供选择的策略有一定的范围,所有可供选择的策略所组成的集合,称为允许策略集合,用 P 表示,即

$$p_{0n}(x_0)\in P_{0n}(x_0) \text{ 或 } p_{kn}(x_k)\in P_{kn}(x_k) \tag{3.4.2-9}$$

从允许策略集中找出使问题达到最优效果的策略称为最优策略,记为 $p_{0n}^*(x_0)$。

(6)报酬函数

当过程处于状态 x_k,并采取决策 u_k 而得到报酬,显然它是定义在 $X_k\times D_k$ 上的函数,称为第 k 阶段的报酬函数,记为 $v_k(x_k,u_k)$,在洞室群的开挖问题中,它表示第 k 阶段由点 x_k 到第 $k+1$ 阶段 x_{k+1} 点的控制点沉降值增量,即

$$v_k(x_k,u_k)=\Delta x_{k+1} \tag{3.4.2-10}$$

(7)目标函数

在决策过程问题中,用来衡量所实现过程的优劣,定义在全过程和所有后部子过程上的确定的数量函数,叫做目标函数(或称指标函数),若考虑的过程是从第 k 阶段开始到过程终点的 k 子过程,则目标函数可表示为

$$V_{kn}=V_{kn}(x_k,p_{kn}(x_k)) \tag{3.4.2-11}$$

其最优目标函数可表示为

$$f_k(x_k)=V_{kn}(x_k,p_{kn}^*(x_k)) \tag{3.4.2-12}$$

式中,$p_{kn}^*(x_k)$ 表示为初始状态为 x_k 的后部子过程所有子策略中的最优策略。

在城市隧道洞室群的开挖问题中,目标函数 V_{kn} 就是第 k 阶段由点 x_k 到达终点 F 的地表沉降,即

$$V_{kn}=\sum_{j=k}^{n-1}v_j(x_j,u_j)=\sum_{j=k+1}^{n}\Delta x_j \tag{3.4.2-13}$$

3.4.2.2 动态规划数学模型

动态规划数学模型是根据最优化原理推导出来的,所谓最优化原理是指:"作为整个过程

的最优策略具有这样的性质,即无论过去的状态和决策如何,对前面的决策所形成的状态而言,余下的诸决策必须构成最优策略。"也就是说如果某一条路线是最优路线,那么该路线上任一点到终点的子路线也必定是最优路线。利用此原理,可以把多阶段决策问题的求解过程看成是一个连续的递推过程,由后步向前逐渐推算。在洞室群最小地表沉降的开挖问题中,一般情况下,地表控制点沉降的初始状态是给定的,用顺序法求解(譬如图 3.4.1-1 中以 F 点为起点,以 A 点为终点作为寻优途径,求解问题时按由 A 点到 F 点的顺推秩序来求解)比较方便,通过最优化原理可推导出洞室群最小地表沉降开挖问题顺序解法的数学模型为

$$\begin{cases} f_k(x_k) = \min_{u_{k-1} \in D_{k-1}(x_k)} [v_{k-1}(x_k, u_{k-1}(x_k)) + f_{k-1}(u_{k-1}(x_k))] \\ k = 1, 2, \cdots, n \\ f_0(x_0) = 0 \end{cases} \quad (3.4.2\text{-}14)$$

3.4.3 地铁区间连拱隧道施工路径优化分析

3.4.3.1 工程简介

以深圳地铁大剧院站~科学馆站区间三连拱隧道工程作为应用背景。根据设计要求,该三连拱隧道拟按双中洞法施工,共分为 10 个开挖步骤(编号为 $P_1, P_2, \cdots, P_{10}$),可视为 5 个洞室(编号为①、②、…、⑤),洞室相对位置和开挖分块见图 3.4.3-1。

由于本区间位于市中心,地下管线密布,地表高层建筑林立,因此,对地表沉降有严格的限制条件,为了保证本工程顺利实施,选择一条施工路径使地表的沉降为最小是非常必要的。

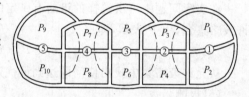

图 3.4.3-1 洞室相对位置与开挖分块

3.4.3.2 施工顺序优化的实现

(1)开挖假定及约束条件

①三连拱隧道视为 5 个洞室,每个洞室自上而下的顺序开挖;②每个洞室每次只能开挖一个分块;③每一开挖步对应一个分块。

(2)有限元计算

三连拱隧道的开挖作为平面应变弹塑性分析计算,计算过程选用 Drucker-Prager 准则,喷混凝土初期支护采用梁单元进行模拟,锚杆、钢拱架等根据其作用的等效原则来考虑。

(3)施工顺序优化的实现

隧道洞室群分部开挖顺序的优化问题运用前述的动态规划原理进行,该方法可以避免人为因素影响的任意性,以科学的方法用最快的速度找出优化路径,由于寻优问题是一个多阶段决策问题,分析过程必须解决 3 个问题:

①施工顺序的排序问题;②根据一定的排序形成有限元所需要的文件;③在众多路径中选择出最优路径。

基于著名的有限元 ANSYS 软件平台,利用其方便、强大的前后处理功能以及对非线性问题的良好适应性,充分发挥其参数化设计语言的特点及灵活性,将优化过程写成批处理文件实现其智能化,整个隧道洞室群的开挖顺序优化过程按如下流程实现。

开挖路径自动排序→数据文件自动生成→分步开挖有限元计算→自动决策→最优或次优路径

3.4.3.3 群洞隧道施工路径优化分析

首先计算初始位移场,然后根据上述假定及约束条件,进行群洞隧道分步开挖的自动排

序,得出可能的开挖顺序组合共有 115 560 种(见图 3.4.3-2),图 3.4.3-2 为部分开挖步骤组合的示意图,如其中的 $P_0 \rightarrow P_1 \rightarrow P_2 \rightarrow P_3 \rightarrow P_4 \rightarrow P_5 \rightarrow P_6 \rightarrow P_7 \rightarrow P_8 \rightarrow P_9 \rightarrow P_{10}$ 为一条完整的路径,其中 P_0 表示围岩的初始位移场,其他路径数已在图 3.4.3-2 中标出。

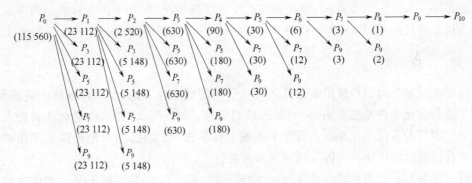

图 3.4.3-2 洞室开挖步骤组合示意图

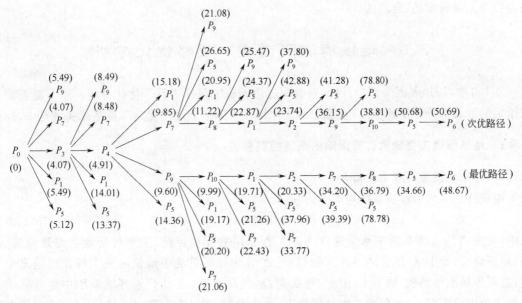

图 3.4.3-3 优化过程示意图(单位:mm)

从严格意义上讲,所谓最优路径就是从 115 560 种组合中找出最优路径来,要对这些组合一一做有限元计算,实际上是不可能的也是不必要的,运用上述的动态规划数学模型,可以比较快捷地找出最优开挖路径,从而大大节省计算量。首先,在每个阶段搜索时以引起的地表沉降值增量作为报酬函数,以累计的地表沉降量作为总的报酬函数即目标函数,对每个开挖阶段目标函数值进行比较分析,当目标函数的值为最小时作为最优目标函数;其次为次优目标函数,这样可不断地搜索下去;最后便可得到施工优化过程的总实施。

对于本工程,从初始状态 P_0 出发时,有五条开挖路径可走,由于 P_1 和 P_9 以及 P_3 和 P_7 具有对称性,因此这一阶段只需要进行三次有限元计算即可。这样以来,搜索出最优和次优开挖路径,只需要进行 45 次有限元计算即可,最优和次优路径的优化过程见图 3.4.3-3(图中括号中的数值表示该分块挖掉后的目标函数值)。

通过对深圳地铁大剧院站~科学馆站区间三连拱隧道洞群施工路径的优化分析,由图

3.4.3-3 可知,最优的开挖顺序为: $P_0 \rightarrow P_3 \rightarrow P_4 \rightarrow P_9 \rightarrow P_{10} \rightarrow P_1 \rightarrow P_2 \rightarrow P_7 \rightarrow P_8 \rightarrow P_5 \rightarrow P_6$,此时的地表最大沉降为 48.67 mm;次优的开挖顺序为: $P_0 \rightarrow P_3 \rightarrow P_4 \rightarrow P_7 \rightarrow P_8 \rightarrow P_1 \rightarrow P_2 \rightarrow P_9 \rightarrow P_{10} \rightarrow P_5 \rightarrow P_6$,此时的地表最大沉降为 50.69 mm。由于最优路径和次优路径所引起的地表沉降量最大值差别不大(为 2.02 mm),考虑到施工时的实际情况,综合考虑各种影响因素后,最后施工单位选取次优路径: $P_0 \rightarrow P_3 \rightarrow P_4 \rightarrow P_7 \rightarrow P_8 \rightarrow P_1 \rightarrow P_2 \rightarrow P_9 \rightarrow P_{10} \rightarrow P_5 \rightarrow P_6$ 进行施工。

3.4.4 结 论

无论是从周围环境的严格限制条件还是从结构的稳定性考虑,城市地铁区间隧道洞群的开挖顺序进行优化分析是必要的,利用动态规划原理,基于 ANSYS 软件平台及其特点,使隧道洞群开挖顺序的选优工作在很大程度上实现了科学化、自动化,显著地提高了工作效率,使隧道洞群开挖路径的优化在实际应用中成为可能。

通过对深圳地铁大剧院站~科学馆站区间三连拱隧道工程洞群施工路径的优化分析,选出了最优和次优开挖路径以供施工决策,并从理论上证明了三连拱隧道洞群工程采用双中洞法路径施工是科学的、合理的。

3.5 地铁群洞隧道施工策略优化分析

3.4 节中,以地表沉降作为目标,对群洞隧道的施工路径进行了优化分析。本节继续研究在给定的地表沉降控制标准下,在选定的优化路径下如何通过优化施工策略来实现这一目标。

3.5.1 地铁隧道工程地表沉降影响的系统控制模型

3.5.1.1 地铁隧道工程系统简介

地铁隧道工程的环境系统可简记为

$$\{A, B, C, R\} \quad (3.5.1-1)$$

式中,元素 A 为环境系统中承受地铁隧道工程作用的环境目标,主要包括地面建筑设施、道路、地下管线、地下水、既有地下建筑物等;元素 B 为环境系统中地铁隧道工程作用的发生环境,主要包括地形地貌、地下水、围岩、地面荷载、地应力等;元素 C 为环境系统中地铁隧道工程作用的主导因素,主要包括工程目标制定、地质勘察、项目方案研究、工程设计、施工、设备安装、运营等;元素 R 为环境系统中的元素 A,B,C 三者之间的相互关系。

在这个系统中,环境目标 A 表现为系统的控制目标,发生环境 B 表现为系统的约束条件,主导因素 C 表现为影响目标实现的人为因素,彼此间的相互关系 R 表现为系统的控制作用。

3.5.1.2 地铁隧道工程地表沉降影响的状态模型

城市地铁隧道工程开挖过程对地表沉降的影响可视为线性时间离散系统的控制问题,在施工工序 k 时,系统的总位能为

$$X_P(k) = \frac{1}{2}\int[\sigma(k)]^T \varepsilon(k) \mathrm{d}V - \int[\delta(k)]^T f \mathrm{d}V - \int[\sigma(k)]^T T \mathrm{d}S \quad (3.5.1-2)$$

式中,$\sigma(k)$ 和 $\varepsilon(k)$ 分别为地层内任意点在施工工序 k 时的应力和应变向量,$\sigma, \varepsilon \in F$,$F$ 为系统的输入空间,$F=\{$应力场、应变场、渗流场、温度场及其影响因素$\}$;$\delta(k) = X(k) - X(k-1)$ 为地层内任意点在施工工序 k 时的位移向量,$\delta, X(k) \in X$,$X(k)$ 代表系统在施工工序 k 时的状态,X 为系统的状态空间,$X=\{$围岩内任意点在施工工序 k 时的物理位置$\}$;f 为单位体积的

体力，T 为作用面力，$f,T \in F$。

通过极小化系统的总位能，得系统的状态方程为

$$X(k) = X(k-1) + G(k)\Delta F(k) \tag{3.5.1-3}$$

式中，$G(k) \in G$ 代表系统在施工工序 k 时的方案响应即单位作用下的变形，反映系统的能控性；G 为系统的响应空间，$G=\{$取决于系统发生环境 e 的性态即围岩的性态、地下结构的空间形态、支护体系设计、地层加固状态等$\}$；$e = h \cup g$，h 代表围岩，$h=\{$在地铁隧道工程施工过程中产生应力及应变重分布的所有地层$\}$，g 代表结构，$g=\{$地下人工构筑物，包括地层加固部分$\}$；$\Delta F(k) \in F$ 代表系统在施工工序 k 时的输入作用变化。

对于实现相同功能的地下结构，可能有 l 个施工方案，l 个施工方案对应着 l 个方案响应，记为

$$G(1,k), G(2,k), \cdots, G(l,k) \tag{3.5.1-4}$$

针对一个具体的地铁隧道工程，在施工设计中，可以利用计算机仿真手段，用数值方法模拟各施工阶段 $k=1,\cdots,N$ 时不同施工方案的方案响应：$G(1,1), G(2,2), \cdots, G(l,N)$，从而构成方案响应矩阵

$$G(i,k) = \begin{bmatrix} G(1,1) & G(1,2) & \cdots & G(1,N) \\ G(2,1) & G(2,2) & \cdots & G(2,N) \\ \vdots & \vdots & & \vdots \\ G(l,1) & G(l,2) & \cdots & G(l,N) \end{bmatrix} \tag{3.5.1-5}$$

一般情况下，无法一开始就得到一组最优方案响应矩阵 $G^*(i,k)$，而只能给出一个初步方案的响应矩阵 $G^0(i,k)$。但是在施工进行到第 k 步工序时，通过修改初步方案，即利用 $k-1$ 时刻的系统输出 $W(k-1)$ 的反馈信息，来修正响应 $G^0(i,k)$，使之达到预定的环境目标，以实现方案响应矩阵 $(G(i,k))$ 的最优化 $(G^*(i,k))$，因此，需要引入控制作用，即

$$G^*(i,k) = \eta_{1 \leqslant i \leqslant l}[W(k-1), G(i,k)] \tag{3.5.1-6}$$

$$\eta_i = \{u_k | \mu_k : W(k-1) \to G(i,k), k=1,\cdots,N\} \tag{3.5.1-7}$$

由输入作用 $\Delta F(k)$ 与 $G(k)$ 的相关式(3.5.1-3)，即可得到输入作用在各阶段的系统状态为

$$X(k) = X(k-1) + G(i,k)\Delta F(k) \tag{3.5.1-8}$$

在地铁隧道工程的施工过程中，常常贯穿着现场量测，对于系统输出，在任意时刻 k 常常无法获得系统的全部状态，只可得到系统的部分输出，系统的输出方程可表示为

$$W(k) = DX(k) \tag{3.5.1-9}$$

式中，$W(k) \in W$ 代表系统在施工工序 k 时的输出，W 为系统的输出空间，$W=\{$围岩内各观测点在施工时刻 k 时的物理位置$\}$；D 为定常矩阵，反映系统的能观性。

把式(3.5.1-8)代入式(3.5.1-9)得

$$W(k) = W(k-1) + DG(i,k)\Delta F(k) \tag{3.5.1-10}$$

式中，$DG(i,k)\Delta F(k)$ 项反映了施工工序 k 时采取的施工措施所造成的观测点沉降值增量。

令

$$DG(i,k)\Delta F(k) = \Delta W(k)$$

对于地表沉降控制观测点而言，由式(3.5.1-10)便可得到城市地铁隧道工程地表沉降影响的状态模型为

$$W(k) = W(k-1) + \Delta W(k) \tag{3.5.1-11}$$

3.5.1.3 城市地铁隧道工程地表沉降影响的控制模型

设 W_{max} 为地表沉降最终控制目标,系统的二次型目标函数可表示为

$$J(k) = \{[W_{max} - W(k)]/W_{max}\}^2 \tag{3.5.1-12}$$

设地表的初始位移状态为 $W(0)=0$,地下工程地表沉降影响的控制模型可表述为

(1) 已知地表观测点的实现方程

$$W(k) = W(k-1) + \Delta W(k)$$

(2) 求一系列阶段性最优控制策略序列

$$\{\mu_1^*, \mu_2^*, \cdots, \mu_N^*\} \tag{3.5.1-13}$$

(3) 使目标函数最小,即

$$J^*(k) = \min J(k) \tag{3.5.1-14}$$

(4) 并满足约束条件

$$\left.\begin{array}{l} W(0) = 0 \\ G^*(i,k) = \underset{1<i<l}{\eta}[W(k-1), G(i,k)] \\ \eta_i = \{\mu_k | \mu_k : W(k-1) \to G(i,k), k=1, \cdots, N\} \end{array}\right\} \tag{3.5.1-15}$$

3.5.2 动态最优控制策略的制定

地铁隧道工程的开挖过程是一个多阶段决策问题,动态规划原理能够很好的解决这类优化控制问题,设工程的一个初步设计方案为:$\{G^0(1), G^0(2), \cdots, G^0(k), \cdots, G^0(N)\}$,根据 R.E.Bellman 的动态规划最优性原理,从最后一步开始对原施工方案进行优化。

3.5.2.1 方案设计阶段

(1) 最后一步

设 ε_N 为最终可以接受的环境目标限定值,一般可取为 0.1,通过若干次修改方案 $G^0(N)$,即

$$G^*(N) = \mu_N^*[W(N-1), G^0(N)] \tag{3.5.2-1}$$

以使环境目标 $J(N)$ 最小,即

$$J^*(N) = \min J(N) \leqslant \varepsilon_N \tag{3.5.2-2}$$

将式(3.5.1-11)代入式(3.5.1-12)得优化后的目标函数为

$$J^*(N) = \{[W_{max} - W(N-1) - \Delta W^*(N)]/W_{max}\}^2 \tag{3.5.2-3}$$

式中,$\Delta W^*(N)$ 为优化后最后施工步引起的地表最大沉降值增量。从而得到第 N 步施工时的一个依赖于 $W(N-1)$ 的最优控制策略:$\mu_N^*(W(N-1))$,以保证环境目标 W_{max} 的实现,依此,可求出 $W(N-1)$ 的控制指标

$$W^*(N-1) = W^*(N) - \Delta W^*(N) \tag{3.5.2-4}$$

故得到第 N 步施工时的策略集:

$$\{G^*(N), W^*(N-1), \mu_N^*, W(N), \varepsilon_N, J^*(N)\} \tag{3.5.2-5}$$

(2) 第 k 步

当施工工序为 k 时($1<k<N$),通过若干次修改方案 $G^0(k)$,即

$$G^*(k) = \mu_k^*[W(k-1), G^0(k)] \tag{3.5.2-6}$$

以使环境目标 $J(k)$ 为最小,即

$$J^*(k) = \min J(k) \leqslant \varepsilon_k \tag{3.5.2-7}$$

式中，ε_k 为第 k 步的目标限定值，可由下式求出

$$\varepsilon_k = \varepsilon_{k+1} + 2[\Delta W(k+1)/W_{\max}][1 - W(k)/W_{\max}] - [\Delta W(k+1)/W_{\max}]^2 \quad (3.5.2\text{-}8)$$

同理，可求得优化后的目标函数为

$$J^*(k) = \{[W_{\max} - W(k-1) - \Delta W^*(k)]/W_{\max}\}^2 \quad (3.5.2\text{-}9)$$

相应的最优控制策略为：$\mu_k^*(W(k-1))$，同样可求出 $W(k-1)$ 的一个控制指标为

$$W^*(k-1) = W^*(k) - \Delta W^*(k) \quad (3.5.2\text{-}10)$$

故得到第 k 步施工时的策略集：

$$\{G^*(k), W^*(k-1), \mu_k^*, W(k), \varepsilon_k, J^*(k)\} \quad (3.5.2\text{-}11)$$

(3) 倒数最后一步（即第 1 步）

如此进行，直至反向递推至第二步，便可得到第一步施工时的控制策略集

$$\{G^*(1), W^*(1), \mu_1^*, W(1), \varepsilon_1, J^*(1)\} \quad (3.5.2\text{-}12)$$

3.5.2.2 施工阶段

根据上述方案，在施工过程中，实际的地表沉降值与预测值之间可能会有一定的误差，这样原有的优化方案就不一定能够满足环境要求，所以，在施工过程中，如果能够根据现场反馈的信息，及时对原优化施工方案后续阶段的施工技术措施进行调整，才可以实现真正的动态优化控制，若已知第 k 阶段施工完成后现场量测所对应的实际地表最大沉降值为 $W'(k)$，则运用动态规划原理对施工方案的第 $k+1$ 步至最后一步进行调整，具体优化控制方法与设计阶段相同，只是新方案的倒数最后一步即为原来的第 $k+1$ 步，由于第 i 步的实测值与预测值存在差异，此时第 $k+1$ 步及以后各步的状态将有所改变，递推关系式应为

$$W(k+1) = W(k) + \Delta W(k+1) \quad (3.5.2\text{-}13)$$

式中，$W(k) = W'(k), k = i, i+1, \cdots, N-1$。

3.5.3 地铁区间连拱隧道施工策略优化分析

继续分析 3.4.3 节中的三连拱隧道工程，在工程实施之前，拟订了见图 3.5.3-1 的备选施工方案，可得对应的方案响应矩阵为

$$\{G^0(i,k), i=1\sim3, k=1\sim11\} \quad (3.5.3\text{-}1)$$

式中，i 表示施工方案；k 表示施工步序。为满足最终控制目标 W^*，首先在图 3.5.3-1 备选方案响应矩阵 $G(i,k)$ 中，通过数值模拟并结合工期 T^*、造价 V^*，通过下列目标函数进行施工方案优化，即

$$J_i = C_W[W^* - W(i)] + C_T[T^* - T(i)] + C_V[V^* - V(i)] \quad (3.5.3\text{-}2)$$

式中，C_W, C_T, C_V 为加权值。通过综合分析比较，最后选择了方案 1 即 $G(1,k)$ 作为施工实施方案。对于方案 1，不同的超前支护及辅助施工措施便得到不同的响应矩阵，结合工程经验，初步拟定的工程辅助措施主要有三种类型即"管棚注浆+钢架"、"小导管注浆+锚喷网+钢架"、"水平旋喷桩+小导管注浆补强+钢架"，由于响应矩阵与辅助措施之间一一对应，故方案 1 的响应矩阵（每一施工步对应一次响应矩阵）可用图 3.5.3-2 形象表示（图中数值表示主要施工步骤步序数）。

运用上述地表沉降控制模型及动态最优策略制定方法，从施工最后一步开始，针对图 3.5.3-2，结合有限元仿真模拟计算，进行工程措施效果搜索，可确定出方案 1 的最优控制策略集。

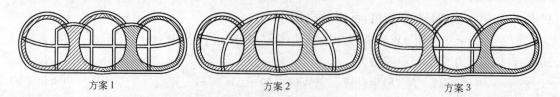

图 3.5.3-1 备选施工方案

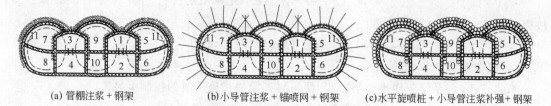

图 3.5.3-2 不同辅助施工措施响应矩阵示意图

表 3.5.3-1 地表沉降最优控制策略集

k	$G^*(3,k)$	$W^*(k)$	最优控制策略 μ_k^*	$W(k)$	$\varepsilon(k)$	$J^*(k)$
0	$G^*(3,0)$	0	计算初始应力场	0	1.094 7	1
1	$G^*(3,1)$	8.0	右中洞1号洞室施作水平旋喷桩及小导管补充注浆,开挖1号洞室并及时施作喷混凝土+钢架,环向及掌子面封闭,注意观测	7.3	0.667 2	0.572 5
2	$G^*(3,2)$	11.6	右中洞2号洞室施作扩大部分水平旋喷桩及小导管补充注浆,开挖2号洞室并及时施作喷混凝土+钢架,环向及掌子面封闭,施作右中柱,注意观测	10.1	0.534 6	0.440 0
3	$G^*(3,3)$	17.0	左中洞3号洞室施作水平旋喷桩及小导管补充注浆,开挖3号洞室并及时施作喷混凝土+钢架,环向及掌子面封闭,注意观测	15.5	0.328 2	0.233 6
4	$G^*(3,4)$	19.1	左中洞4号洞室施作扩大部分水平旋喷桩及小导管补充注浆,开挖4号洞室并及时施作喷混凝土+钢架,环向及掌子面封闭,施作左中柱,注意观测	17.6	0.265 4	0.170 8
5	$G^*(3,5)$	21.2	右线隧道5号洞室施作水平旋喷桩及小导管补充注浆,开挖5号洞室,并及时施作喷混凝土+钢架,环向及掌子面封闭,缩短进尺,加强观测	19.7	0.212 4	0.117 9
6	$G^*(3,6)$	24.9	右线隧道6号洞室施作扩大部分水平旋喷桩及小导管补充注浆,开挖6号洞室,并及时施作喷混凝土+钢架,环向及掌子面封闭,缩短进尺,加强观测	23.4	0.142 9	0.048 4
7	$G^*(3,7)$	25.2	左线隧道7号洞室施作水平旋喷桩及小导管补充注浆,开挖7号洞室,并及时施作喷混凝土+钢架,环向及掌子面封闭,缩短进尺,加强观测	23.7	0.138 6	0.044 1
8	$G^*(3,8)$	27.6	左线隧道8号洞室施作扩大部分水平旋喷桩及小导管补充注浆,开挖8号洞室,并及时施作喷混凝土+钢架,环向及掌子面封闭,缩短进尺,加强观测	26.1	0.111 4	0.016 9
9	$G^*(3,9)$	28.5	渡线隧道9号洞室施作水平旋喷桩及小导管补充注浆,开挖9号洞室,并及时施作喷混凝土+钢架,环向及掌子面封闭,缩短进尺,加强观测	27.0	0.104 5	0.010 0
10	$G^*(3,10)$	29.6	开挖渡线隧道10号洞室,施作喷混凝土+钢架,封闭掌子面,注意观测	28.1	0.101 2	0.004 0
11	$G^*(3,11)$	30	逐段拆除临时支护及洞内旋喷桩,二次衬砌封闭成环	28.5	0.100 0	0.002 5

注:k—施工步序;$G^*(3,k)$—辅助工程措施 c 的第 k 步响应;$W^*(k)$—第 k 步的控制目标,mm;$W(k)$—k 步完成时地表最大沉降实现值,mm;$J^*(k)$—第 k 步的最优目标函数;$\varepsilon(k)$—第 k 步目标限定值。

基于 ANSYS 有限元软件,通过弹塑性有限元的多次计算并不断调整工程措施以实现本工程取得比较理想的环境控制效果,最后确定出的最优控制策略集(见表 3.5.3-1)。优化控制策略施工完成时,洞周围岩破坏区域分布见图 3.5.3-3,地表沉降曲线示意见图 3.5.3-4。

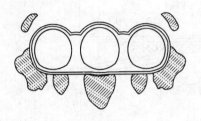

图 3.5.3-3　洞周破坏区分布图

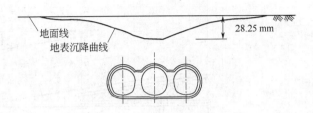

图 3.5.3-4　地表沉降曲线示意图

3.5.4　结　　论

(1)运用系统论和控制论方法,建立了城市地铁隧道工程施工对地表沉降影响的数学模型,结合动态规划原理介绍了设计施工过程中最优控制策略的制定方法,通过这种方法将总体环境控制目标阶段化,将总体环境风险的控制分散在各施工阶段中,这样避免了开挖控制中的盲目性,使工程风险有计划地降为最小。

(2)通过对深圳地铁大剧院站~科学馆站区间缩短渡线段三连拱隧道工程施工对地表沉降影响的动态优化控制分析,很好地解决了该工程施工过程中的环境影响问题,为该工程顺利施工提供了依据和理论指导,从而表明地铁隧道工程施工环境影响的动态优化控制不仅在理论上是可行的,在实践中也是可以实现的。

致谢:本节参阅了北京交通大学刘维宁教授相关研究成果,顺致感谢。

3.6　地铁渡线群洞隧道施工空间效应分析

3.6.1　工程概况

深圳地铁 1 号线大剧院站~科学馆站区间隧道工程,其中区间隧道范围内设缩短单渡线一处,在缩短单渡线范围内,在设计里程 SK3+381.145~409.145 处共 28 m 的范围内,结构断面形式变化多样,除单孔单线断面外,还有三孔三线断面、单孔双线断面,同时左右线隧道的净间距从 2 m 渐变减小至 0.532 m,隧道结构在平、纵断面上呈现出复杂的空间受力状态,隧道结构间的平面关系见图 3.6.1-1,其空间关系见图 3.6.1-2。

隧道的工程及水文地质条件及埋藏条件与 3.2 中基本一致。由于开挖断面多次转换,工法转换频繁,周围环境条件限制严格,施工难度和风险极大,是一个结构极为复杂的群洞系统工程。

3.6.2　施工过程力学性态三维模拟分析

在前述 3.4 和 3.5 节优化分析的基础上,进一步进行了施工过程的三维仿真分析,以便更好地了解围岩的稳定性和地表的沉降。

(1)计算模型的建立

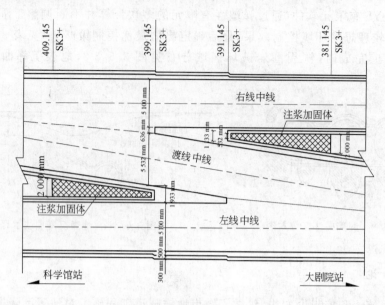

图 3.6.1-1 隧道结构平面关系

计算模型的建立与前述相同,采用非降水施工,共划分单元 6 940 个,其中壳单元为 1 143 个,节点总数为 18 992 个,有限元部分模型见图 3.6.2-1。

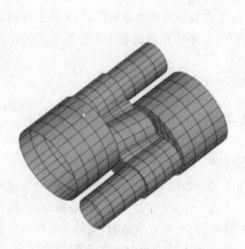

图 3.6.1-2 隧道结构空间关系图

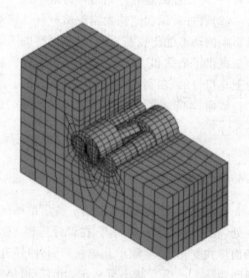

图 3.6.2-1 三维有限元部分计算模型

(2) 计算结果分析

通过三维弹塑性有限元分析可知,施工完成时地表最大沉降量约为 27.534 mm,地表沉降槽关于计算模型的中心线基本成正态曲线对称分布,见图 3.6.2-2,由此可知,施工期间地表的沉降量满足环境控制要求(≤30 mm)。施工期间隧道围岩的最大沉降值位于大断面喇叭形隧道的拱顶部位以及三连拱隧道中柱上方部位,最大下沉值约为 38.46 mm,最大隆起也位于这些部位,最大隆起量约为 23.95 mm,变形计算结果一方面表明施工期间围岩处于稳定状态,另一方面也表明这些部位是施工中的薄弱环节,应引起高度重视和密切关注,加强这些部位的监控量测工作。三孔三线中心里程 SK3+395.145 处横断面地表沉降的计算值与量测值的比较见图 3.6.2-3。

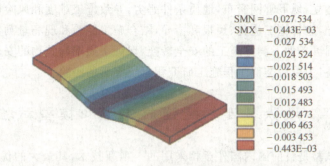

图 3.6.2-2 施工完成时地表变形示意及最终沉降值

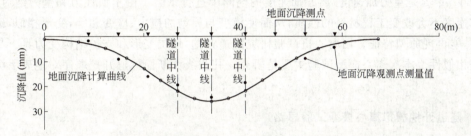

图 3.6.2-3 典型断面地表沉降计算值与量测值比较

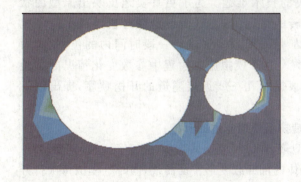 

图 3.6.2-4 间距为 0.532 m 时围岩破坏区分布　　图 3.6.2-5 交汇处洞周围岩破坏区分布

计算还表明,对于并行的小间距隧道,随着间距的减小,洞周的局部破坏区域逐渐增大,但洞周围岩仍处于稳定状态,当隧道净间距为 0.532 m 的洞周破坏区域见图 3.6.2-4。当由喇叭型大断面隧道进入三连拱隧道时,在其交汇顶底处有两个约 1.5 m 高的错台,为了考察错台对围岩稳定性的影响程度,计算中没有施做堵头墙,计算结果表明,此处围岩破坏区域面积较大(见图 3.6.2-5),说明错台对围岩的稳定性影响显著,因此,在施工中大断面施做完后应及时施做堵头墙,然后再进行三连拱隧道的开挖,这样更有利于围岩和结构的稳定。

(3) 结论

深圳地铁大剧院站～科学馆站区间渡线段复杂洞群系统工程动态仿真模拟结果表明,施工期间,地表的最大沉降为 27.534 mm,能够满足地表下沉量不超过 30 mm 的位移控制基准要求,同时,隧道结构和围岩的变形和受力也能满足稳定性要求。地表沉降的模拟计算值和现场量测值吻合较好,说明了数值模拟结果对该工程施工效应的预测是令人满意的。

由于地面高楼林立,地下管网密布,地质条件恶劣,导致施工难度和风险极大,通过以有限元的理论分析为先导,进行施工优化、预报和指导,结合施工经验和现场量测数据的及时反馈,成功地解决了复杂洞群条件下洞室施工的安全转换,保证了周围构筑物的安全,取得了较好的技术、经济、社会效益,为以后类似工程施工研究积累了宝贵的经验。

3.7 地铁三连拱隧道施工离心模型试验

土工离心模型试验是目前国内国外竞相采用的一项新技术,其最大的优点是能在与原型等应力条件下研究地下工程的应力变形和破坏过程,将模型置于特定的离心机中,使 $1/n$ 缩尺的模型在 $ng(g$ 是重力加速度)离心加速度的空间中进行试验。由于惯性力和重力绝对等效,且高加速度不会改变工程材料的性质,从而使模型与原型的应力、应变相等,变形相似,破坏机理相同,能再现原型特征。用离心机试验研究隧道开挖,地层变形和支护结构受力具有与原型的物理相似性。本次离心模型试验主要是研究三孔三线大断面隧道开挖顺序对地表下沉的影响规律。

3.7.1 隧道开挖模拟离心模型试验思路

利用离心机进行隧道开挖模拟属于动态模拟过程,动态模拟试验技术对于离心模型试验来说是一个在目前国内外都没有很好解决的技术难题。为了更真实地反映出原型的状态,要求离心模型试验必须在离心机高速运转的情况下进行,而不是在开机前或中途停机下进行。目前,国内离心模型试验绝大部分都是研究原型形成后一段时间内的位移、应力等参数的变化情况,做出若干时间段后的预测。对于模拟施工过程中参数变化情况的试验较少,特别在隧道施工中基本上还是空白。根据三孔三线近接隧道的开挖顺序,提出以下试验思路:

(1)先右、后左、最后开挖中隧道,采用熔蜡技术模拟隧道的开挖;

(2)由于模拟上述过程,需要反复打开模型箱,在进行模型试验前,进行了一组(模型M2～M5)模型试验,模拟反复加载和卸载过程中土体的加卸载变形特征曲线,同时也模拟每次打开模型箱后箱内水的流失,模拟排水过程中地表沉降规律。从而反映出深圳地铁大剧院站～科学馆站区间软土地层的固结特性曲线;

(3)隧道支护体采用等刚度原理计算,获得模型中支护体的参数,用硬铝皮模拟隧道的衬砌结构。

3.7.2 离心试验方法

隧道开挖模拟方法如下:

(1)使用和原型土物理力学性质相似的石蜡制作隧道石蜡模型。模型和隧道开挖外轮廓大小具有几何相似性。使用该模型和原型土制作没有隧道施工以前的原始地层模型。石蜡模型位置在将要开挖的地方。该模型在 $100\,g$ 的离心加速度下工作 $3\,\mathrm{min}$。工作后的模型相当于原始地层,见图3.7.2-1。

(2)在上一步模型基础上,熔化右线隧道模型,再放入制作好的铝质隧道支护模型,使用融化的石蜡将缝隙填充满。该模型在 $100\,g$ 的离心加速度下工作 $4.32\,\mathrm{min}$,相当于实际工程中

1个月之后再进行左线施工,见图3.7.2-2。

图 3.7.2-1　试验 M8 模型(原始地层)

图 3.7.2-2　试验 M8 模型(右线隧道开挖后)

(3)在上一步模型基础上,熔化左线隧道模型,在放入制作好的铝质隧道支护模型,使用融化的石蜡将缝隙填充满。该模型在 100 g 的离心加速度下工作 4.32 min,相当于实际工程中 1 个月之后再进行中间的渡线施工,见图 3.7.2-3。

(4)在上一步模型基础上,熔化中线隧道模型,再放入制作好的铝质隧道支护模型,使用融化的石蜡将缝隙填充满。该模型在 100 g 的离心加速度下工作 77.76 min,相当于实际工程完成后 18 个月,见图 3.7.2-4。

3.7.3　离心模型试验结果分析

模型试验结果见图 3.7.3-1。从图中可以看出:

(1)模拟现场隧道的施工顺序(先右、再左、最后中线),18 个月后的最大地表下沉量小于 35 mm。施工期间,最大地表沉降小于 32 mm,可以认为使用试验模拟的"先右线,再左线,最后中线"的施工顺序是可行的。随着时间的推移,地表固结沉降在总沉降中占的比例越来越大,但从地表斜率和地表曲率来看,不会对地表造成破坏,最终地表下沉量不可能超过 30 mm,由于隧道在初支形成后,由于隧道内喷射混凝土层的隔水作用,使地层失水量迅

图 3.7.2-3　试验 M8 模型（左线隧道开挖后）

图 3.7.2-4　试验 M8 模型（中线隧道开挖后）

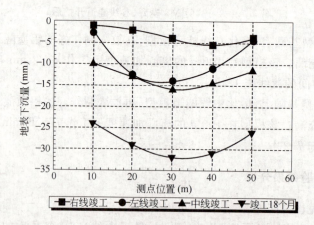

图 3.7.3-1　三连拱隧道开挖顺序引起的地表沉降曲线

速减小,地下水位会逐渐恢复到原来的位置,使地表沉降逐渐减缓并发生一定量的地表"反弹"现象。

（2）隧道施工顺序对地表下沉的位置发生一定影响,但最终地表沉降槽的形状不会发生质的变化。对于隧道开挖这样的非弹性问题,地表的最终沉降和施工工法有关。比较右线竣工后和左线竣工后的地表沉降槽,可以看到,左线施工对右线隧道方向的地表沉降影响比较小,而沉降槽的形状发生了变化,原来沉降较小的左线隧道上面的地表集聚沉降。再比较中线竣工后的地表沉降槽和左线竣工后的地表沉降槽,沉降槽的形状基本上没有发生变化。

致谢:本节内容凝聚了西南交通大学漆泰岳教授的相关研究成果,顺致感谢。

第4章 地下工程时空效应研究与实践

在围岩中开挖隧道后从变形产生到围岩破坏,有一个时间历程,这里提到的时间历程,包括两部分内容:(1)开挖面向前推进围岩应力逐步释放的时间效应,即开挖面支撑的空间效应;(2)围岩介质固有的流变效应。

有效地控制围岩体变形的发展,离不开对隧洞掘进作业面空间约束作用的考虑,随着隧洞的掘进,作业面向前推近,其附近一定范围内围岩体变形的发展和应力重分布都将受到掌子面的限制,使得围岩体的变形得不到自由地和充分地释放,应力重分布不能很快完成。理论分析和实测表明,在掘进作业面之后距其大约2~3倍洞径或洞跨处,掘进面的支撑作用差不多才完全消失,而这时支护已经完成。对许多围岩介质而言,由于围岩流变时效的作用,即使掘进面的空间效应消失之后,变形发展仍在继续。显然,在掘进面附近,将伴有这两种效应的耦合作用。因此,在离开掘进面一定距离处,开挖的洞壁如果得不到及时的支护和处理,则随着掘进面约束作用的逐步消失和围岩介质本身的流变效应,围岩体的变形将会得不到有效的控制,最终导致岩土体的失稳和破坏。

在软土中开挖隧道,洞周围岩的变形并不是在瞬间就完成,而是在施作了合适的支护以后,围岩与支护间的变形压力及其变形量是随时间的推移而不断发展并逐步趋于稳定,这已被大量的工程实践所证实。按弹性或弹塑性的计算方法都不能计及围岩和支护变形随时间发展这一因素,这显然有一定的不足。而弹黏塑性理论则能为合理地选取支护施作时间和支护刚度,进而为合理地约束和控制毛洞围岩的自由变形提供更有根据的计算手段,达到地下结构优化设计的目的。因此,在考虑这类隧洞的受力和变形机理时必须计入岩土体的流变效应。

4.1 地下工程开挖弹—黏—塑性有限元

弹塑性材料的本构关系仅取决于应力与应力间的关系及其变化的历程而与时间无关,弹—黏—塑性材料的本构关系不仅与应力、应变及其历史有关,而且还与加载时间、应变率等有关。

4.1.1 弹—黏—塑性基本力学元件

模型理论把材料的弹—黏—塑性看成是弹性、黏滞性和塑性联合作用的结果。物体的弹性用弹性元件即弹簧来模拟;物体的黏滞性用黏壶模型来模拟;物体的塑性用摩擦元件来模拟。基本元件(见图4.1.1-1)的应力—应变关系为:

(1)弹性元件

由弹簧表示的虎克固体(H体),其本构关系是应力与应变成正比,即

$$\sigma = E\varepsilon \text{(或 } \tau = G\gamma\text{)} \tag{4.1.1-1}$$

式中,E为弹性模量;G为剪切模量。对(4.1.1-1)式两端对时间t求导数,可得

$$\frac{d\sigma}{dt} = E\frac{d\varepsilon}{dt} \quad \text{或} \quad \dot{\sigma} = E\dot{\varepsilon} \tag{4.1.1-2}$$

其中，·表示对时间的一阶导数。

(2) 黏性元件

由黏壶（黏滞性阻尼筒）表示的牛顿流体（N体），其本构关系为应力 σ 与应变速率 $\dot{\varepsilon}$ 成正比，即

$$\sigma = \eta \dot{\varepsilon} \tag{4.1.1-3}$$

式中，η 为黏滞系数。

(3) 塑性元件

由摩擦板表示的圣维南（St. Venant）塑性体（St. V 体）；其特性为

$$\left. \begin{array}{l} \sigma_p = \sigma, 若 \sigma_p < \sigma_y \\ \sigma_p = \sigma_y, 若 \sigma_p \geqslant \sigma_y \end{array} \right\} \tag{4.1.1-4}$$

式中，σ 为施工的总应力；σ_p 为摩擦板中所发挥的应力，该摩擦板发挥作用的条件是 $\sigma_p \geqslant \sigma_y$；$\sigma_y$ 为材料的单轴屈服应力。

对于应变硬化材料（假定应变硬化遵从线性关系），则

$$\sigma_y = \sigma_y^0 + H' \varepsilon_{vp} \tag{4.1.1-5}$$

式中，σ_y^0 为材料的初始屈服应力；H' 为去掉弹性应变分量后应力—应变曲线中应变硬化段的斜率，$H' = \dfrac{E_T}{1 - E_T/E}$；$\varepsilon_{vp}$ 为当前的黏塑性应变。

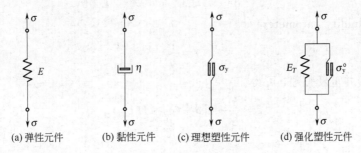

(a) 弹性元件　　(b) 黏性元件　　(c) 理想塑性元件　　(d) 强化塑性元件

图 4.1.1-1　基本力学元件

4.1.2　弹—黏塑性的简单力学模型

广义的宾哈姆（Bingham）模型是一种较为实用的一维弹—黏塑性模型，因具有较全面的性质，其应用较为广泛，该模型由三种类型的元件组成，见图 4.1.2-1。

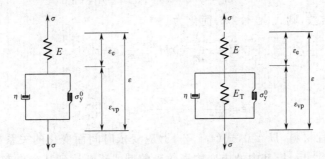

图 4.1.2-1　广义宾哈姆弹—黏塑性模型

宾哈姆模型可以反映材料的弹—黏塑性性态，模型中的总应变由弹性应变分量 ε_e 和黏塑性应变分量 ε_{vp} 之和所确定，即

$$\varepsilon = \varepsilon_e + \varepsilon_{vp} \tag{4.1.2-1}$$

模型在加荷下瞬时的弹性反应由线性弹簧所提供，其中的应力等于施加的总应力且与弹性应变之间的关系为

$$\sigma_e = \sigma = E\varepsilon_e \tag{4.1.2-2}$$

式中，为线性弹簧之弹性模量。模型中的总应力假定是黏壶的应力 σ_v 与摩擦板应力 σ_p 之和，即

$$\sigma = \sigma_v + \sigma_p \tag{4.1.2-3}$$

当摩擦板发生作用后，应力的剩余部分 σ_v 由黏壶所承担，且 σ_v 与黏塑性应变率成正比，即

$$\sigma_v = \eta \frac{d\varepsilon_{vp}}{dt} \tag{4.1.2-4}$$

在黏塑性屈服开始之前，$\varepsilon_{vp}=0, \sigma_v=0, \sigma=\sigma_p$，由式(4.1.2-1)和式(4.1.2-2)可得弹性工作阶段的应力—应变关系式(4.1.1-1)。

进而推导黏塑性条件下模型的本构关系，为此，将式(4.1.1-4)和式(4.1.2-4)代入式(4.1.2-3)，得

$$\sigma_y^0 + H'\varepsilon_{vp} + \eta \frac{d\varepsilon_{vp}}{dt} = \sigma \tag{4.1.2-5}$$

由式(4.1.2-1)和式(4.1.2-2)，式(4.1.2-5)可写成

$$H'\varepsilon + \eta \frac{d\varepsilon}{dt} = H'\frac{\sigma}{E} + (\sigma - \sigma_y^0) + \frac{\eta}{E}\frac{d\sigma}{dt} \tag{4.1.2-6}$$

引入流性参数(fluidity parameter)

$$\gamma = \frac{1}{\eta} \tag{4.1.2-7}$$

代入式(4.1.2-6)并重新整理，可得

$$\dot{\varepsilon} = \frac{\dot{\sigma}}{E} + \gamma[\sigma - (\sigma_y^0 + H'\varepsilon_{vp})] \tag{4.1.2-8}$$

或

$$\dot{\varepsilon} = \dot{\varepsilon}_e + \dot{\varepsilon}_{vp} \tag{4.1.2-9}$$

其中

$$\dot{\varepsilon}_e = \frac{\dot{\sigma}}{E} \tag{4.1.2-10}$$

且

$$\dot{\varepsilon}_{vp} = \gamma[\sigma - (\sigma_y^0 + H'\varepsilon_{vp})] \tag{4.1.2-11}$$

假定 $\sigma = \sigma_A = $ 常数，则式(4.1.2-6)简化为

$$\gamma H'\varepsilon + \frac{d\varepsilon}{dt} = \gamma H'\frac{\sigma_A}{E} + (\sigma - \sigma_y^0) \tag{4.1.2-12}$$

解此方程，得

$$\varepsilon = \frac{\sigma_A}{E} + \frac{(\sigma_A - \sigma_y^0)}{H'}(1 - e^{-H'\gamma t}) \tag{4.1.2-13}$$

对于强化弹塑性材料，$H' \neq 0$，式(4.1.2-13)应变依时间而变化的关系如图 4.1.2-2(a)所示，在初始弹性应变之后，模型中的应变按指数函数型式逐渐达到某个稳态数值。

对于理想弹塑性材料，$H'=0$，式(4.1.2-13)可按罗比塔法则求得 $H' \to 0$ 时的极限为

$$\varepsilon = \frac{\sigma_A}{E} + (\sigma_A - \sigma_y^0)\gamma t \tag{4.1.2-14}$$

应变依时间而变化的曲线关系见图 4.1.2-2(b),在初始弹性应变之后,模型中的黏塑性应变以恒定的应变率无限地增长,在此情形下不能达到稳定状态。

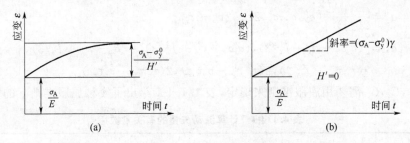

图 4.1.2-2　广义宾哈姆弹—黏塑性模型应变—时间关系

4.1.3　弹—黏塑性本构关系

波兹纳(P. Perzyna)在综合前人工作的基础上,于 1984 年提出了一般形式(3-D)的弹—黏塑性本构方程

$$\dot{\varepsilon}_{ij}=\frac{\dot{S}_{ij}}{2G}+\frac{1-2u}{E}\sigma_{kk}\delta_{ij}+\gamma\langle\Phi(F)\rangle\frac{\partial Q}{\partial \sigma_{ij}} \quad (4.1.3\text{-}1)$$

式中,等式右边前两项为弹性应变率,同广义虎克定律一致;第三项为黏塑性应变率;Q 为塑性势函数;F 为材料的屈服函数;$\langle\Phi(F)\rangle$ 是用来判别材料是否进入屈服和表征塑性发展程度的一个开关函数,$\langle\Phi(F)\rangle$ 对 $F>0$ 是正的单调递增函数,且开关符号 $\langle\rangle$ 表示

$$\left.\begin{array}{l}\langle\Phi(F)\rangle=\Phi(F),\quad 当\ F>0\\ \langle\Phi(F)\rangle=0,\quad\quad 当\ F\leqslant 0\end{array}\right\} \quad (4.1.3\text{-}2)$$

4.1.4　隧洞开挖的弹—黏塑性有限元分析

弹—黏塑性问题的有限元分析与弹塑性有限元分析主要不同之处是在材料屈服之后的塑性流动、应力和应变等都与时间有关,因此,有限元计算中须考虑某一时间增量 Δt_n 内的应力和应变的变化。

4.1.4.1　黏塑性应变率

假定材料服从前面的弹—黏塑性力学模型,模型的总应变为

$$\varepsilon=\varepsilon_e+\varepsilon_{vp} \quad (4.1.4\text{-}1)$$

于是,总应变率为

$$\dot{\varepsilon}=\dot{\varepsilon}_e+\dot{\varepsilon}_{vp} \quad (4.1.4\text{-}2)$$

对于多维应力状态,黏塑性流动法则的一般形式为

$$\dot{\varepsilon}_{vp}=\gamma\langle\Phi(F)\rangle\frac{\partial Q}{\partial \sigma} \quad (4.1.4\text{-}3)$$

对于相关流动法则,$F\equiv Q$,式(4.1.4-3)可简化为

$$\dot{\varepsilon}_{vp}=\gamma\langle\Phi(F)\rangle\frac{\partial F}{\partial \sigma} \quad (4.1.4\text{-}4)$$

即

$$\dot{\varepsilon}_{vp}=\gamma\langle\Phi(F)\rangle a \quad (4.1.4\text{-}5)$$

其中,流动矢量 a 有如下形式:

$$\boldsymbol{a}^T = (\partial F/\partial \sigma)^T = C_1 \boldsymbol{a}_1^T + C_2 \boldsymbol{a}_2^T + C_3 \boldsymbol{a}_3^T \quad (4.1.4\text{-}6)$$

$$\left. \begin{aligned} \boldsymbol{a}_1^T &= [1,1,1,0,0,0] \\ \boldsymbol{a}_2^T &= \frac{1}{2(J_2')^{1/2}} [\sigma_x', \sigma_y', \sigma_z', 2\tau_{yz}, 2\tau_{zx}, 2\tau_{xy}] \\ \boldsymbol{a}_3^T &= [(\sigma_y'\sigma_z' - \tau_{yz}^2 + J_2'/3), (\sigma_x'\sigma_z' - \tau_{zx}^2 + J_2'/3), (\sigma_x'\sigma_y' - \tau_{xy}^2 + J_2'/3), \\ &\quad 2(\tau_{zx}\tau_{xy} - \sigma_x'\tau_{yz}), 2(\tau_{xy}\tau_{yz} - \sigma_y'\tau_{zx}), 2(\tau_{yz}\tau_{zx} - \sigma_z'\tau_{xy})] \end{aligned} \right\} \quad (4.1.4\text{-}7)$$

常数 C_1, C_2, C_3 需要用屈服准则来确定，表 4.1.4-1 给出了 4 种屈服准则下的常数值。

表 4.1.4-1 计算流动矢量的有关常数

屈服准则	C_1	C_2	C_3
Tresca	0	$2\cos\theta(1+\tan\theta\tan3\theta)$	$\dfrac{\sqrt{3}}{J_2'}\dfrac{\sin\theta}{\cos3\theta}$
Von Mises	0	$\sqrt{3}$	0
Mohr-Coulomb	$\sin\varphi/3$	$\cos\varphi[(1+\tan\theta\tan3\theta)+\sin\varphi(\tan3\theta-\tan\theta)/\sqrt{3}]$	$\dfrac{\sqrt{3}\sin\theta+\cos\theta\sin\varphi}{2J_2'\cos3\theta}$
Drucker-Prager	α	1.0	0

其中，函数 $\Phi(F)$ 常取为

$$\Phi(F) = F \quad (4.1.4\text{-}8a)$$

$$\Phi(F) = \exp(M \cdot F/F_0) - 1 \quad (4.1.4\text{-}8b)$$

$$\Phi(F) = (F/F_0)^N \quad (4.1.4\text{-}8c)$$

式中，F_0 为换算单轴屈服应力；M, N 为常数，对岩土材料可取为 1.0。

4.1.4.2 黏塑性应变增量

1. 黏塑性应变增量的确定

在时间间隔 $\Delta t_n = t_{n-1} - t_n$ 内，黏塑性应变关于时域的离散表达式为

$$\Delta \varepsilon_{vp}^n = \Delta t_n [(1-\Theta)\dot{\varepsilon}_{vp} + \Theta \dot{\varepsilon}_{vp}^{+1}] \quad (4.1.4\text{-}9)$$

式中，当 $\Theta = 0$ 时，便得到欧拉时间积分法，又称全显式法或向前差分法，因应变增量仅由 t_n 时站的条件所确定；当 $\Theta = 1$ 时，称全隐式法或向后差分法，应变增量仅由时步终止时 t_{n+1} 时站的应变率所确定；当 $\Theta = 1/2$ 时，则得到所谓的隐式梯形法或半隐式法或 Crank-Nicolson 法则。

要求式(4.1.4-9)中的 $\dot{\varepsilon}_{vp}^{+1}$，可采用有限的 Taylor 级数展开式并写成

$$\dot{\varepsilon}_{vp}^{+1} = \dot{\varepsilon}_{vp} + \boldsymbol{H}_n \cdot \Delta \sigma_n \quad (4.1.4\text{-}10)$$

其中

$$\boldsymbol{H}_n = \frac{\partial \dot{\varepsilon}_{vp}}{\partial \sigma_n} = \boldsymbol{H}_n(\sigma_n) \quad (4.1.4\text{-}11)$$

而 $\Delta \sigma_n$ 是在时间间隔 Δt 内产生的应力改变量，于是式(4.1.4-9)可以写成

$$\Delta \dot{\varepsilon}_{vp}^n = \dot{\varepsilon}_{vp} \Delta t_n + \boldsymbol{C}_n \cdot \Delta \sigma_n \quad (4.1.4\text{-}12)$$

其中

$$\boldsymbol{C}_n = \Theta \cdot \Delta t_n \cdot \boldsymbol{H}_n \quad (4.1.4\text{-}13)$$

由此可见，为了计算黏塑性应变增量，必须先计算 $\boldsymbol{H}_n$ 矩阵，$\boldsymbol{H}_n$ 矩阵依赖于当前的应力水平。

2. $\boldsymbol{H}_n$ 矩阵的推导

在采用全隐式或半隐式时间积分法时都必须用到矩阵 $\boldsymbol{C}_n$，而 $\boldsymbol{C}_n$ 可按式(4.1.4-13)通

过矩阵 H_n 进行计算。为此,必须根据材料的屈服准则先行算出矩阵 H_n。由式(4.1.4-11)可知

$$H_n = \frac{\partial \dot{\varepsilon}_{vp}}{\partial \sigma} = \gamma \left(\left\langle \frac{d\Phi}{dF} \right\rangle a \times a^T + \langle \Phi(F) \rangle \frac{\partial a^T}{\partial \sigma} \right) \tag{4.1.4-14}$$

(1) Tresca 屈服准则 H_n 的计算

把式(4.1.4-7)和表 4.1.4-1 中 Tresca 屈服准则的常数 C_1, C_2, C_3 带入式(4.1.4-6)可得

$$a^T = (2\cos\theta + 2\sin\theta \times \tan3\theta) a_2^T + \frac{\sqrt{3}}{J_2'} \frac{\sin\theta}{\cos3\theta} a_3^T \tag{4.1.4-15}$$

$$\frac{\partial a^T}{\partial \sigma} = C_2 \frac{\partial a_2^T}{\partial \sigma} + C_3 \frac{\partial a_3^T}{\partial \sigma} + \frac{\partial C_2}{\partial \sigma} a_2^T + \frac{\partial C_3}{\partial \sigma} a_3^T \tag{4.1.4-16}$$

其中

$$\frac{\partial a_2^T}{\partial \sigma} = \frac{1}{2J_2'^{3/2}}[M_1] - \frac{1}{4J_2'^{3/2}}[M_2]; \frac{\partial a_3^T}{\partial \sigma} = [M_3]; \frac{\partial C_2}{\partial \sigma} = f_2 a_2 + f_3 a_3; f_2 = \frac{\tan3\theta}{\sqrt{J_2'}} f_0; f_3 = \frac{\tan3\theta}{3J_3'} f_0;$$

$$f_0 = -2\sin\theta + 2\cos\theta\tan3\theta + \frac{6\cos\theta}{\cos^2 3\theta}; \frac{\partial C_3}{\partial \sigma} = g_2 a_2 + g_3 a_3; g_2 = \frac{4}{3J_3'}\sin\theta\tan3\theta - \sqrt{\frac{3}{J_2'}} g_0; g_3 =$$

$$\frac{1}{\sqrt{3}J_2'J_3'} g_0; g_0 = \frac{\tan3\theta}{\cos^2 3\theta}(\cos\theta\cos3\theta + 3\sin\theta\sin3\theta)$$

对于 $\theta = \pm \pi/6$ 的奇异点,有

$$\frac{\partial C_1}{\partial \sigma} = \frac{\partial C_2}{\partial \sigma} = \frac{\partial C_3}{\partial \sigma} = 0 \tag{4.1.4-17}$$

(2) Von Mises 屈服准则的 H_n 计算

$$a^T = \frac{\sqrt{3}}{2\sqrt{J_2'}}[\sigma_x', \sigma_y', \sigma_z', 2\tau_{yz}, 2\tau_{zx}, 2\tau_{xy}] \tag{4.1.4-18}$$

$$aa^T = \frac{3}{2J_2'}[M_2] \tag{4.1.4-19}$$

$$\frac{\partial a^T}{\partial \sigma} = \frac{\sqrt{3}}{2\sqrt{J_2'}}[M_1] - \frac{\sqrt{3}}{3(J_2')^{3/2}}[M_2] \tag{4.1.4-20}$$

(3) Mohr-Coulomb 屈服准则的 H_n 计算

$$a^T = \frac{1}{3}\sin\varphi \times a_1^T + \cos\theta[(1+\tan\theta\tan3\theta) + \sin\theta(\tan3\theta - \tan\theta)/\sqrt{3}] a_2^T$$

$$+ \frac{1}{2J_2'\cos3\theta}(\sqrt{3}\sin\theta + \cos\theta\sin\varphi) a_3^T \tag{4.1.4-21}$$

$$\frac{\partial a^T}{\partial \sigma} = C_2 \frac{\partial a_2^T}{\partial \sigma} + C_3 \frac{\partial a_3^T}{\partial \sigma} + \frac{\partial C_2}{\partial \sigma} a_2^T + \frac{\partial C_3}{\partial \sigma} a_3^T \tag{4.1.4-22}$$

其中,$\frac{\partial a_2^T}{\partial \sigma} = \frac{1}{2J_2'^{3/2}}[M_1] - \frac{1}{4J_2'^{3/2}}[M_2]; \frac{\partial a_3^T}{\partial \sigma} = [M_3]; \frac{\partial C_2}{\partial \sigma} = b_2 a_2 + b_3 a_3; b_2 = 3J_3' \times b/J_2'^2;$

$b_3 = -b/J_2'^{3/2}; b = \sqrt{3}/(2\cos3\theta\cos\theta(\sec^2\theta\tan3\theta + 3\sec^2 3\theta\tan\theta + (3\sec^2 3\theta - \sec^2\theta)\sin\varphi/\sqrt{3}))$
$- \sin\theta(1 + \tan\theta\tan3\theta + (\tan3\theta - \tan\theta)\sin\varphi/\sqrt{3}));$

$$\frac{\partial C_3}{\partial \sigma} = d_2 a_2 + d_3 a_3; d_2 = \frac{3J_3'd}{J_2'^2} - \frac{1}{J_2'^2\cos3\theta}(\sqrt{3}\sin\theta + \cos\theta\sin\varphi); d_3 = -d/J_2'^{3/2};$$

$d = \sqrt{3}(8J_2'^2\cos^4 3\theta(2J_2'\cos3\theta(\sqrt{3}\cos\theta - \sin\varphi\sin\theta) - 6J_2'\sin3\theta(\sqrt{3}\sin\theta + \cos\theta\sin\varphi)))$

对于 $\theta=\pm\pi/6$ 的奇异点，有

$$\frac{\partial C_1}{\partial \sigma}=\frac{\partial C_2}{\partial \sigma}=\frac{\partial C_3}{\partial \sigma}=0 \tag{4.1.4-23}$$

(4) Drucker-Prager 屈服准则的 H_n 计算

$$\boldsymbol{a}^{\mathrm{T}}=\alpha \boldsymbol{a}_1^{\mathrm{T}}+\boldsymbol{a}_2^{\mathrm{T}} \tag{4.1.4-24}$$

$$\boldsymbol{a}\boldsymbol{a}^{\mathrm{T}}=\frac{1}{4J_2'}[M_4] \tag{4.1.4-25}$$

$$\frac{\partial \boldsymbol{a}^{\mathrm{T}}}{\partial \sigma}=\frac{1}{2J_2'^{3/2}}[M_1]-\frac{1}{4(J_2')^{3/2}}[M_2] \tag{4.1.4-26}$$

$$[M_1]=\begin{bmatrix} \frac{2}{3} & -\frac{1}{3} & -\frac{1}{3} & 0 & 0 & 0 \\ & \frac{2}{3} & -\frac{1}{3} & 0 & 0 & 0 \\ & & \frac{2}{3} & 0 & 0 & 0 \\ & 对 & & 2 & 0 & 0 \\ & & 称 & & 2 & 0 \\ & & & & & 2 \end{bmatrix} \tag{4.1.4-27}$$

$$[M_2]=\begin{bmatrix} (\sigma_x')^2 & \sigma_x'\sigma_y' & \sigma_x'\sigma_z' & 2\sigma_x'\tau_{yz} & 2\sigma_x'\tau_{zx} & 2\sigma_x'\tau_{xy} \\ & (\sigma_y')^2 & \sigma_y'\sigma_z' & 2\sigma_y'\tau_{yz} & 2\sigma_y'\tau_{zx} & 2\sigma_y'\tau_{xy} \\ & & (\sigma_z')^2 & 2\sigma_z'\tau_{yz} & 2\sigma_z'\tau_{zx} & 2\sigma_z'\tau_{xy} \\ & 对 & & 4\tau_{yz}^2 & 4\tau_{yz}\tau_{zx} & 4\tau_{yz}\tau_{xy} \\ & & 称 & & 4\tau_{zx}^2 & 4\tau_{zx}\tau_{xy} \\ & & & & & 4\tau_{xy}^2 \end{bmatrix} \tag{4.1.4-28}$$

$$[M_3]=\frac{1}{3}\begin{bmatrix} \sigma_x'-\sigma_y'-\sigma_z' & 2\sigma_z' & 2\sigma_y' & -4\tau_{yz} & 2\tau_{zx} & 2\tau_{xy} \\ & \sigma_y'-\sigma_x'-\sigma_z' & 2\sigma_x' & 2\tau_{yz} & -4\tau_{zx} & 2\tau_{xy} \\ & & \sigma_z'-\sigma_x'-\sigma_y' & 2\tau_{yz} & 2\tau_{zx} & -4\tau_{xy} \\ & 对 & & -6\sigma_x' & 6\tau_{xy} & 6\tau_{zx} \\ & & 称 & & -6\sigma_y' & 6\tau_{yz} \\ & & & & & -6\sigma_z' \end{bmatrix}$$

$$\tag{4.1.4-29}$$

令 $T=2\alpha(J_2')^{1/2}$，则

$$[M_4]=\begin{bmatrix} (T+\sigma_x')^2 & (T+\sigma_x')(T+\sigma_y') & (T+\sigma_x')(T+\sigma_z') & 2(T+\sigma_x')\tau_{yz} & 2(T+\sigma_x')\tau_{zx} & 2(T+\sigma_x')\tau_{xy} \\ & (T+\sigma_y')^2 & (T+\sigma_y')(T+\sigma_z') & 2(T+\sigma_y')\tau_{yz} & 2(T+\sigma_y')\tau_{zx} & 2(T+\sigma_y')\tau_{xy} \\ & & (T+\sigma_z')^2 & 2(T+\sigma_z')\tau_{yz} & 2(T+\sigma_z')\tau_{zx} & 2(T+\sigma_z')\tau_{xy} \\ & 对 & & 4\tau_{yz}^2 & 4\tau_{yz}\tau_{zx} & 4\tau_{yz}\tau_{xy} \\ & & 称 & & 4\tau_{zx}^2 & 4\tau_{zx}\tau_{xy} \\ & & & & & 4\tau_{xy}^2 \end{bmatrix}$$

$$\tag{4.1.4-30}$$

此外,对于 H_n 矩阵的计算还须求出 $\dfrac{\mathrm{d}\Phi}{\mathrm{d}F}$ 形式,对式(4.1.4-14)可分别求出为

$$\frac{\mathrm{d}\Phi}{\mathrm{d}F}=1 \text{ 或 } \frac{\mathrm{d}\Phi}{\mathrm{d}F}=\frac{M}{F_0}\exp\left[M\left(\frac{F}{F_0}\right)\right] \text{ 或 } \frac{\mathrm{d}\Phi}{\mathrm{d}F}=\frac{N}{F_0}\left(\frac{F}{F_0}\right)^{N-1} \quad (4.1.4\text{-}31)$$

应用 σ_n 来计算 J_2',J_3' 及 $[M_1]$,$[M_2]$,$[M_3]$,$[M_4]$,就可得到矩阵 H_n,该矩阵的特征值将限制步长 Δt_n 的极限值。

3. 时间步长 Δt_n 的选定

实践表明,式(4.1.4-9)所代表的时间积分过程对于 $\Theta \geqslant \dfrac{1}{2}$ 的情况都是无条件稳定的,但是这并不意味着在这种情况下任意选取时间步长都可以保证计算精度;对于 $\Theta < \dfrac{1}{2}$ 的情况积分过程是有条件稳定的,因此数值时间积分只能限制在 Δt_n 小于某种临界值的条件下进行。为了保证数值计算中时间步进法在任一步骤中解的精确度,有必要对时间步长加以限制,目前,常用的选择方法有经验法和 Cormeau 理论方法。

(1)经验法

$$\Delta t_n \leqslant \tau(\bar{\varepsilon}_n / \Delta \bar{\varepsilon}_{\mathrm{vp}}^n)_{\min} \quad (4.1.4\text{-}32)$$

式中,等效黏塑性应变增量 $\Delta \bar{\varepsilon}_{\mathrm{vp}}^n = \sqrt{\dfrac{2}{3}((\dot{\varepsilon}_{ij})_{\mathrm{vp}}(\dot{\varepsilon}_{ij})_{\mathrm{vp}})}$;$\bar{\varepsilon}_n$ 为总有效应变。

或

$$\Delta t_n \leqslant \tau[\varepsilon_{ii}^n / (\dot{\varepsilon}_{ii}^n)_{\mathrm{vp}}]_{\min}^{1/2} \quad (4.1.4\text{-}33)$$

式中,ε_{ii}^n 为第一总应变不变量;$(\dot{\varepsilon}_{ii}^n)_{\mathrm{vp}}$ 为第一黏塑性应变率不变量。

对于等参单元,所有应变均按高斯积分点的位置计算,因此,对于每个高斯点都必须满足式(4.1.4-32)或式(4.1.4-33),且其中最小的 Δt_n 值应取作分析之用。参数 τ 由用户选定,当 $0.01 < \tau < 0.15$ 时,对于显式时间积分能得到较为精确的结果。对于隐式时间积分,当 $\tau \leqslant 10$ 时,能保证计算结果稳定,计算精度稍差些。

采用变步长时,两相邻步长间的变化应由以下条件限制

$$\Delta t_n \leqslant k \Delta t_n \quad (4.1.4\text{-}34)$$

式中,k 为给定的常数,经验表明,取 $k=1.5$ 是合适的。

(2)Cormeau 理论方法

对于关联黏塑性 $Q \equiv F$,并选取 $\Phi(F) = F$ 的线性函数,Cormeau 从理论上给出了显式时间积分时的时间步长限制值。

① 对于 Tresca 材料

$$\Delta t \leqslant \frac{(1+u)F_0}{\gamma E} \quad (4.1.4\text{-}35)$$

② 对于 Von Mises 材料

$$\Delta t \leqslant \frac{4(1+u)F_0}{3\gamma E} \quad (4.1.4\text{-}36)$$

③ 对于 Mohr-Coulomb 材料

$$\Delta t \leqslant \frac{4(1+u)(1-2u)F_0}{\gamma(1-2u+\sin^2\varphi)E} \quad (4.1.4\text{-}37)$$

④ 对于 Drucker-Prager 材料

$$\Delta t \leqslant \frac{4(1+u)F_0}{3\gamma EF}\sqrt{3J_2} \tag{4.1.4-38}$$

以及

$$\Delta t \leqslant \frac{(1+u)(1-2u)F_0}{\gamma E} \times \frac{(3-\sin\varphi)^2}{\frac{3}{4}(1-2u)(3-\sin\varphi)^2+6(1+u)\sin^2\varphi} \tag{4.1.4-39}$$

以上各式中，E, u 为弹性常数；φ 是内摩擦角；F_0 为单向（或当量）屈服应力值；见表 4.1.4-2。

表 4.1.4-2 用于屈服准则的等效应力值和单向屈服应力值

屈服准则	等效应力 $\bar{\sigma}$	换算初始屈服应力
Tresca	$2\sqrt{J_2}\cos\theta$	σ_y
Von Mises	$\sqrt{3J_2'}$	σ_y
Mohr-Coulomb	$\frac{J_1}{3}\sin\varphi+\sqrt{J_2'}(\cos\theta-\sin\theta/\sqrt{3})$	$C\times\cos\varphi$
Drucker-Prager	$\alpha J_1+(J_2')^{1/2}$	k'

4.1.4.3 应力增量 $\Delta\sigma_n$ 的确定

总应力可以由弹性应变来计算，那么总应力率取决于弹性应变率

$$\dot{\sigma}_n = \boldsymbol{D}\dot{\varepsilon}_e^n \tag{4.1.4-40}$$

式中，$\boldsymbol{D}$ 为弹性矩阵。

写成增量的形式为

$$\Delta\sigma_n = \boldsymbol{D}\Delta\varepsilon_e^n = \boldsymbol{D}(\Delta\varepsilon_n - \Delta\varepsilon_{vp}^n) \tag{4.1.4-41}$$

总的应变增量用位移增量来表示为

$$\Delta\varepsilon_n = \boldsymbol{B}_n\Delta u_n \tag{4.1.4-42}$$

式中，$\boldsymbol{B}_n$ 为当前构形的应变矩阵，对于大变形情形下，应变与位移的依从关系不再是线性关系，因而出现几何非线性问题，本文对介质的大变形采用全拉格朗日描述（Total Lagrangian formulation）简记为 T.L 描述，$\boldsymbol{B}_n$ 可以表示为

$$\boldsymbol{B}_n = \boldsymbol{B}_n^L + \boldsymbol{B}_n^{NL} \tag{4.1.4-43}$$

式中，$\boldsymbol{B}_n$ 可以看成线性部分 $\boldsymbol{B}_n^L$ 和非线性部分 $\boldsymbol{B}_n^{NL}$ 之和；$\boldsymbol{B}_n^L$ 与小应变分析中所定义的相同；$\boldsymbol{B}_n^{NL}$ 是依赖于位移向量 u_n 的。

把式（4.1.4-42）与式（4.1.4-12）代入式（4.1.4-41）可知

$$\Delta\sigma_n = \widehat{\boldsymbol{D}}_n(\boldsymbol{B}_n\Delta u_n - \dot{\varepsilon}_{vp}^n\Delta t_n) \tag{4.1.4-44}$$

其中

$$\widehat{\boldsymbol{D}}_n = (\boldsymbol{I}+\boldsymbol{D}\boldsymbol{C}_n)^{-1}\boldsymbol{D} = (\boldsymbol{D}^{-1}+\boldsymbol{C}_n)^{-1} \tag{4.1.4-45}$$

式中，$\boldsymbol{I}$ 为单位矩阵；$\widehat{\boldsymbol{D}}_n$ 是一个时间增量过程中的弹—黏塑性矩阵，只有采用关联流动法则它才是对称的，如果采用非关联流动法则，它不是一个对称矩阵，需求解更复杂的非线性方程。

为了计算弹性应力增量，可采用对应于显式时间积分（$\Theta=0$）的情况，此时，$C_n=0$，于是，$\widehat{\boldsymbol{D}}_n = \boldsymbol{D}$，式（4.1.4-44）可以简化为

$$\Delta\sigma_n = \boldsymbol{D}(\boldsymbol{B}_n\Delta u_n - \dot{\varepsilon}_{vp}^n\Delta t_n) \tag{4.1.4-46}$$

4.1.4.4 有限元方程及求解

(1) 有限元法总体平衡方程

在任何时刻 t_n，体系的静力平衡方程为

$$\sum_e \int_V \boldsymbol{B}_n^T \sigma_n \mathrm{d}V - F_n = 0 \tag{4.1.4-47}$$

式中，F_n 为体系上的作用荷载（包括外部作用的体力、面力以及开挖引起的释放荷载等）的换算节点力向量；第一项为体系的内抗力换算节点力向量。

在时间增量 $\Delta t_n = t_{n-1} - t_n$ 内，静力平衡方程可写成

$$\sum_e \int_V \boldsymbol{B}_n^T \Delta \sigma_n \mathrm{d}V - \Delta F_n = 0 \tag{4.1.4-48}$$

式中，ΔF_n 表示在时间间隔 Δt_n 内由体力、面力、加荷、卸荷等所产生的等效节点荷载矢量的变化。

$$[K_T^n] \times \Delta u_n = \Delta R_n \tag{4.1.4-49}$$

其中，$[K_T^n]$ 为切线刚度矩阵，且

$$[K_T^n] = \sum_e \int_V \boldsymbol{B}_n^T \widehat{\boldsymbol{D}}_n \boldsymbol{B}_n \mathrm{d}V \tag{4.1.4-50}$$

而 ΔR_n 为拟增量荷载，$\Delta R_n = \Delta R_n^1 + \Delta R_n^2 + \Delta R_n^3$，$\Delta F_n = \Delta R_n^1 + \Delta R_n^2$，且

$$\Delta R_n^1 = \sum_e \int_V \boldsymbol{N}^T \Delta P_n \mathrm{d}V \tag{4.1.4-51}$$

$$\Delta R_n^2 = \sum_e \int_V \boldsymbol{B}_n^T \sigma' \mathrm{d}V \tag{4.1.4-52}$$

$$\Delta R_n^3 = \sum_e \int_V \boldsymbol{B}_n^T \widehat{\boldsymbol{D}}_n \dot{\varepsilon}_{\mathrm{vp}}^n \Delta t_n \mathrm{d}V \tag{4.1.4-53}$$

式中，ΔR_n^1 为在当前时步内由自重、水土压力、地面超载、施工附加荷载等外荷引起的加点荷载增量；ΔR_n^2 为开挖工程中，由开挖引起的开挖边界节点释放荷载增量，是由被开挖掉单元的应力转化为节点力反作用于开挖边界上相应节点的荷载；ΔR_n^3 为由黏塑性流变引起的虚拟节点荷载增量；ΔP_n 为水土压力等外力荷载增量；σ' 为被开挖掉的单元内原有的应力分量。

(2) 平衡方程的求解

隧洞开挖问题的非线性平衡方程需采用增量法进行求解，常用的增量法主要有增量变刚法和增量初荷载法，经验表明，把增量变刚法和增量初荷载法结合起来使用，对求解问题能够取得较好的效果和适应性，特别是针对几何非线性的黏弹塑性分析更适合采用这种方法进行分析，如对增量初荷载法采取 Newton-Raphson 方法来加速迭代的收敛性。对总体平衡方程式(4.1.4-48)采用增量迭代法进行求解，可以算出时间步长 Δt_n 的位移增量

$$\Delta u_n = [K_T^n]^{-1} \Delta R_n \tag{4.1.4-54}$$

将位移增量 Δu_n 代入式(4.1.4-46)即可得到应力增量 $\Delta \sigma_n$，因此，下一时步 t_{n+1} 时刻的总位移和总应力为

$$u_{n+1} = u_n + \Delta u_n \tag{4.1.4-55}$$

$$\sigma_{n+1} = \sigma_n + \Delta \sigma_n \tag{4.1.4-56}$$

然后，由式(4.1.4-41)可算出黏塑性应变增量 $\Delta \varepsilon_{\mathrm{vp}}^n$ 为

$$\Delta \varepsilon_{\mathrm{vp}}^n = \boldsymbol{B}_n \Delta u_n - \boldsymbol{D}^{-1} \Delta \sigma_n \tag{4.1.4-57}$$

相应地，t_{n+1} 时刻的总黏塑性应变为

$$\varepsilon_{\mathrm{vp}}^{n+1} = \varepsilon_{\mathrm{vp}}^n + \Delta \varepsilon_{\mathrm{vp}}^n \tag{4.1.4-58}$$

(3) 平衡的校正

由于应力增量是按线性增量式(4.1.4-46)计算的,由此得到的平衡方程组式(4.1.4-48)也是线性增量方程组,求解后按得到的位移增量计算应力增量并叠加计算下一时站的总应力 σ_{n+1},它们将不是严格精确的且不能完全满足平衡方程组式(4.1.4-47)。平衡校正的方法有多种,其中最简便的方法是按式(4.1.4-46)、式(4.1.4-56)计算 σ_{n+1},进而计算残余力即节点不平衡力向量 ψ_{n+1}

$$\psi_{n+1} = \sum_e \int_V \boldsymbol{B}_{n+1}^T \sigma_{n+1} dV - F_{n+1} \neq 0 \qquad (4.1.4-59)$$

对于几何非线性问题,$\boldsymbol{B}_{n+1}$ 应根据位移向量 u_{n+1} 计算。这里涉及荷载增量和时间增量两个概念,如果把时间增量步看作是荷载增量步内的迭代过程,为了保证应力计算不至于偏离太大,应在每一时间间隔 Δt_n 计算完成后作一次平衡验算,若该不平衡节点力向量 ψ_{n+1} 大于规定的容许法则,则把它视为荷载迭加到下一时步的荷载增量上去。

$$\Delta R_{n+1} = \sum_e \int_V \boldsymbol{B}_{n+1}^T \widehat{\boldsymbol{D}}_{n+1} \dot{\varepsilon}_{ep}^{n+1} \Delta t_{n+1} dV + \Delta F_{n+1} + \psi_{n+1} \qquad (4.1.4-60)$$

用这样的方法就免去了一次迭代过程,并减少误差。

(4) 数值解的稳态收敛性检验

因为是黏塑性计算,主要关心每个时间步的黏塑性应变是否趋于稳定,这可以检查单元高斯点上的黏塑性应变率 $\dot{\varepsilon}_{vp}^{n+1}$ 是否已趋近于零,如果在允许的范围内,则此时间步的计算便算完成,可以做下一轮增量荷载的计算或结束求解过程。根据每一时步所产生的黏塑性应变增量来确定是否收敛到稳态条件,常采用总体的收敛检验法则,只要在第 n 时步结束时下式成立,就可以认为数值求解过程已经收敛。

$$\left[\left(\Delta t_{n+1} \sum_{\text{高斯点}} \overline{\dot{\varepsilon}}_{vp}^{n+1} \right) \Big/ \left(\Delta t_1 \sum_{\text{高斯点}} \overline{\dot{\varepsilon}}_{vp}^{1} \right) \right] \times 100 \leqslant TOL \qquad (4.1.4-61)$$

式中,TOL 为收敛容许误差,一般可取为 0.1;Δt_1 和 Δt_{n+1} 为第 1 和第 $n+1$ 时步步长;$\overline{\dot{\varepsilon}}_{vp}^{1}$ 和 $\overline{\dot{\varepsilon}}_{vp}^{n+1}$ 为第 1 和第 $n+1$ 时步终了时的等效黏塑性应变速率;$\sum_{\text{高斯点}}$ 表示对所有的高斯点求和。

4.1.4.5 计算步骤

1. 求解从时间 $t=0$ 的初始条件开始,此时,$u_0, F_0, \varepsilon_0, \sigma_0$ 均为已知且 $\varepsilon_{vp}^0 = 0$,为弹性静定情况。

2. 对于每一种开挖工况的每一荷载增量步内作时间步的计算。

(1) 设在时间 $t=t_n$,已达平衡状态且已知 $u_n, \varepsilon_n, \sigma_n, \varepsilon_{vp}^n$ 和 F_n,由单元计算以下各矩阵或向量。

$$\boldsymbol{B}_n = \boldsymbol{B}_n^L + \boldsymbol{B}_n^{NL}; \boldsymbol{C}_n = \Theta \Delta t_n \boldsymbol{H}_n; \widehat{\boldsymbol{D}}_n = (\boldsymbol{D}^{-1} + \boldsymbol{C}_n)^{-1};$$

$$[K_T^n] = \sum_e \int_V \boldsymbol{B}_n^T \widehat{\boldsymbol{D}}_n \boldsymbol{B}_n dV;$$

$$\dot{\varepsilon}_n^{vp} = \gamma \langle \Phi(F) \rangle a_n; \Delta R_n^3 = \sum_e \int_V \boldsymbol{B}_n^T \widehat{\boldsymbol{D}}_n \dot{\varepsilon}_{vp}^n \Delta t_n dV; \Delta R_n = \Delta R_n^1 + \Delta R_n^2 + \Delta R_n^3$$

这里,由外荷引起的 ΔR_n^1 和由开挖引起的释放荷载 ΔR_n^2,通常是在每个开挖工况的初始阶段或者在每个荷载增量的初始阶段才会出现,而虚拟荷载 ΔR_n^3 则在每一个时间步长积分时都会出现。

(2) 单元集合为系统方程,计算位移增量和相应的应力增量

$$\Delta u_n = [K_T^n]^{-1} \Delta R_n; \Delta \sigma_n = \widehat{\boldsymbol{D}}_n (\boldsymbol{B}_n \Delta u_n - \dot{\varepsilon}_{vp}^n \Delta t_n)$$

(3) 计算总位移和应力
$$u_{n+1}=u_n+\Delta u_n; \sigma_{n+1}=\sigma_n+\Delta \sigma_n$$

(4) 计算黏塑性应变
$$\Delta \varepsilon_{vp}^n = \boldsymbol{B}_n \Delta u_n - \boldsymbol{D}^{-1}\Delta \sigma_n; \varepsilon_{vp}^{n+1}=\varepsilon_{vp}^n+\Delta \varepsilon_{vp}^n; \dot{\varepsilon}_{n+1}^{vp}=\gamma \langle \Phi(F) \rangle a_{n+1}$$

(5) 进行平衡校正
$$\psi_{n+1}=\sum_e \int_V \boldsymbol{B}_{n+1}^T \sigma_{n+1} dV - F_{n+1} \neq 0; \Delta R_{n+1}=\sum_e \int_V \boldsymbol{B}_{n+1}^T \hat{\boldsymbol{D}}_{n+1} \dot{\varepsilon}_{vp}^{n+1} \Delta t_{n+1} dV + \Delta F_{n+1}+\psi_{n+1}$$

(6) 进行稳态校核
$$\left[\left(\Delta t_{n+1} \sum_{\text{高斯点}} \bar{\dot{\varepsilon}}_{vp}^{n+1}\right) / \left((\Delta t_1 \sum_{\text{高斯点}} \bar{\dot{\varepsilon}}_{vp}^1)\right)\right] \times 100 \leqslant TOL$$

3. 结束时步循环,结束荷载增量步循环,结束开挖步循环。

4.2 地下工程几何非线性有限元

在工程计算中,常常采用小变形理论进行数值分析,对于在软土中开挖隧道时,当围岩的变形较大时,基于小变形理论的计算分析将给计算结果带来较大的误差,有限变形理论的数值模拟分析能够更好的描述地层的材料特性和运动特性。所谓有限变形,指的是位移分量 (u,v,w) 和它们的微商譬如 $\left(\frac{du}{dx},\frac{dv}{dx},\frac{dw}{dx}\right)$ 都不是非常小的量的情况,在这种大变形的情况下,应变与位移的依从关系不再是线性的关系,因而出现几何非线性问题。

在用有限元处理几何非线性问题时,常常采用 T.L 法(即 Total Lagrangian Formalation 全拉格朗日描述)和 U.L 法(即 Updated Lagrangian Formalation 修正的拉格朗日描述)进行描述。T.L 法指所有时刻的变量,包括 $[t+\Delta t]$ 时刻待求的变量,均以 $t=0$ 时刻的构形为参考构形,T.L 的基准始终不变,该方法用 Green 应变来处理几何非线性,与之相适应的应力为 Kirchhoff 应力。U.L 法指在时间间隔 $[t,t+\Delta t]$ 内的增量求解期间,所有变量以时刻 t 的构形为参考构形,对每一增量步求解后,修改节点坐标,确定这一增量步的新构形,并以此构形作为下一增量步求解的初始构形。U.L 的基准处于运动之中,该方法用 Almansi 应变来处理几何非线性,与之相适应的应力为 Cauchy 应力。

4.2.1 增量形式的平衡方程

用列阵 $\{\psi\}$ 表示每个节点广义内力和广义外力矢量的和,根据虚位移原理,外力因虚位移所做的功,等于结构因虚位移应变而产生的应变能,所以有

$$\{d\delta\}^T\{\psi\}=\int \{d\varepsilon\}^T\{\sigma\}dV-\{d\delta\}^T\{P\}=0 \qquad (4.2.1\text{-}1)$$

式中,$\{d\delta\}$ 为虚位移;$\{d\varepsilon\}$ 为虚应变;$\{P\}$ 为荷载列阵。

再用应变的增量形式写出位移和应变的关系

$$\{d\varepsilon\}=[\bar{B}]\{d\delta\} \qquad (4.2.1\text{-}2)$$

利用式(4.2.1-2)消去 $\{d\delta\}^T$,得到一般形式的非线性平衡方程为

$$\{\psi(\delta)\}=\int [\bar{B}]^T\{\sigma\}dV-\{P\}=0 \qquad (4.2.1\text{-}3)$$

在大位移情况下,应变—位移关系是非线性的,矩阵 $[\bar{B}]$ 是 $\{\delta\}$ 的函数。为了运算方便起见,可以写成

$$\overline{B} = [B_0] + [R_L] \quad (4.2.1\text{-}4)$$

式中,$[B_0]$为线性应变分析的矩阵项,与$\{\delta\}$无关;$[B_L]$为由非线性变形引起的,与$\{\delta\}$有关,通常,$[B_L]$是$\{\delta\}$的线性函数。

由于$[B_0]$与$[\delta]$无关,所以

$$[d\overline{B}] = [dB_L] \quad (4.2.1\text{-}5)$$

当同时为材料非线性时,应力和应变之间表现为非线性关系,应力和应变的增量关系为

$$\{d\sigma\} = [D]_{ep}\{d\varepsilon\} = ([D] - [D]_p)\{d\varepsilon\} \quad (4.2.1\text{-}6)$$

式中,$[D]_{ep}$为弹塑性矩阵;$[D]$为材料的弹性矩阵。

把式(4.2.1-2)代如式(4.2.1-5)可得

$$\{d\sigma\} = [D]_{ep}[\overline{B}]\{d\delta\} \quad (4.2.1\text{-}7)$$

通常用 Newton-Raphson 方法求解式(4.2.1-3),因此,需建立$\{d\delta\}$和$\{d\psi\}$之间的关系,由式(4.2.1-3)取$\{\psi\}$的微分,得到

$$\{d\psi\} = \int [d\overline{B}]^T\{\sigma\}dV - [\overline{B}]^T\{d\sigma\}dV \quad (4.2.1\text{-}8)$$

把式(4.2.1-7)和式(4.2.1-5)代入上式得

$$\{d\psi\} = \int [dB_L]^T\{\sigma\}dV + [\overline{K}]\{d\delta\} \quad (4.2.1\text{-}9)$$

式中,$[\overline{K}] = [K_0] + [K_L]$

$$[K_0] = \int [B_0]^T[D]_{ep}[B_0]dV \quad (4.2.1\text{-}10)$$

$$[K_L] = \int ([B_0]^T[D]_{ep}[B_L] + [B_L]^T[D]_{ep}[B_L] + [B_L]^T[D]_{ep}[B_0])dV \quad (4.2.1\text{-}11)$$

式(4.2.1-9)右边第一项可写成如下形式

$$\int [dB_L]^T\{\sigma\}dV = [K_\sigma]\{d\delta\} \quad (4.2.1\text{-}12)$$

于是式(4.2.1-9)可写成

$$\{d\psi\} = [K_0] + [K_\sigma] + [K_L]\{d\delta\} = [K_T]\{d\delta\}$$

$$[K_T] = [K_0] + [K_\sigma] + [K_L] \quad (4.2.1\text{-}13)$$

式中,$[K_T]$为切线刚度矩阵;$[K_0]$为小位移刚度矩阵;$[K_L]$为初始位移矩阵或大位移矩阵;$[K_\sigma]$为初始应力矩阵或几何刚度矩阵。

4.2.2 求解方法

对于双重非线性问题,一般也是用 Newton-Raphson 方法求解,迭代公式为

$$\{\Delta\delta\}_n = -[K_T]^{-1}\{\psi\}_n \quad (4.2.2\text{-}1)$$

$$\{\delta\}_{n+1} = \{\delta\}_n + \{\Delta\delta\}_n \quad (4.2.2\text{-}2)$$

计算步骤如下:

(1)求出线弹性解,并用作第一近似值$\{\delta\}_1$;

(2)由式(4.2.1-4)计算$[\overline{B}]$;

(3)由式(4.2.1-6)计算应力$\{\sigma\}$(该步在迭代中包括屈服判断、应力调整等多项内容);

(4)由式(4.2.1-3)计算失衡力$\{\psi\}$;

(5)计算切线刚度矩阵$[K_T]$;

(6)由式(4.2.2-1)、式(4.2.2-2)计算,则

$$\{\Delta\delta\}_1 = -[K_T]^{-1}\{\psi\}_1, \{\delta\}_2 = \{\delta\}_1 + \{\Delta\delta\}_1$$

(7)转至第(2),重复迭代,直至$\{\psi\}_n$充分小为止,并合并到下一步的荷载增量中去。

4.2.3 有限元计算程序和程序流程

应用上述理论分析成果,研制了隧洞开挖问题的弹—黏塑性有限元计算程序。程序主要特点为:(1)能够考虑隧洞开挖—支护的动态施工过程;(2)能够计算初始地应力和扣除相应的初始位移场;(3)能够对隧洞开挖进行小变形和几何非线性弹—黏塑性分析;(4)能够对二维或三维的隧洞开挖问题进行求解。在具体计算时,可根据施工过程划分为若干个开挖工况,而每个工况又包括若干级增量荷载,在每级增量荷载下又有若干级时步增量迭代,所以程序包括了上述三个嵌套的大循环体,程序分析流程见图 4.2.3-1。

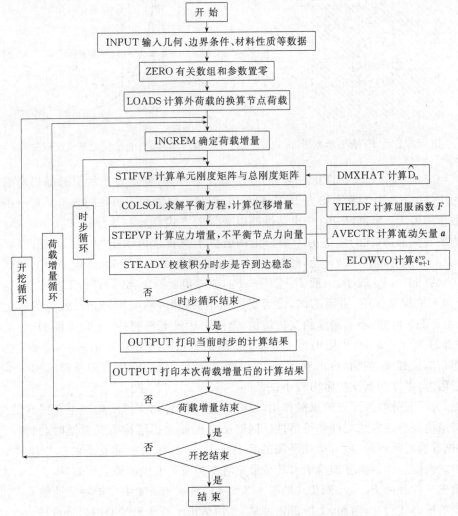

图 4.2.3-1 隧洞开挖弹—黏塑性分析程序结构框图

4.3 地下工程支护时间优化分析

4.3.1 隧道支护时间优化基本理论

假设隧道开挖后由于开挖效应和约束效应的解除,使围岩向临空区运动的各种力的合力

等效为 P_T(见图 4.3.1-1),则隧道的支护原理可以表示为

$$P_T = P_{DR} + P_S = P_D + P_R + P_S \tag{4.3.1-1}$$

式中,P_T 为隧道开挖后使围岩向临空区运动的等效合力,包括重力、水作用力、膨胀力、构造应力和工程偏应力等;P_S 为隧道支护所提供的支护抗力;P_{DR} 为围岩所提供的等效作用力

$$P_{DR} = P_D + P_R \tag{4.3.1-2}$$

其中,P_D 为围岩以变形的形式转化的等效工程力,主要是塑性能以变形的方式释放;P_R 为围岩自撑力,即围岩本身具有一定的强度,可承担部分或全部荷载。

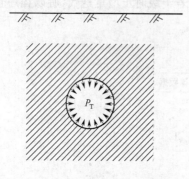
图 4.3.1-1 P_T 合力示意图

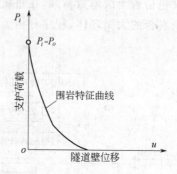
图 4.3.1-2 自稳隧道围岩反应曲线示意图

公式(4.3.1-1)、(4.3.1-2)及图 4.3.1-1 的意义解释为:隧道开挖后引起围岩向临空区运动的合力 P_T 并不是由工程支护力 P_S 全部承担,而是由围岩和支护共同分担。对于围岩所承担的等效作用力 P_{DR} 而言,P_T 首先由塑性能以变形的方式释放一部分即 P_D,亦即 P_T 的一部分转化为围岩变形;其次,P_T 的另一部分由围岩体本身自承力承担即 P_R。如果围岩强度很高,$P_R > P_T - P_D$ 则隧道可以自稳,此时,围岩特征曲线见图 4.3.1-2。

对于软弱围岩,P_R 较小,一般 $P_R < P_T - P_D$,故隧道要稳定,必须进行工程支护,这种情况下,围岩和支护相互作用,协调工作,设当支护施作的同时,毛洞围岩壁已发生的自由变形为 u_0,由图 4.3.1-3 可知,不同刚度的支护结构,与围岩达成平衡时的 P_S 是不同的,与支护结构 1 相应的位移为 $u_0 + u_1$,支护阻力为 P_1;与支护结构 2 相应的位移为 $u_0 + u_2$,支护阻力为 P_2;如不考虑初始位移 u_0 的话,可以看出 $u_2 > u_1$ 而 $P_2 < P_1$,说明刚度大的支护结构 1 承受了较大的支护阻力,柔度大则支护阻力较小。

因此,为了充分发挥围岩的承载作用,要允许隧道围岩和支护结构产生有限制的变形,即要求支护结构要有一定的柔性和可缩性。同时必须保证支护结构架设要适时,同样刚度的支护结构,施设的时间不同,最后达到平衡的状态也不同,施作支护前发生的初始位移 u_0,它对应于支护之前围岩体的部分卸荷 P_D,其结果是将支护荷载曲线的原点向右移动了 u_0 量值,从而使平衡支护荷载由 P_0 减小到 P_1(见图 4.3.1-4),图 4.3.1-4 中支护特征曲线 1 与 2 相比,支护承受的压力要大些,因而,支护设置过早,支护结构本身所承受的围岩荷载压力大,对其强度要求也较高,同时由于离开挖面太近,不利于施工作业。但这并不是说,支护参与工作的时间愈迟愈好,因为初始变形不加控制会导致隧道围岩迅速松弛、崩塌,如当初始位移达到 u_{03} 时再施作初期支护,这就可能太晚了。

所以,过早和过迟都将对围岩和支护结构的共同作用构成不利影响,从而不能有效地形成坚固的承载环。

图 4.3.1-4 中主要是从围岩稳定性来考虑支护的设置时间,对于城市地下工程来说,

地表变形的控制条件往往要强于围岩稳定性控制。因此,往往把地表沉降作为控制目标,而围岩的稳定性在该目标值内一般都能满足和保持稳定,也就是说支护设置时间的提法也会不一样,图中的支护曲线 2 对围岩稳定而言可能是最佳,对于地表沉降控制而言可能会是设置过晚。

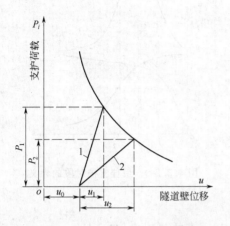
图 4.3.1-3 支护不同刚度的效果

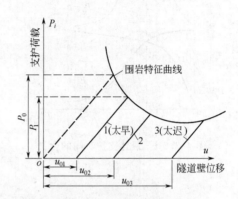
图 4.3.1-4 支护设置时间的效果

因此,对于城市地下工程而言,一个优化的支护设置应满足

$$\left.\begin{array}{r}W \rightarrow [W] \\ P_D \rightarrow \max \\ P_R \rightarrow \max \\ P_S \rightarrow \min\end{array}\right\} \quad (4.3.1-3)$$

实际上,在地表沉降 W 满足控制标准 $[W]$ 前提下,在支护刚度一定的情况下,要使 $P_D \rightarrow$ max 即 $u_0 \rightarrow$ max,P_R 就不能达到最大;要使 P_R 最大,P_D 就不能达到最大,要同时满足 $P_R \rightarrow$ max 和 $P_D \rightarrow$ max,关键是选取变形能释放和支护的最佳时间。

4.3.2 最佳支护时间和最佳支护时段的概念

岩土力学理论和工程实际表明,隧道开挖以后,隧道围岩的变形会逐渐加大,以变形速度区分,可划为 3 个阶段:即减速变形阶段、近似线性的恒速变形阶段和加速变形阶段。当进入加速变形阶段时,可以使 $P_D \rightarrow$ max,但却大大降低了 P_R,这不满足优化原则。解决这个问题的关键是最佳支护时间概念的建立和最佳支护时段的确定。

最佳支护时间系指在 $W \rightarrow [W]$ 的前提下,可以使 P_{DR} 达到最大的支护时间,其意义见图 4.3.2-1,图 4.3.2-1 表明,最佳支护时间就是 $P_{DR} - t$ 曲线峰值点所对应的时间 T_0。实践表明,该点与 $P_D - t$ 曲线和 $P_R - t$ 曲线的交点所对应的时间基本相同。此时,支护使 P_D 在优化意义上充分地达到最大,同时又保护围岩强度,使其强度损失在优化意义上达到充分小,亦即其本身自承力 P_R 达到充分大,最佳支护时间点的确定,在工程实践中是难以办到的,所以提出了最佳支护时段的概念,最佳支护时段的概念见图 4.3.2-2,图中所示的时段 $[T_{01}, T_{02}]$ 即为最佳支护时端。在工程实施时,只要在图 4.3.2-2 所示的 T_0 时间的附近时段 $[T_{01}, T_{02}]$ 进行支护,基本上可以使 P_D,P_R 同时达到优化意义上的最大,此时,$P_{DR} \rightarrow$ max,$P_S \rightarrow$ min 也就自动满足。

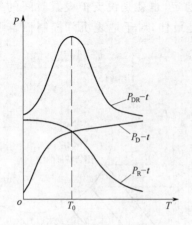

图 4.3.2-1 最佳支护时间的含义

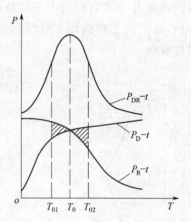

图 4.3.2-2 最佳支护时段的含义

4.4 地铁双线隧道开挖时空效应分析

选取深圳地铁大剧院站～科学馆站区间里程 SK3+300～SK3+324 共 24 m 范围内的隧道工程进行时空效应分析，在此以前针对平面问题先进行了时间效应优化分析，分析结果表明，当按掘进速度为 2 m/d 时，计算中按每延米开挖后围岩暴露 12 h 考虑，地表最大沉降值为 2.8 cm；当按掘进速度为 1 m/d 时，计算中按每延米开挖后围岩暴露 24 h 考虑，地表最大沉降值为 4.5 cm；当按掘进速度为 0.5 m/d 时，计算中按每延米开挖后围岩暴露 48 h 考虑，地表最大沉降值为 6.4 cm；考虑到施工的实际情况和周围的环境条件，在此对比较接近实际施工速度的 1 m/d 的施工进度的分析结果进行详细介绍。

4.4.1 工程简介

区间隧道埋于地下约 9 m，洞身上半断面主要穿越软塑黏性土层，下半断面主要穿越砾质黏性土层。地下水为第四系孔隙潜水和基岩裂隙水，稳定水位位于地面以下 4.0 m，水位变幅 0.5～2.0 m。研究范围内的地层及其主要物理力学参数见表 4.4.1-1。

表 4.4.1-1 地层主要物理力学参数

材料名	泊松比 μ	弹性模量 E(MPa)	凝聚力 c(kPa)	内摩擦角 ϕ(°)	计算容重 γ(kN/m³)	黏性系数 η(kPa·d)
素填黏土性	0.35	17.0	30.9	24.6	19.7	12 000
软塑黏性土	0.23	10.7	20.8	10.8	19.5	5 600
砾质黏性土	0.23	22.7	35.8	26.8	19.3	18 000
全风化花岗岩	0.22	25.0	15.8	25.1	19.8	20 000
注浆加固体	0.3	100.0	300	35.0	20.0	350 000

隧道断面支护的设计参数见图 4.4.1-1，施工方法采用短台阶法，先施工右线隧道再施工左线隧道，施工进度平均为 1 m/d，由于二次衬砌待变形趋于稳定时施做，故在计算建模中二

衬不预考虑,施工方法及小导管注浆示意见图4.4.1-2。

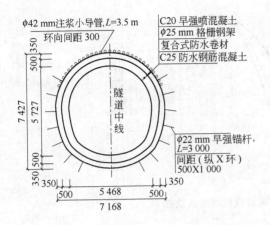

图4.4.1-1 隧道断面设计参数(单位:mm)

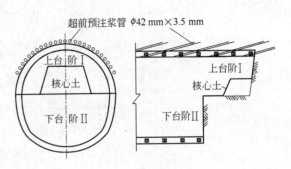

图4.4.1-2 隧道开挖方法及小导管注浆示意

4.4.2 计算模型

小导管注浆以及锚杆、钢架的作用力学作用的模拟按前述等效作用进行考虑。计算模型共划分单元数为11 232个,其中,初期支护壳单元数为768个,计算模型横向尺寸为60 m,纵向尺寸为24 m,开挖过程中计算模型见图4.4.2-1。

4.4.3 计算结果分析

施工完成时,典型断面地表横向沉降曲线分布以及与现场量测值的比较见图4.4.3-1,计算最大值为4.05 cm,量测最大值为3.35 cm,计算值偏大,可能是由于计算中围岩暴露的时间大于实际情况的缘故。总的看来计算值与量测基本吻合,地表横向沉降槽的明显影响范围约为60 m,左右隧道的影响范围约为$3B$(B为隧道最大开挖尺寸)。

右线隧道开挖过程中,右线隧道地表中线沉降

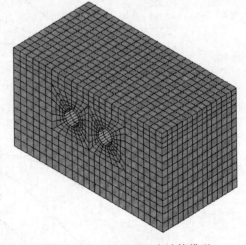

图4.4.2-1 开挖过程中计算模型

曲线随掌子面或时间的变化关系见图4.4.3-2,左线隧道施工时对其的影响见图4.4.3-2中的曲线6。

左线隧道开挖过程中,左线隧道地表中线沉降曲线随掌子面或时间的变化关系见图4.4.3-3,右线隧道施工时对其的影响见图4.4.3-3中的曲线1,由图中可知右线隧道施工对左线的影响不甚明显,不如左线隧道施工对右线的影响(图4.4.3-3中曲线6)。

右线隧道开挖过程中,右线隧道拱顶中线沉降曲线随掌子面或时间的变化关系见图4.4.3-4,左线隧道施工时对其的影响见图4.4.3-4中的曲线6。

左线隧道开挖过程中,左线隧道拱顶中线沉降曲线随掌子面或时间的变化关系见图4.4.3-5,右线隧道施工时对其的影响见图4.4.3-5中的曲线1。

计算时间为80 d,开挖过程中,右线隧道地表中线沉降历时曲线见图4.4.3-6中标识的曲线1,右线隧道拱顶中线沉降历时曲线见图4.4.3-6中标识的曲线2,左线隧道地表中线沉降

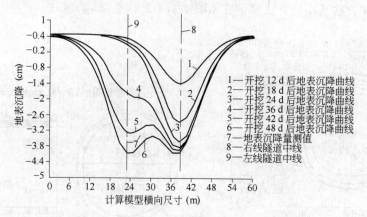

图 4.4.3-1 开挖过程中地表横向沉降曲线图

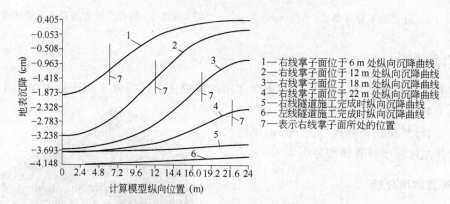

图 4.4.3-2 开挖过程中右线隧道地表中线纵向沉降曲线图

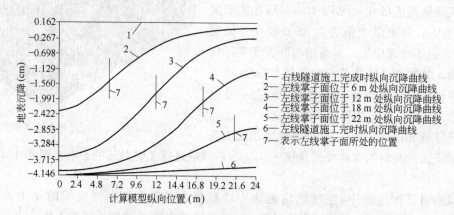

图 4.4.3-3 开挖过程中左线隧道地表中线纵向沉降曲线图

历时曲线见图 4.4.3-6 中标识的曲线 3,右线隧道拱顶中线沉降历时曲线见图 4.4.3-6 中标识的曲线 4。

4.4.4 结 论

通过对隧道开挖过程的时空效应分析,结果表明,施工期间,地表沉降的最大值为 40.5 mm,满足把地表沉降控制在 50 mm 内的预期目标,左右隧道地表横向沉降槽的影响范围约为 $3B$;

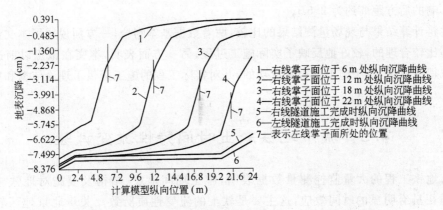

图 4.4.3-4 开挖过程中右线隧道拱顶中线纵向沉降曲线图

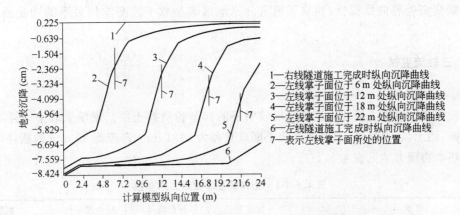

图 4.4.3-5 开挖过程中左线隧道拱顶中线纵向沉降曲线图

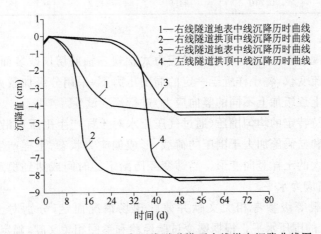

图 4.4.3-6 开挖过程中左线隧道拱顶中线纵向沉降曲线图

拱顶的最大沉降值为 83.5 mm，拱顶的沉降明显大于地表的沉降，主要是因为采用非降水施工，地层的沉降是由拱顶向地表波及的缘故，拱顶的最大沉降值约为地表的 2 倍。就地表和拱顶的沉降而言，左右隧道施工的相互影响是非常有限的，这主要是因为左右隧道的间距比较大的缘故，施工完成后，地表沉降及围岩的变形基本趋于稳定。计算还表明，地表和拱顶的沉降随掌子面的推进而逐渐增大，对拱顶和地表沉降而言，受掌子面影响的前方距离约为 $1.5B$，受掌子面影响的后方距离约为 2.5B。

通过将计算结果与现场量测结果的比较,两者数据基本吻合,一方面说明了本文计算模型的建立是比较合理的,较好地反映了实际施工过程;另一方面表明,本文在施工以前进行施工仿真所取得的成果,对于施工预报是成功的,并对实际工程的施工提供了理论依据和重要的指导作用。

4.5 城市地铁软土时间特性流变试验

北京地铁工程的大量监控测量数据表明,施工期间地层、结构及设施对地铁施工的力学响应往往具有明显的时间效应,这主要是软土的流变性质所致。关于北京地区软土的变形时效性即流变特性,缺少这方面的试验研究,本文以北京地区典型软土作为研究对象,通过三轴蠕变实验和曲线拟合,建立了适合北京地区典型软土流变本构关系的理论模型及经验模型。

4.5.1 三轴流变试验

4.5.1.1 土样制备

试验主要针对施工场地内流变现场较明显的典型粉质黏土层。现场采取土体样本时,使用钢丝锯、切土盘、刀具等工具,将原状土削成直径为 39.1 mm、高度为 80 mm 的圆柱体土样,土样的基本物理力学见表 4.5.1-1。

表 4.5.1-1 土样的基本物理力学参数

土 样	密度 (kg/m³)	孔隙比	含水量 (%)	压缩模量 (MPa)	内摩擦角 (°)	黏聚力 (kPa)
粉质黏土	1.99	0.710	24.9	8.2	18	39

4.5.1.2 试验方法

试验仪器为常规三轴蠕变仪,由普通的应力式常规三轴剪切仪改装而成。采用改装而成的应力控制式三轴流变仪,将土样置于一定的周围压力下,采用分级加载方法(即在处于某个围压下的同一试样上逐级加上不同的竖向应力)进行流变试验。

在土样环向维持特定的均匀围压(通过气压压水对土样产生围压),沿竖向通过荷载框及其下所挂的荷重盘和砝码施加大于围压的荷载,形成偏应力状态,土样产生蠕变变形,由百分表测量随时间而增大的土样竖向变形。当蠕变经历给定的时间或达到稳定后,再提高应力水平,直至设定的最高应力水平。

围压水平和荷载等级参考相关文献并兼顾现场情况而定,分别对土样施加 100 kPa、150 kPa 和 200 kPa 的围压水平。根据蠕变试验经验和参阅相关文献,确定以每小时变形不超过 0.005 mm 作为变形的稳定标准。

4.5.2 试验结果与分析

4.5.2.1 土体流变模型的选择与辨识

试验过程中,选取广义开尔文(Kelvin)三单元模型及其扩展形式的五单元或七单元模型和 Burgers 模型作为待定理论流变模型,选取幂函数经验蠕变模型和时间硬化经验蠕变模型作为待定的经验模型。各蠕变模型方程如下：

(1) 广义 Kelvin 三单元模型，蠕变方程为：

$$\varepsilon(t) = \frac{2\sigma_{\mathrm{II}}}{9K} + \frac{\sigma_{\mathrm{I}}}{3G_1} + \frac{\sigma_{\mathrm{I}}}{3G_2}(1 - e^{-\frac{G_2}{\eta_1}t}) \qquad (4.5.2\text{-}1)$$

(2) 对于广义 Kelvin 五单元模型，蠕变方程为：

$$\varepsilon(t) = \frac{2\sigma_{\mathrm{II}}}{9K} + \frac{\sigma_{\mathrm{I}}}{3G_1} + \frac{\sigma_{\mathrm{I}}}{3G_2}(1 - e^{-\frac{G_2}{\eta_1}t}) + \frac{\sigma_{\mathrm{I}}}{3G_3}(1 - e^{-\frac{G_3}{\eta_2}t}) \qquad (4.5.2\text{-}2)$$

(3) 广义 Kelvin 七单元模型，蠕变方程为：

$$\varepsilon(t) = \frac{2\sigma_{\mathrm{II}}}{9K} + \frac{\sigma_{\mathrm{I}}}{3G_1} + \frac{\sigma_{\mathrm{I}}}{3G_2}(1 - e^{-\frac{G_2}{\eta_1}t}) + \frac{\sigma_{\mathrm{I}}}{3G_3}(1 - e^{-\frac{G_3}{\eta_2}t}) + \frac{\sigma_{\mathrm{I}}}{3G_4}(1 - e^{-\frac{G_4}{\eta_3}t}) \qquad (4.5.2\text{-}3)$$

(4) 对于 Burgers 模型，蠕变方程为：

$$\varepsilon(t) = \frac{2\sigma_{\mathrm{II}}}{9K} + \frac{\sigma_{\mathrm{I}}}{3G_1} + \frac{\sigma_{\mathrm{I}}}{3\eta_0}t + \frac{\sigma_{\mathrm{I}}}{3G_2}(1 - e^{-\frac{G_2}{\eta_1}t}) \qquad (4.5.2\text{-}4)$$

(5) 对于幂函数经验蠕变模型，蠕变方程为：

$$\varepsilon(t) = At^n \qquad (4.5.2\text{-}5)$$

(6) 对于时间硬化经验蠕变模型，蠕变方程为：

$$\dot{\varepsilon}^{\mathrm{cr}} = A(\sigma^{\mathrm{cr}})^n t^m \qquad (4.5.2\text{-}6)$$

以上 (4.5.2-1) ～ (4.5.2-6) 式中，$\sigma_{\mathrm{I}} = \sigma_1 - \sigma_3$ 代表偏应力；$\sigma_{\mathrm{II}} = \sigma_1 + 2\sigma_3$ 代表球应力；$\dot{\varepsilon}^{\mathrm{cr}}$ 为等效蠕变应变率；σ^{cr} 为等效黏聚蠕变应力；t 为总时间；G_j、η_i、K、A、n 和 m 为待定参数。

模型初步确定后，可根据最小二乘原理，按高斯—牛顿法进行曲线的非线性拟合，本文应用 Origin 软件进行计算机非线性拟合。现以粉质黏土在围压为 200 kPa 条件下进行三轴流变试验所得的试验数据为例，依次采用广义 Kelvin 三单元模型、广义 Kelvin 五单元模型、广义 Kelvin 七单元模型、经验模型 $\varepsilon(t) = At^n$、经验模型 $\dot{\varepsilon}^{\mathrm{cr}} = A(\sigma^{\mathrm{cr}})^n t^m$、以及 Burgers 模型，进行数据拟合，拟合曲线见图 4.5.2-1 ～ 图 4.5.2-5。

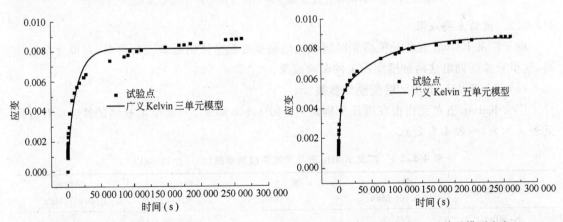

图 4.5.2-1　Kelvin 三单元模型应变与时间拟合曲线　　　图 4.5.2-2　Kelvin 五单元模型应变与时间拟合曲线

拟合结果表明，广义 Kelvin 七单元模型拟合效果最好，但计算参数最多；广义 Kelvin 五单元模型和时间硬化蠕变经验模型较好，计算参数适中；广义 Kelvin 三单元模型和幂函数经验蠕变模型次之，但计算参数最少；Burgers 模型不能正确反映试验数据的变化规律，不适合作为该土样的流变模型，其他围压的规律与此相似。

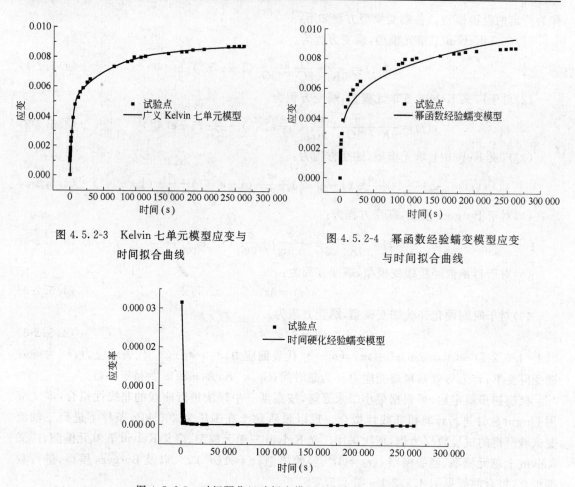

图 4.5.2-3 Kelvin 七单元模型应变与时间拟合曲线

图 4.5.2-4 幂函数经验蠕变模型应变与时间拟合曲线

图 4.5.2-5 时间硬化经验蠕变模型应变率与时间拟合曲线

4.5.2.2 试验主要成果

由于广义 Kelvin 五单元模型和时间硬化经验蠕变模型使用起来比较简单，而拟合精度较高，这里只详细列出这两种模型相关的试验成果。

(1)广义 Kelvin 五单元蠕变模型参数

广义 Kelvin 五单元模型在围压分别是 100 kPa、150 kPa、200 kPa 时模型的拟合参数分别见表 4.5.2-1～表 4.5.2-3。

表 4.5.2-1 广义 Kelvin 五单元流变模型参数(围压＝100 kPa)

模型参数	第一级 0.106 MPa	第二级 0.156 MPa	第三级 0.197 MPa	第四级 0.247 MPa
K(MPa)	773.06	90.77	57.98	41.36
G_1(MPa)	165.66	19.45	12.42	8.86
G_2(MPa)	9.79	31.71	13.19	5.09
G_3(MPa)	7.29	15.95	10.91	7.49
η_1(MPa·min)	809.43	285.58	16 248	297.01
η_2(MPa·min)	6.37	5 172	628.03	7 900

表 4.5.2-2　广义 Kelvin 五单元流变模型参数（围压＝150 kPa）

模型参数	第一级 0.101 MPa	第二级 0.151 MPa	第三级 0.217 MPa	第四级 0.293 MPa
K(MPa)	430.09	74.89	43.69	54.61
G_1(MPa)	92.16	16.05	9.36	11.70
G_2(MPa)	12.11	14.02	11.76	5.90
G_3(MPa)	11.49	12.58	7.64	9.48
η_1(MPa·min)	177.41	283.90	6 069.77	66.26
η_2(MPa·min)	10 910	10 030	92.79	3 387

表 4.5.2-3　广义 Kelvin 五单元流变模型参数（围压＝200 kPa）

模型参数	第一级 0.147 MPa	第二级 0.217 MPa	第三级 0.283 MPa	第四级 0.358 MPa
K(MPa)	1 171.4	171.38	119.20	89.00
G_1(MPa)	251.02	36.72	25.54	19.07
G_2(MPa)	54.44	31.59	23.94	11.10
G_3(MPa)	41.53	41.10	25.16	17.22
η_1(MPa·min)	208.77	27 266	24 604	553.55
η_2(MPa·min)	32 666	685.7	1 066	15 281

(2)时间硬化蠕变经验模型参数

时间硬化蠕变经验模型在围压分别是 100 kPa、150 kPa、200 kPa 时模型的拟合参数分别见表 4.5.2-4～表 4.5.2-6。

表 4.5.2-4　时间硬化蠕变模型参数（围压＝100 kPa）

分级荷载值	A	n	m
第一级 0.106 MPa	1.526 9E-7	0.718 5	−0.326 8
第二级 0.156 MPa	5.472 5E-7	0.689 1	−1.328 8
第三级 0.197 MPa	2.857 0E-7	0.957 1	−2.021 0
第四级 0.247 MPa	6.555 2E-8	0.837 1	−1.193 8

表 4.5.2-5　时间硬化蠕变模型参数（围压＝150 kPa）

分级荷载值	A	n	m
第一级 0.101 MPa	5.179 2E-8	0.809 6	−1.010 2
第二级 0.151 MPa	9.377 2E-8	0.850 3	−1.314 7
第三级 0.217 MPa	5.863 4E-8	0.828 7	−0.968 1
第四级 0.293 MPa	1.834 2E-8	0.785 9	−0.566 5

表 4.5.2-6　时间硬化蠕变模型参数（围压＝200 kPa）

分级荷载值	A	n	m
第一级 0.147 MPa	1.293 2E-7	0.893 6	−1.708 6
第二级 0.217 MPa	6.720 7E-7	1.058 8	−2.685 9
第三级 0.283 MPa	2.389 6E-7	0.955 1	−2.091 6
第四级 0.358 MPa	2.992 5E-8	0.798 3	−1.013 3

4.5.3 结　论

通过室内试验,研究了北京地区典型粉质黏土的流变特性,得出如下结论:

(1)北京地区典型粉质黏土层具有明显的流变特性,在围岩变形分析中不能忽略。

(2)采用理论模型描述蠕变特性时,扩展的广义Kelvin五单元模型比原始的三单元理论模型具有更高的精度,对变形的描述更为准确,比广义Kelvin七单元模型使用起来更方便,建议理论计算时可作为理论流变模型优先考虑选用。

(3)采用经验模型描述蠕变特性时,时间硬化经验蠕变模型比幂函数经验蠕变模型具有更高的精度,对变形的描述更为准确。时间硬化经验蠕变模型由于其拟合精度高,流变方程简单,参数较少,便于应用,建议理论计算时可作为经验流变模型优先考虑选用。

4.6　地铁车站客流通道施工过程时间效应分析

基于4.5节的试验成果,利用扩展的广义Kelvin弹—黏—塑性模型对北京地铁国贸站客流道施工过程的时间效应进行了平面分析。

4.6.1　计算模型

国贸站南侧客流道断面按台阶法施工,整个断面分4步开挖完成,计算分析中,按每一步开挖完变形稳定后再进行下一步开挖考虑,考虑到地层蠕变稳定的时间为3～5 d,计算分析中,取稳定蠕变时间为4 d,施工完成时,蠕变分析累积时间按25 d考虑,掌子面支撑的空间效应通过开挖面载荷释放来考虑。施工过程中的变形主要表现为开挖—支护时瞬时弹塑性变形以及随时间变化的弹—黏—塑性变形。施工完成时计算分析模型见图4.6.1-1。

图4.6.1-1　施工完成时计算模型

4.6.2　典型施工阶段塑性区分布

为了显示蠕变过程中,塑性区的变化状态,图4.6.2-1～图4.6.2-4分别给出了瞬时塑性区以及蠕变稳定时的塑性区分布。

图 4.6.2-1　第一步开挖(a)及蠕变稳定时(b)洞周塑性区分布

图 4.6.2-2　第二步开挖(a)及蠕变稳定时(b)洞周塑性区分布

图 4.6.2-3　第三步开挖(a)及蠕变稳定时(b)洞周塑性区分布

图 4.6.2-4　第四步开挖(a)及蠕变稳定时(b)洞周塑性区分布

4.6.3 典型施工阶段变形分析

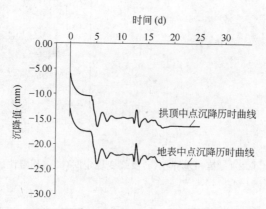

图 4.6.3-1 施工过程中地表和拱顶中点沉降计算随时间的变化

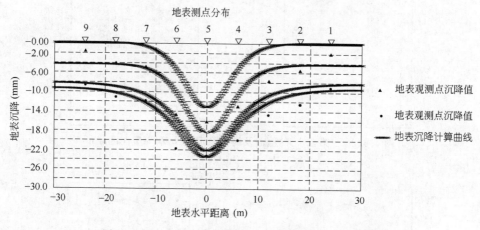

图 4.6.3-2 施工过程中地表沉降量测值与计算值比较

4.6.4 结　论

(1) 施工过程中塑性区变化和分布表明，施工过程中，塑性区随时间的变化而发展，图 4.6.2-4(a) 和图 4.6.2-4(b) 对比分析表明，土体的蠕变效应对塑性区的发展有较大的影响，同样，支护上的围岩压力而随时间而增长，直至蠕变稳定。

(2) 施工过程中的变形分析表明，施工过程中的瞬时变形和随时间的蠕变变形大致相等，分别占总沉降量的 60% 和 40% 左右。相同施工阶段，地表沉降量测值和计算值对比分析表明，计算值和量测值吻合较好，所选用的时效本构模型及参数还是基本合理的。

4.7　地铁车站风道施工过程时间效应分析

基于试验成果，对国贸站北侧风道施工过程的时间效应进行了分析。由于国贸站 59# 桥基沉降以及同 60# 桥基的差异沉降对国贸站的施工有重大影响，在风道导洞施工完后对其进行了桩基拖换加固处理，为了研究 59# 和 60# 桥基沉降及差异沉降随时间的变化，为此，采用广义 Kelvin 模型进行了时效分析，分析过程中的有关考虑与客流道模拟类似。

4.7.1 计算模型

图 4.7.1-1 导洞施工完成时计算模型

图 4.7.1-2 施工完成时计算模型

4.7.2 典型施工阶段塑性区分布

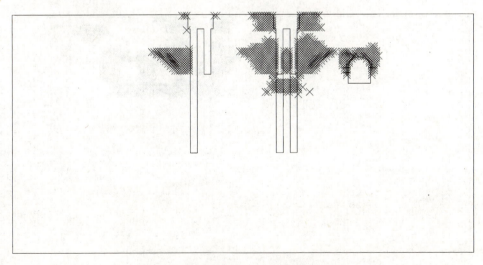

图 4.7.2-1 9#导洞开挖洞周塑性区分布

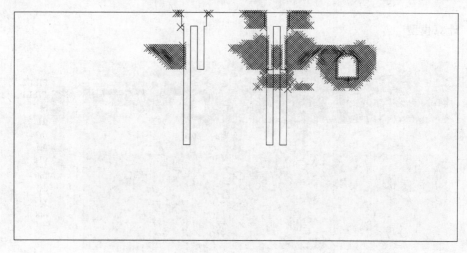

图 4.7.2-2　9#导洞蠕变稳定时洞周塑性区分布

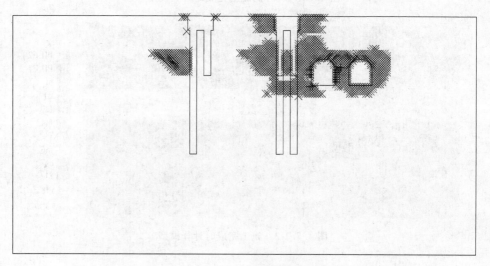

图 4.7.2-3　10#导洞开挖洞周塑性区分布

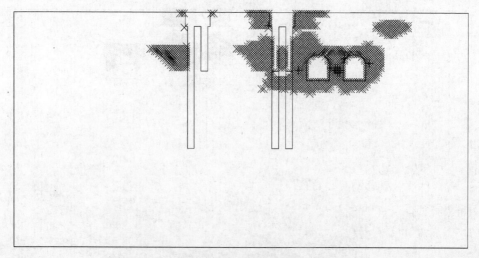

图 4.7.2-4　10#导洞蠕变稳定时洞周塑性区分布

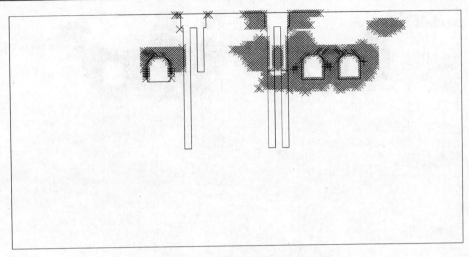

图 4.7.2-5 11#导洞开挖洞周塑性区分布

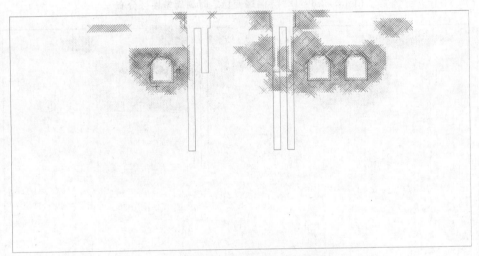

图 4.7.2-6 11#导洞蠕变稳定时洞周塑性区分布

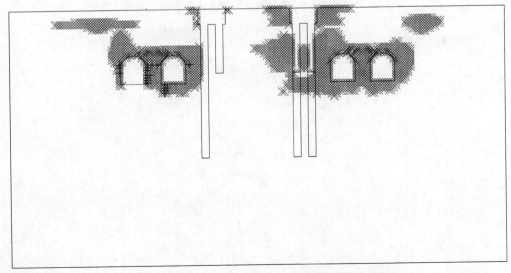

图 4.7.2-7 12#导洞开挖洞周塑性区分布

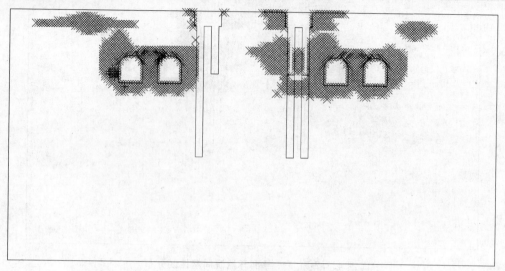

图 4.7.2-8　12#导洞蠕变稳定时洞周塑性区分布

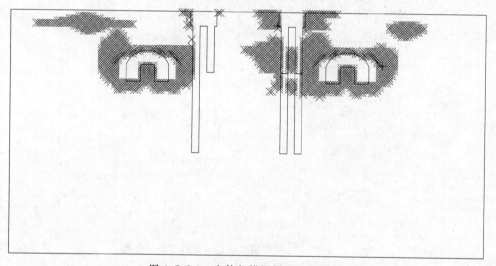

图 4.7.2-9　主体扣拱洞周塑性区分布

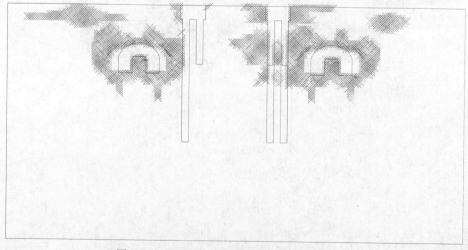

图 4.7.2-10　主体扣拱稳定时洞周塑性区分布

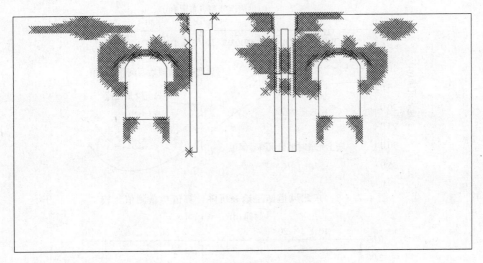

图 4.7.2-11 主体开挖完时洞周塑性区分布

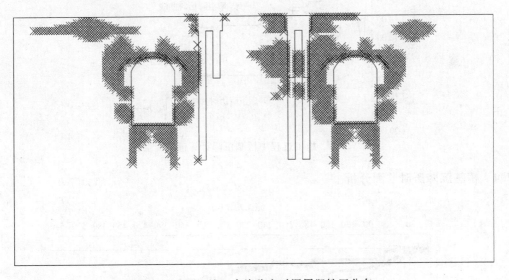

图 4.7.2-12 施工完毕稳定时洞周塑性区分布

4.7.3 典型施工阶段变形分析

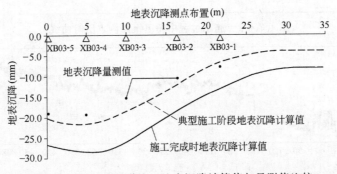

图 4.7.3-1 西北风道施工地表沉降计算值与量测值比较

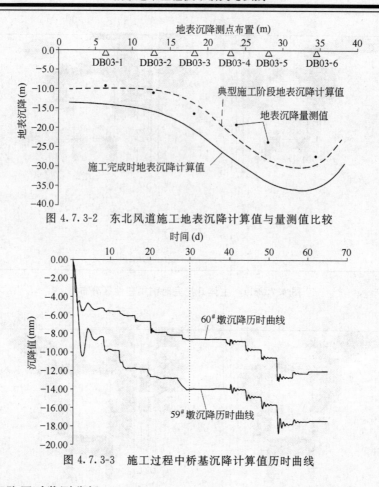

图 4.7.3-2 东北风道施工地表沉降计算值与量测值比较

图 4.7.3-3 施工过程中桥基沉降计算值历时曲线

4.7.4 桥基沉降历时监测分析

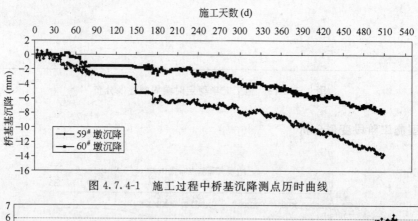

图 4.7.4-1 施工过程中桥基沉降测点历时曲线

图 4.7.4-2 施工过程中桥基差异沉降量测历时曲线

4.7.5 结 论

(1) 塑性区变化和分布表明,施工过程中,塑性区随时间的变化而发展,应力水平比较高的施工阶段蠕变效应更加明显,同时,支护上的围岩压力也随时间而增长,直至蠕变稳定。

(2) 主体基坑底部出现了一定范围的塑性区,这主要是由于边桩嵌入部分应力集中的缘故,施工过程中塑性区基本都位于破裂角的范围内,59# 桥基在桩基拖换以前,桩底已有塑性区发展,拖换后桩底及桩周基本没有塑性区发展,60# 桥基桩底基本没有塑性区发展。

(3) 相同施工阶段地表沉降量测值和计算值比较表明,两者基本吻合。施工完成时,西北风道地表沉降最大值约为 28 mm,东北风道地表沉降最大值约为 36 mm。

(4) 相同施工阶段 59# 和 60# 桥基沉降及差异沉降计算值与量测值基本吻合,分析表明,59# 短桩桥基拖换后沉降量比较小,施工完成时至变形稳定时,59# 桥基沉降约为 18 mm,60# 桥基沉降沉降约为 12 mm,施工期间最大差异沉降约为 7 mm。

(5) 分析表明,桥基和地层的瞬时沉降和蠕变沉降在总沉降中分别占 60% 和 40% 左右。

(6) 分析还表明,目前所采取的施工方案以及桥基加固和保护措施是合理的,能够保证施工期间以及使用期间桥基的安全。

(7) 量测值与计算值吻合较好,从而表明通过选取合理的计算模型,来预测施工期间的施工效应是可行和必要的,尽管国贸站地层蠕变稳定时间为 4 d 左右,但蠕变沉降在整个沉降中所占比重还是很可观的,因此,研究时间效应,仍具有重要的现实意义。

(8) 国贸站地层蠕变稳定时间试验研究和理论分析均表明为 3~5 d 左右,与沿海地区软土的长期蠕变效应而言,变形稳定的时间相对而言较短,由于地层变形速率较大,相对典型的蠕变和流变提法而言,某些学者和著作认为说成黏弹—黏塑性更为合理,其实,本质上并没有什么区别,主要是针对长期效应和短期效应而言,也就是针对变形速率大和小而言。

4.8 地铁隧道过河过桥施工过程时空效应分析

工程实践表明,在软土中开挖隧道,围岩及邻近的结构物的变形并不是在瞬间就完成,变形需要持续一定的时间甚至相当长的时间。隧道开挖所表现出来的时间效应,主要包括两个方面,一是隧道掌子面向前推进围岩应力逐步释放的所表现出来的时间效应,实际上为开挖面支撑的空间效应;二是围岩、结构等介质所固有的流变特性。因此,采用时空效应分析方法,能更好地反映隧道开挖过程中的实际施工性态。

对于城市隧道工程邻近桥梁施工时,施工变形过大将会影响桥梁的安全和正常运营,因此,施工难度和安全风险极大,如何有效地预测施工过程中桥基和地层的施工响应、评估其安全状态并提出合理化的建议就显得尤其重要,基于流变理论和经验流变公式,通过三维数值模拟分析手段,结合北京地铁浅埋隧道工程过河过桥这一工程实例,对施工过程进行了时空效应分析,目前,国内还没有类似的研究文献报道,围绕这方面的研究和探讨将具有重要的理论意义和现实意义。

4.8.1 流变模型

用数值分析模拟隧道开挖过程时,每步开挖是分两个阶段来实现的,首先假定开挖是瞬时完成的,这时的施工变形表现为围岩的瞬时弹塑性变形,然后让围岩产生一定时间的蠕变变形,这时的施工变形表现为围岩的流变变形。在开挖瞬时阶段采用 Drucker-Prager(简称 D-P)弹塑性模型,在开挖蠕变阶段采用 D-P 塑性与蠕变的耦合模型,下面介绍 D-P 塑性与蠕变的耦合模型。

4.8.1.1 蠕变方程

耦合蠕变模型假定在弹性阶段为各向同性的线弹性,线性 D-P 塑性模型采用双曲线函数流动势,蠕变势函数为双曲线函数,与塑性模型的双曲线函数相似。在进行耦合求解时,当蠕变没有激活时,模型采用线性塑性势函数,当蠕变激活时,模型采用双曲线塑性势函数。

(1)等效蠕变面和等效蠕变应力

假定存在应力点的蠕变等倾面,在该面上具有相同的蠕变"强度",并由等效蠕变应力来确定。当材料发生塑性变形时,需要等效蠕变面与屈服面一致,因此,等效蠕变面可由屈服面等比例缩小得到。在 p-q 平面上,蠕变面与屈服面平行,见图 4.8.1-1,给出了当材料受到剪应力作用时,如何确定等效应力点的方法,根据这个概念可知,在 p-q 空间内存在一个圆锥形空间,在该空间内没有蠕变,因为该空间内等效蠕变应力为负值。

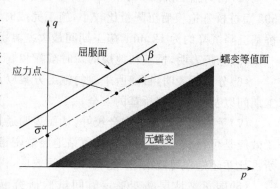

图 4.8.1-1 子午线面上的蠕变等值面

当通过单轴压缩屈服应力 σ_c 来定义蠕变时,等效蠕变应力 $\bar{\sigma}^{cr}$ 可表示为:

$$\bar{\sigma}^{cr} = \frac{q - p\tan\beta}{1 - 1/3\tan\beta} \tag{4.8.1-1}$$

式中,$p = -1/3(2\sigma_1 + \sigma_3)$;$\sigma_1$,$\sigma_3$ 分别为大、小主应力;$q = \sigma_1 - \sigma_3$;β 为 D-P 模型的摩擦角。

(2)蠕变流动势

与 D-P 塑性耦合的蠕变模型采用双曲线蠕变的流动势函数 G^{cr},即

$$G^{cr} = \sqrt{(\lambda\bar{\sigma}_0\tan\psi)^2 + q^2} - p\tan\psi \tag{4.8.1-2}$$

式中,λ 为偏移率,用来定义双曲线函数趋向渐近线的速率;ψ 为高围压状态在 p-q 平面上的剪胀角;$\bar{\sigma}_0$ 为初始屈服应力。

4.8.1.2 蠕变法则

在数值模拟分析中,反映蠕变现象常采用理论蠕变模型和经验蠕变模型,理论模型概念清晰,通用性强,但往往需要大量的二次开发工作,经验模型由于拟合精度高,拟合参数较少,使用方便,下面介绍在数值模拟分析中用到的对 4.5 节流变试验数据进行拟合后提出的经验蠕变公式。

$$\dot{\bar{\varepsilon}}^{cr} = A(\bar{\sigma}^{cr})^n t^m \tag{4.8.1-3}$$

式中,$\dot{\bar{\varepsilon}}^{cr}$ 为等效蠕应变率;t 为时间;A,n,m 为待求模型参数。

4.8.2 工程简介

北京地铁 5 号线和平西桥站~北土城东路站区间隧道在设计里程 K15+347~K15+401

第 4 章 地下工程时空效应研究与实践

范围内下穿小月河及樱花西桥。小月河自西向东横穿樱花西桥,河床两侧为浆砌片石挡墙,河床底部为素混凝土基础,河床宽度为 15 m;樱花西桥坐落于小月河上,桥总宽度为 48 m,长度为 44.5 m,中跨长 15 m,边跨长 7.5 m,樱花西桥是石拱与宽幅 T 梁组合结构,桥台和桥墩水泥砂浆砌块石,其基础为素混凝土。小月河、樱花西桥、隧道平面位置示意见图 4.8.2-1。

区间隧道与樱花西桥的走向基本一致,设计为复合式衬砌标准断面形式,采用浅埋暗挖法施工。隧道拱顶距桥墩基础底最小间距为 4.4 m,距小月河底最小间距为 6.4 m,隧道范围内的地层主要为填土和粉质黏土。小月河、樱花西桥、隧道剖面位置示意见图 4.8.2-2。

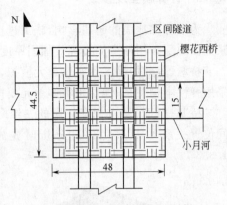

图 4.8.2-1 小月河、樱花西桥、隧道平面位置示意图(单位:m)

樱花西桥是北京市重要交通干道,车流量大,而小月河常年有水,为了确保施工期间樱花西桥的安全以及防止小月河底渗漏,必须较好地控制地层变形,经方案综合比选后,拟采用小导管加密注浆的方式通过该段,施工方法及临时支护见图 4.8.2-3。

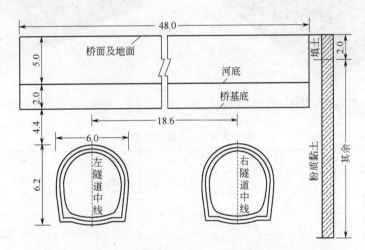

图 4.8.2-2 小月河、樱花西桥、隧道剖面位置示意图(单位:m)

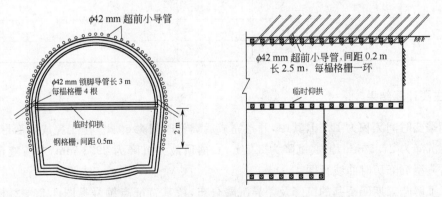

图 4.8.2-3 隧道开挖方法及小导管注浆示意

4.8.3 计算模型及参数

为了考虑地面的超载影响,施工过程中在桥面施加了 20 kPa 的地面超载;小导管加密注浆加固地层采用隧道周边等效加固厚度为 1 m 进行考虑。

桥墩、等效加固区用实体单元模拟,采用弹塑性本构关系;桥面、初支、二衬用壳单元模拟,采用弹性本构关系;地层用实体单元模拟,采用塑性—蠕变耦合本构关系。

桥基、桥面、隧道相互作用的三维时空效应分析计算模型见图 4.8.3-1,隧道和桥基的空间位置关系见图 4.8.3-2。分析时先施工右线隧道再施工左线隧道,主要计算参数见表 4.8.3-1。

 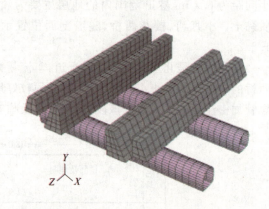

图 4.8.3-1 数值模拟整体计算模型图　　图 4.8.3-2 桥基和隧道的空间位置关系及计算模型

表 4.8.3-1 主要计算参数

指　标	填土	粉黏土	桥基	路面/初支	二衬	加固体
弹性模量(MPa)	11.6	15.4	10 000	20 000	29 500	100
泊松比	0.3	0.29	0.17	0.2	0.17	0.3
容重(kN/m³)	16.5	21	22	23	25	20
内摩擦角(°)	25	31	40	/	/	35
黏聚力(kPa)	18	19	2 000	/	/	300
A	/	2e-6	/	/	/	/
n	/	0.9	/	/	/	/
m	/	−0.5	/	/	/	/

4.8.4 主要计算结果

计算蠕变时间累积为 117 d,其中,开挖完成后蠕变时间为 60 d。施工完成至变形稳定时,地表最大沉降为 24.5 mm,河底沉降为 8.5 mm,拱顶最大沉降为 29.3 mm,左右隧道中间段拱顶点的典型沉降历时曲线见图 4.8.4-1。

为了了解施工期间桥基的沉降及差异沉降分布,桥基特征点编号见图 4.8.4-2,桥基特征点沉降及差异沉降分布见图 4.8.4-3。图 4.8.4-3 表明,桥基最大沉降为 20.6 mm,桥基间最

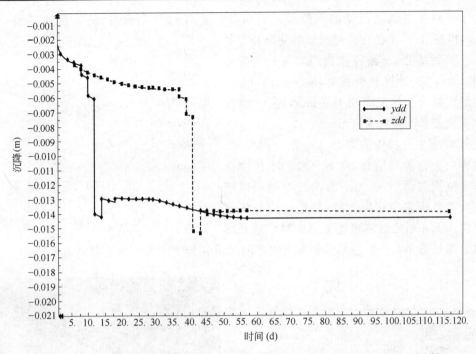

图4.8.4-1　左右隧道拱顶点沉降—时间曲线（ydd表示右顶点，zdd表示左顶点）

大差异沉降小于6 mm，见图4.8.4-4。

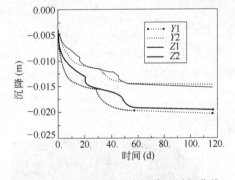

图4.8.4-2　桥基特征点编号

图4.8.4-3　桥基特征点沉降—时间曲线

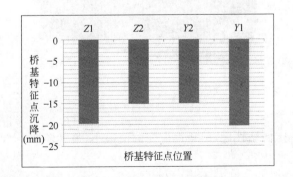

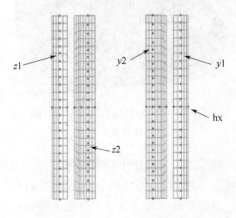

图4.8.4-4　桥基特征点最大差异沉降分布　　　　图4.8.4-5　桥基路径编号

为了了解施工期间桥基的沉降及差异沉降沿路径的分布形态，桥基的路径编号见图4.8.4-5，桥基沿 y_1 路径在典型时刻的变形分布见图4.8.4-6，桥基沿 hx 路径在典型时刻的变形分布见图4.8.4-7。计算分析表明，施工期间，沿 y_1 路径的最大纵向差异沉降约为5 mm，沿 hx 路径的最大横向差异沉降约为6 mm。

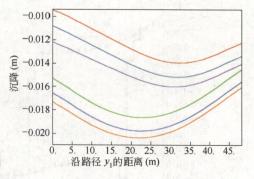

通过对施工过程中的塑性区分布分析表明，施工过程中上台阶开挖时，在下台阶的土体中会出现一定范围的塑性区，当下台阶开挖时洞周塑性区的分布范围集中在拱脚处，且塑性应变的值较大见图4.8.4-8；右线隧道施工完成时隧道底部塑性区分布见图4.8.4-9；左线隧道施工完成时隧道底部塑性区分布见图4.8.4-10。

图4.8.4-6 桥基沿 y_1 路径沉降—时间曲线

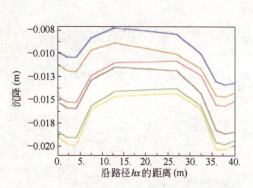

图4.8.4-7 桥基沿 hx 路径沉降—时间曲线图

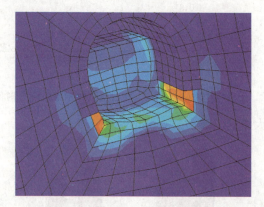

图4.8.4-8 施工过程中台阶开挖时塑性区分布图

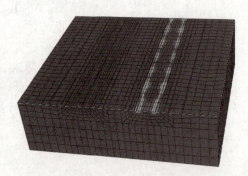

图4.8.4-9 右线隧道施工完成时隧道底部塑性区分布

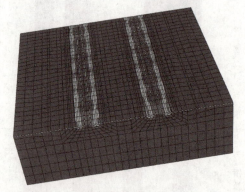

图4.8.4-10 左线隧道施工完成时隧道底部塑性区分布

施工过程中桥墩中间段底部范围会出现一定的塑性区，但塑性应变的值很小，最大塑性应变值为2.463E-5，塑性区分布见图4.8.4-11。

通过对施工过程的受力分析表明，施工完成时初支的最大弯矩值为23.8 kN·m，最大轴力值为144.3 kN；施工完成时桥基的最大主应力为426.6 kPa，最小主应力为536.5 kPa。

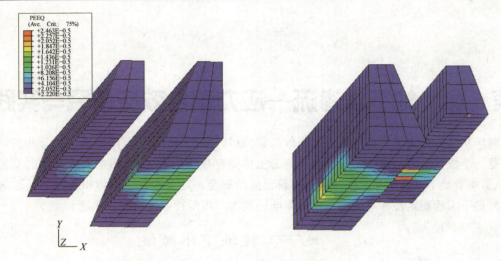

图 4.8.4-11 桥基塑性区分布

4.8.5 结 论

(1)施工完成时地表最大沉降为 24.5 mm;拱顶最大沉降值为 29.3 mm;河底最大沉降为 8.5 mm;桥基最大沉降为 20.6 mm,桥基最大横向差异沉降为 6 mm,最大纵向差异沉降为 5 mm;施工过程中初支和桥基的受力比较小,桥基的塑性应变值很小。这些计算成果表明,施工期间,桥基、小月河、作业环境没有安全隐患,现有的施工方案是合理可行的。

(2)计算表明,地层的蠕变属于稳定蠕变,蠕变主要集中在开挖后 6 d 左右的时间段,在此期间,变形、塑性区、受力都会时间有一定程度的增长;施工过程中 2/3 的变形是瞬时开挖形成的,1/3 的变形是土体的时间效应形成的,因此,施工过程中应注意土体的这一时间工程特性,应尽量做到快挖、快支、快封闭。

(3)该工程现已顺利竣工,并取得了良好的施工业绩,监控量测表明,施工完成时,地表最大沉降为 21.3 mm,桥基最大沉降为 18.4 mm,桥基最大差异沉降为 4.6 mm,这与计算结果吻合较好,说明本文计算模型的建立和分析方法是合理的、较好地反映了工程实际,为实际工程的施工提供了重要的理论依据和指导作用,为类似工程的研究和探讨积累了经验。

第5章 地下水渗流—应力耦合效应研究与实践

对于从事岩土力学研究与地下工程的勘察、设计、施工、监测人员来说,有关地下水的问题始终是一个极其重要的课题。地下水作为岩土体赋存环境因素之一,影响着岩土体的变形和破坏,影响着地下工程的稳定性和周围建筑设施的安全。地下水在岩土体中赋存与活动规律及其对地下工程稳定性和对周围环境的影响已成为一项亟待解决的现实课题。

5.1 地下工程地下水概述

5.1.1 地下水的垂直分布

地下水(Groundwater)是指在地面下的岩土体中,水位以下存在的水。渗流(Seepage)是指水在岩土体中的流动。由图 5.1.1-1 可知,地面是一种地下水输入和输出的界面,从渗流角度讲可以称为流量边界(Flux Boundary),一般情况下,在地面下的浅层区域,土体是非饱和的,称为非饱和带。Freeze 等人(1979 年)将非饱和带的特性归纳为:

(1)它存在于水位以上,且在毛细带以上;
(2)土体的孔隙中仅有一部分充满了水,因此,土的体积含水量 $\omega <$ 土的孔隙度 n;
(3)流体的压力低于大气压力,空隙水压力为负值;
(4)土体中的压力水头必须用张力计或基质吸力计来量测;
(5)即使对于同一种土来说,渗透系数也不是常数,而是含水量的函数。土在非饱和状态下的渗透系数大大小于饱和状态时的值,含水量越低,渗透系数越小。

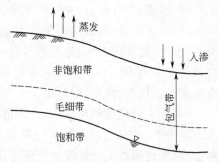

图 5.1.1-1 地下水垂直分布示意图

在图 5.1.1-1 中,地下水位以下是饱和带。地下水位是一个十分常见的名词,一般说,地下水位是指这样一个面,在这个面上,土体的孔隙水压力或流体的压力水头都正好等于零。从这个定义出发,饱和带具有以下性质:

(1)它存在于地下水位以下;
(2)土体的孔隙被水充满,因此,土的体积含水量 ω 等于土的孔隙度 n;
(3)随着深度增加,流体压力大于大气压力,压力水头大于零;
(4)水力水头可以用地下水位计或者孔压计来量测;
(5)对于同一种土来说,渗透系数是一个常量。

从图 5.1.1-1 可以看到,在饱和带和其上非饱和带之间,存在一个毛细带,在此区域内,土体中的水是靠毛细张力来维系的,因此,即便是在靠近水位的一定高度范围内可能处于饱和状态,其孔隙水压力亦为负值,不能形成自由水面。不管是从含水量的变化或者是孔隙水压力分布状态来看,毛细带的性状都是很复杂的。已有的研究表明:

(1)毛细水的上升高度与土的级配和土颗粒的大小有关,在黏性土中,上升高度较大。

(2) 在毛细水的上升过程中，随着高度的增加，含水量不断降低，从土的分区说，从毛细带逐步过渡到非饱和带，两个带之间看来并不存在一个绝对的界面。也就是说，从含水量的角度看，在整个毛细带中情况是不一样的，譬如，Sitz 曾建议，将毛细水区的水分为重力毛细水和分子毛细水。他认为，重力毛细水具有与普通水相似的性质，而分子毛细水的性质则不相同，它能够承受很大的拉应力而不发生孔蚀。然而，不管含水量如何变化，在毛细带中，空隙水压力总是负值。

(3) 此外，毛细滞后现象是在毛细现象的理论研究中发现的，在土体中也存在这种现象。

传统上则把非饱和带和毛细带称为包气带。图 5.1.1-1 表示的是一个简单的典型条件下非饱和带—毛细带—饱和带三个区域的划分。当地下水位明显下降时，在水位下降的过程中，受地层分布的影响，往往形成多层地下水。各含水层之间同样出现了饱和带和毛细带，在地面以下可以形成这三个带多重组合的复杂形态。

5.1.2　含水层与隔水层

通常把含有水并能允许大量的水通过的岩土层称为含水层；反之，不允许水通过的岩土层称为隔水层。有的岩土层如黏土，虽然含水，但不能允许水通过，一般情况下把黏土也当成隔水层；有的隔水层即不透水也不含水，如块状致密花岗岩就属于这种类型。介于含水层与隔水层之间的透水性较差，其中流体运动速度滞缓的岩土层称为弱透水层。

根据是否拥有自由水面，可将含水层分为潜水含水层和承压含水层两个基本类型。潜水含水层具有自由水面；而承压含水层是介于两个隔水层之间的含水层，不具有自由水面。当地下水主要水体之上的包气带中存在有局部隔水层时，在局部隔水层之上可积聚有自由水面的重力水体，称为上层滞水含水层，上层滞水含水层是潜水含水层的特殊情况。

5.1.3　地下水的分类

按埋藏条件，地下水可划分为上层滞水、潜水和承压水 3 种类型。前者主要存在于包气带中，后两者则属于饱和带水，是我们主要的研究对象，这 3 种不同埋藏条件的地下水，既可赋存于松散的孔隙介质中，也可赋存于坚硬基岩的裂隙介质之中。

(1) 上层滞水

上层滞水是指赋存于包气带中局部隔水层或弱透水层上面的重力水。它是大气降水和地表水等在下渗过程中局部受阻积聚而成。这种局部隔水层或弱透水层在松散沉积物地区可能是由黏土、亚黏土等的透镜体所构成，在基岩裂隙介质中可能由于局部地段裂隙不发育或裂隙被充填所造成。

由于埋藏特点，上层滞水具有以下特征：上层滞水的水面构成其顶界面。该水面仅承受大气压力而不承受静水压力，是一个可以自由涨落的自由表面。大气降水是上层滞水的主要补给源，因此，其补给区与分布区相一致。在一些情况下，还可能获得附近地表水的入渗补给。上层滞水通过蒸发及透过其下面的弱透水底板缓慢下渗进行垂向排泄，同时在重力作用下，在底板边缘进行侧向的散流排泄（见图 5.1.3-1）。

(2) 潜水

赋存于地表下第一个稳定隔水层之上，具有自由表面的含水层中的重力水称为潜水。该含水层称为潜水含水层，潜水面的水面称为潜水面。其下部隔水层的顶面称为隔水底板。潜水面和隔水底板构成了潜水含水层的顶界和底界。潜水面到地面的距离称为潜水面的埋藏深

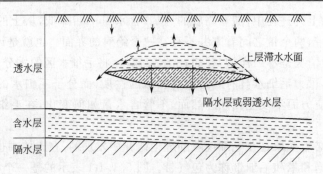

图 5.1.3-1 上层滞水埋藏情况示意图

度,潜水面到隔水底板的距离称为潜水含水层的厚度(如 h_A)。潜水面的高程称为潜水位(如 H_A),见图 5.1.3-2。

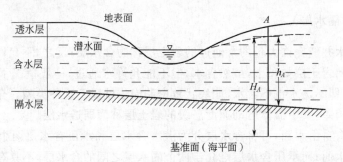

图 5.1.3-2 潜水埋藏情况示意图

由于埋藏浅,上部无连续的隔水层等埋藏特点,潜水具有以下的特征:潜水面直接与包气带相连构成潜水含水层的顶界面,该面一般不承受静水压力,是一个仅承受大气压力的自由表面。潜水在重力作用下,顺坡降由高处向低处流动。局部地区在潜水位以下存在隔水透镜体时,则潜水的顶界面在该处为上部隔水层的底面而承受静水压力,呈局部承压现象。

潜水通过包气带和大气圈及地表水发生联系,在其分布范围内,通过包气带直接接受大气降水、地表水及渗漏水等的入渗补给,补给区一般与分布区相一致。潜水的水位、埋藏深度、水量和水质等均显著地受气象、水文等因素的控制和影响,随时间而不断地变化,并呈现显著的季节性变化。丰水季节潜水获得充沛的补给,储存量增加,厚度增大,水面上升,埋深变小,水中的含盐量亦由于淡水的加入而被冲淡。枯水季节补给量小,潜水由于不断排泄而消耗储存量,含水层厚度减薄,水面下降,埋深增大,水中含盐量亦增加。

潜水面的形状极其埋深受地形起伏的控制和影响。通常潜水面的起伏与地形起伏基本一致,但较之缓和。在切割强烈的山区潜水面坡度大且埋深也大,潜水面往往埋于地表面下几十米甚至达百米以上。在切割微弱,地形平坦的平原区,潜水面起伏平缓,埋深仅几米,在地形低洼处潜水面接近地表,甚至形成沼泽。

(3)承压水

充满在两个稳定的不透水层(或弱透水层)之间的含水层中的重力水称为承压水。该含水层称为承压含水层。其上部不透水层的底界面和下部不透水层的顶界面分别称为隔水顶板和隔水底板,构成承压含水层的顶、底界面。含水层顶界面和底界面间的垂直距离便是承压含水层的厚度(见图 5.1.3-3 中的 M)。

钻进时,当钻孔(井)揭穿承压含水层隔水顶板就见到地下水,此时,井(孔)中水面的高程

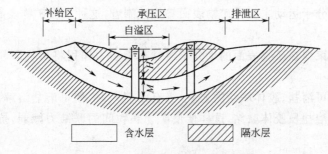

图 5.1.3-3 承压水埋藏情况示意图

称为初见水位。此后水面不断上升,到一定高度后变稳定下来不再上升,此时,该水面的高程称为静止水位,亦即该点处承压含水层的测压水位(见图 5.1.3-3 中的 H)。承压含水层内各点的测压水位所连成的面即该含水层的测压水位面。某点处其隔水顶界面到测压水位间的垂直距离叫做该点处承压水的承压水头。承压水头的大小表征了该点处承压水作用于其隔水顶板上的静水压强的大小。当测压水位面高于地面时承压水的承压水头称为正水头,反之称为负水头。在具有正水头的地区钻进时,当含水层被揭露,水变能喷出地面,通常称之为自流水,揭露自流水的井叫自流井。在具有负水头的地区进行钻进,含水层被揭露,承压水的静止水位高于含水层的顶界但低于地面。

由于埋藏条件不同,承压水具有与潜水和上层滞水显著不同的特点。承压含水层的顶面承受静水压力是承压水的一个重要特点。承压水充满于两个不透水层之间,补给区位置较高而使该处的地下水具有较高的势能。静水压力穿递的结果,使其他地区的承压含水层顶面不仅承受大气压力和上覆地层的压力,而且还承受静水压力。承压含水层的测压水位面是一个位于其顶界面以上的虚构面。承压水由测压水头高处向测压水位低处流动。当含水层中的水量发生变化时,其测压水位面亦因之而升降,但含水层的顶界面及含水层的厚度则不发生显著变化。

由于上部不透水层的阻隔,承压含水层与大气圈及地表水的联系不如潜水密切。承压水的分布区通常大于其补给区。承压水的水位、水量等的天然动态一般比较稳定。由于存在隔水顶板,上覆岩层的压力由含水层的水位发生变化时,承压含水层便呈现出弹性变化,即当承压水水位上升时,静水压力加大,骨架所受的力变减小,地下水由于压力增大而压缩,骨架则由于减小压力而膨胀,主要表现为空隙空间增加,其结果则使含水层吸收水量而空隙空间减小,含水层中释放出一定数量的地下水,减少含水层中水的储存量。承压含水层的这种弹性变化特点往往是造成一些大城市集中开采承压水地段地面发生沉降的主要原因。

5.2 地下水与岩土体的相互作用

地下水既是岩土体的赋存环境,又是岩土体的组成部分。地下水的存在方式主要有两种,一种为吸着水或称约束水;另一种为重力水或称自由水。地下水是一种重要的地质营力,它与岩土体之间的相互作用,一方面改变着岩土体的物理、化学及力学性质,另一方面也改变着地下水自身的物理、力学性质及化学组分。

5.2.1 吸着地下水的作用

吸着水是受矿物表面拉着的水,它是由于矿物对水分的吸附力超过了重力而造成的,被束缚在矿物表面的水分子运动主要受矿物表面势能控制着,这种水在矿物表面形成一层水膜,水膜主要有3种作用。

(1)联结作用,束缚在矿物表面的水分子通过其吸引力作用将矿物颗粒拉近且拉紧,起到联结作用。

(2)润滑作用,可溶盐、胶体联结的岩块,当有水侵入时,使可溶盐溶解,胶体水解,从而水的联结又代替了可溶盐及胶体联结,这样便使矿物颗粒间的联结力减弱,抗摩擦力减小,水起到了一种润滑作用。

(3)水楔作用,当两个矿物颗粒靠的很近,有水分子补充到矿物表面时,矿物颗粒利用其表面吸着能力把水分子拉向自己周围,在两个颗粒接触处由于吸着力作用,因此水分子便努力向两个矿物颗粒间的缝隙内挤入,这种现象称为水楔作用。

5.2.2 重力地下水的作用

运动着的地下水对岩土体产生3种作用,即物理的、化学的和力学的作用。

5.2.2.1 地下水对岩土体的物理作用

(1)润滑作用

处于岩土体中的地下水,在岩土体的不连续面边界(如未固结的沉积物及土壤的颗粒表面或坚硬岩石中的裂隙面、节理面和断层面等结构面)上产生润滑作用,使不连续面上的摩阻力减小和作用在不连续面上的剪应力效应增强,结果沿不连续面诱发岩土体的剪切运动。这个过程在斜坡受降水入渗使得地下水水位上升到滑动面以上时尤其显著。地下水对岩土体产生的润滑作用反映在力学上,就是使岩土体的摩擦角减小。

(2)软化和泥化作用

地下水对岩土体的软化和泥化作用主要表现在对土体和岩体结构面中充填物的物理性状的改变上,土体和岩体结构面中充填物随含水量的变化,发生由固态向塑态直至液态的弱化效应。一般在断层带易发生泥化现象。软化和泥化作用使岩土体的力学性能降低,内聚力和摩擦角减小。

(3)结合水的强化作用

对于包气带土体来说,由于土体处于非饱和状态,其中的地下水处于负压状态,此时的土壤中的地下水不是重力水,而是结合水,按照有效应力原理,非饱和土体中的有效应力大于土体的总应力,地下水的作用是强化了土体的力学性能,即增加了土体的强度。当土体中无水时,包气带的沙土孔隙全被空气充填,空气的压力为正,此时,沙土的有效应力小于其总应力,因而是一盘散沙,当加入适量水后沙土的强度迅速提高。当包气带土体中出现重力水时,水的作用就变成了(润滑土颗粒和软化土体)弱化土体的作用,这就是在工程中为什么要寻找土的最佳含水量的原因。

5.2.2.2 地下水对岩土体的化学作用

主要是通过地下水与岩土体之间的离子交换、溶解作用(黄土湿陷及岩溶)、水化作用(膨胀岩的膨胀)、水解作用,溶蚀作用、氧化还原作用、沉淀作用以及渗透作用等。

(1)离子交换作用

地下水与岩土体之间的离子交换是由物理力和化学力吸附到土体颗粒上的离子和分子与地下水的一种交换过程。能够进行离子交换的物质是黏土矿物,如高岭土、蒙脱石、伊利石、绿泥石、氧化铁以及有机物等,主要是因为这些矿物中大的比表面上存在着胶体物质。地下水与岩土体之间的离子交换经常是：富含钙或镁离子的地下淡水在流经富含钠离子的土体时，使得地下水中的 Ca 或 Mg 置换了土体的 Na，一方面由水中 Na 的富集使天然地下水软化，另一方面新形成的富含 Ca 和 Mg 离子的黏土增加了孔隙度及渗透性能。地下水与岩土体之间的离子交换使得岩土体的结构改变，从而影响岩土体的力学性质。

(2) 溶解作用和溶蚀作用

溶解和溶蚀作用在地下水水化学的演化中起着重要作用，地下水中的各种离子大多是由溶解和溶蚀作用产生的。天然的大气降水在经过渗入包气带时，溶解了大量的气体，如 N_2，O_2，H_2，He，CO_2，NH_3，CH_4 及 H_2S 等，弥补了地下水的弱酸性，增加了地下水的侵蚀性。这些具有侵蚀性的地下水对可溶性岩石如石灰岩($CaCO_3$)、白云岩[$CaMg(CO_3)_2$]、石膏($CaSO_4$)、岩盐($NaCl$)以及钾盐(KCl)等产生溶蚀作用，溶蚀作用的结果使岩体产生溶蚀裂隙、溶蚀空隙及溶洞等，增大了岩体的空隙率及渗透性，对于湿陷性黄土来说，随着含水量的增大，水溶解了黄土颗粒的胶结物——碳酸盐($CaCO_3$)，破坏了其大空隙结构，使黄土发生大的变形，这就是众所周知的黄土湿陷性问题。

(3) 水化作用

水化作用是水渗透到岩土体的矿物结晶格架中或水分子附着到可溶性岩石的离子上，使岩石的结构发生微观、细观及宏观的改变，减小岩土体的内聚力。自然中的岩石风化作用就是由地下水与岩土体之间的水化作用引起的，还有膨胀土与水作用发生水化作用，使其发生大的体应变。

(4) 水解作用

水解作用是地下水与岩土体之间发生的一种反应，若岩土物质中的阳离子与地下水发生水解作用时，则使地下水中的氢离子(H^+)浓度增加，增大了水的酸度，即：$M^+ + H_2O = MOH + H^+$。若岩土物质中的阴离子与地下水发生水解作用时，则使地下水中的氢氧根离子(OH^-)浓度增加。增大了水的碱度，即：$X^- + H_2O = HX + OH^-$。水解作用一方面改变着地下水的 pH 值，另一方面也使岩土体物质发生改变，从而影响岩土体的力学性质。

(5) 氧化还原作用

氧化还原是一种电子从一个原子转移到另一个原子的化学反应。氧化过程是被氧化的物质丢失自由电子的过程，而还原过程则是被还原的物质获得电子的过程。氧化和还原过程必须一起出现，并相互弥补。氧化作用发生在潜水面上的包气带中，氧气(O_2)可从空气和 CO_2 中源源不断地获得，在潜水面以下的饱水带氧气(O_2)耗尽，同样氧气在水中的溶解度(在20 ℃时为 6.6 cm³/L)比空气中的溶解度(在 20 ℃时为 200 cm³/L)小得多，因此，氧化作用随着深度而逐渐增强。地下水与岩土体之间常发生的氧化过程有：硫化物的氧化过程产生 Fe_2O_3 和 H_2SO_4，碳酸盐岩的溶蚀产生 CO_2。地下水与岩土体之间发生的氧化还原作用，既改变着岩土体中的矿物组成，又改变着地下水的化学组分及侵蚀性，从而影响岩土体的力学特性。

以上地下水对岩土体产生的各种化学作用大多是同时发生的，一般地说化学作用进行的速度很慢。地下水对岩土体产生的化学作用主要是改变岩土体的矿物组成，改变其结构性而影响岩土体的力学性能。

5.2.2.3 地下水对岩土体的力学作用

水在土体孔隙中的流动称为渗流。水在黏性土、粉性土和砂土中的流动呈层流形式，层流问题是人们最为关心的常见问题。水在孔隙较大的土体中，如卵石中的流动时，也可能出现湍流的现象，对于湍流，我们的任务不是去研究如何去分析它，而应当设法制止其发生。若在流动的过程中,土体内各点的水头不随时间变化,则称为稳定流;若在渗流过程中水头或流量边界条件随时间变化,则称为不稳定流。渗流不仅对于某一接触面作用有压力和浮托力,而且土颗粒本身也受到孔隙水流的浮力和拖曳力作用。因此,研究渗流对土体的作用,除整块土体四周表面所受的水压力外,还必须进一步了解土颗粒间骨架之间的孔隙水作用力,以及它们之间的关联和转化关系。

1. 岩土体接触面上静水压力分布

流体的静力学分析表明,在多孔介质中,渗流对某一接触面上的静水压力,服从流体的静水压力分布,即任一点上的静水压力 p 为

$$p = r_w h \tag{5.2.2-1}$$

式中,r_w 为水的容重;h 为计算点的水头。

2. 骨架间渗流作用力

在饱和的多孔介质中,地下水在孔隙中运动,它对颗粒骨架的稳定性将发生破坏作用。地下水作用在颗粒表面上的力一般可概括两部分:一是垂直颗粒周界面的水压力;二是与颗粒表面相切的内摩擦力即切力。这两个力的合力 f_0 称为渗流作用力。该力作用在每个颗粒骨架上的大小和方向各不相同,如果考虑体积为 V 的土体,则可将其中各颗粒骨架所受的力 f_0 求和后再除以体积 V,即可得单位土体中颗粒骨架所受的渗流作用力:

$$f = (\sum \vec{f_0})/V \tag{5.2.2-2}$$

(1) 静水压力与浮力

固体颗粒淹没于水中,由于静水压力作用结果而产生浮力,使颗粒的重量减轻。同样对于一定体积的多孔介质只要孔隙度彼此连通,并全部充满水时,由于各点的静水压力存在,故使多孔介质整体也将受到浮力,且等于各颗粒所受浮力的累加总和。

按照阿基米德原理,单位体积多孔介质中颗粒所受的浮力或上举力 f_1,应等于固体颗粒所排出同体积的水重,即

$$f_1 = (1-n)r_w \tag{5.2.2-3}$$

式中,n 为多孔介质的孔隙率。显然此时单位体积的多孔介质有效重量为实际重量减去所受的浮力,称为潜水重或浮重度 r'。

如果以 r_s 表示固体颗粒的重度,则其浮重度为

$$r' = (1-n)r_s - (1-n)r_w = (1-n)(r_s - r_w) \tag{5.2.2-4}$$

式中,$(1-n)r_s$ 称为土的干重度。

以 r_d 来表示,则上式又可表示为

$$r' = r_d - (1-n)r_w \tag{5.2.2-5}$$

这里所说的浮容重,因为它直接由颗粒接触点传递压力,完全作用在介质骨架上而影响介质骨架结构变形故称为有效应力。另一部分压力为静止状态下孔隙中水压力,它是借助于粒间孔隙中的水传递压力,对介质骨架的结构形成以及力学性质不发生影响,因此,可以称为这种水的荷重为中性压力。

饱和的多孔介质某剖面上的任一点总的应力(σ)也可以认为是由介质骨架间有效应力(σ')与孔隙水传递的中性压力(p)两部分组成,即

$$\sigma = \sigma' + p \tag{5.2.2-6}$$

(2) 动水压力与渗透力

在饱和的多孔介质中当出现水头差 ΔH 时,水就通过粒间孔隙流动,把这种促使流动的

水头称为驱动水头。在渗流场中，沿流线方向任取一微元体，作用在微元体上的力有：单元体两端的空隙所受的孔隙水压力及两端土粒截面上所受的孔隙水压力（均为表面力）；微元体的自重在流线方向的分力；土颗粒骨架对孔隙水流的摩阻力；微元体还受静水浮力。

如果略去渗流惯性力，由微元体的平衡条件可知，单位体积多孔介质沿流线方向所受的单位渗透力为

$$f_s = r_w J \tag{5.2.2-7}$$

式中，f_s 为单位体积多孔介质内孔隙中水所受到的阻力；J 为水力坡降。

由式(5.2.2-7)可知，渗透力是由水流的外力转化为均匀分布的内力或体积力，或者说是由动水压力转化为体积力的结果。

以上两个渗流的作用力，关系着土体的渗透稳定性，对于岩土体的渗透变形研究有重要意义。虽然静水压力所产生的浮力不直接破坏土体，但能使土体有效重量减轻，降低了抵抗破坏的能力，因而是一种消极的破坏力。至于动水压力所产生的渗透力或渗流冲刷力，则是一个积极的破坏力，它与渗透破坏的程度成直接的比例关系。

(3) 孔隙水压力

由于研究孔隙水压力对地面沉降、渗透变形等均有重要的意义，而目前关于孔隙水压力的说法也不一致，在此予以说明。所谓孔隙水压力是指多孔介质的孔隙中充水的压力，孔隙水压力在静水条件下、渗流条件下以及外加荷载条件下产生，因此，孔隙水压由静水压、渗流孔压、超孔隙水压组成由静水压和渗流孔压组成的孔隙水压力也可称为原生孔隙水压力。由外力引起的超孔隙水压有其自身的产生与消散规律，也可以维持不变。孔隙水压的分类见图 5.2.2-1。

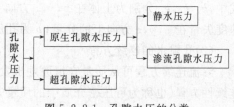

图 5.2.2-1　孔隙水压的分类

5.2.3　变形岩土体对地下水的影响

岩土体是地下水渗流的介质，岩土体的空隙结构限定地下水的活动场所和运行途径，控制着地下水的补给、径流和排泄条件。岩土体处于一定的地质环境中，存在着地应力、地下水及温度等。岩土体中地应力的改变（因地质构造作用和人类工程作用等）引起岩土体结构的变化，从而影响岩土体的渗流特性（改变了岩土体的渗透性、渗流边界条件以及渗透压力）。岩土体中温度场的改变也引起地下水流速和渗透压力的改变。

地下水与岩土体同处于地质环境中，在时间和空间域内发生相互的改造作用，使地质环境经受着不断地调整状态，当这种调节处于极限状态时，地质灾害将会发生。

5.2.4　地下水对岩土体力学性质的影响

地下水作为地质环境内最活跃的成分，对岩土体的力学性质的影响不可忽视。地下水对岩土体的力学性质的影响主要表现在上述物理作用、化学作用及力学作用。

地下水对岩土体强度的影响主要有3方面：

(1) 地下水通过物理的、化学的作用改变岩土体的结构，从而改变岩土体的内聚力 c 和内摩擦角 φ 值；

(2) 地下水通过空隙静水压力作用，影响岩土体中的有效应力而降低岩土体的强度；

(3) 地下水通过空隙动水压力（$r_w \Delta H$）的作用，对岩土体施加一个推力，即在岩土体中产

生一个剪应力,从而降低岩土体的抗剪强度。

5.3 地下工程渗流—应力耦合分析理论

5.3.1 渗流场控制方程

(1)孔隙水的平衡方程

一般情况下,渗流的速度较小,忽略渗流惯性力时,根据渗流场中微元体的平衡可推得孔隙流体的静力平衡方程即为达西定律。

$$\left.\begin{array}{l} \dfrac{\partial p}{\partial x}+\rho_{\mathrm{w}}g\dfrac{v_x}{k_x}=0 \\[2mm] \dfrac{\partial p}{\partial y}+\rho_{\mathrm{w}}g\dfrac{v_y}{k_y}=0 \\[2mm] \dfrac{\partial p}{\partial z}+\rho_{\mathrm{w}}g\dfrac{v_z}{k_z}+\rho_{\mathrm{w}}g=0 \end{array}\right\} \quad (5.3.1\text{-}1)$$

式中,k_x,k_y,k_z 分别为土体在 x,y,z 方向上的渗透系数;ρ_w 为水的密度;v_x,v_y,v_z 分别为渗流速度矢量在 x,y,z 方向上的分量;p 为孔压。

(2)孔隙水的连续方程

渗流连续方程可从质量守恒原理出发来建立,根据渗流场中微元体的质量守恒可得渗流连续性方程(也称为可压密介质中的质量守恒方程)为

$$-\left[\dfrac{\partial}{\partial x}(\rho_\mathrm{w}v_x)+\dfrac{\partial}{\partial y}(\rho_\mathrm{w}v_y)+\dfrac{\partial}{\partial z}(\rho_\mathrm{w}v_z)\right]\Delta V=\dfrac{\partial}{\partial t}(\rho_\mathrm{w}n\Delta V) \quad (5.3.1\text{-}2)$$

式中,n 为多孔介质的孔隙度。

(3)孔隙水的渗流控制方程

在渗流连续性方程(5.3.1-2)的左端项中引进方程(5.3.1-1)即 Darcy 定律,同时假定土颗粒不可压缩,孔隙水微可压缩,多孔介质具有空间压缩特性,根据体积守恒可以推出考虑空间压缩时的渗流数学模型为

$$\nabla[k(\nabla p+\gamma_\mathrm{w})]=\gamma_\mathrm{w}n\beta_\mathrm{w}\dfrac{\partial p}{\partial t}-\gamma_\mathrm{w}\dfrac{\partial \varepsilon_v}{\partial t} \quad (5.3.1\text{-}3)$$

式中,∇ 为梯度算子;β_w 为水的体积压缩系数;k 为多孔介质的渗透系数张量;γ_w 为水的容重;$\varepsilon_v=\varepsilon_x+\varepsilon_y+\varepsilon_z=-\left(\dfrac{\partial u}{\partial x}+\dfrac{\partial v}{\partial y}+\dfrac{\partial w}{\partial z}\right)$,为体应变。

5.3.2 应力场控制方程

(1)土体有效应力基本原理

对于饱和土体,有效应力原理表明饱和土中任一点的总应力为该点有效应力与孔隙水压力之和。其数学表达式为

$$\left.\begin{array}{l} \sigma_x=\sigma'_x+p \\ \sigma_y=\sigma'_y+p \\ \sigma_z=\sigma'_z+p \end{array}\right\} \quad (5.3.2\text{-}1)$$

(2)土体平衡方程

忽略渗流运动惯性力,根据土微元体的平衡可推得土体的静力平衡方程为

$$\left.\begin{array}{l}\dfrac{\partial \sigma_x}{\partial x}+\dfrac{\partial \tau_{yx}}{\partial y}+\dfrac{\partial \tau_{zx}}{\partial z}=0 \\ \dfrac{\partial \sigma_{yx}}{\partial y}+\dfrac{\partial \tau_{zy}}{\partial z}+\dfrac{\partial \tau_{xy}}{\partial x}=0 \\ \dfrac{\partial \sigma_z}{\partial z}+\dfrac{\partial \tau_{xz}}{\partial x}+\dfrac{\partial \tau_{yz}}{\partial y}-\rho g=0\end{array}\right\} \quad (5.3.2-2)$$

式中,ρ 为土体的密度;g 为重力加速度。

(3)土体物理方程

有效应力分析法中土体的物理方程(也称本构方程)描述土骨架应力(即有效应力)与应变之间的关系,一般可表示为

$$\{\sigma'\}=[D]_{ep}\{\varepsilon\} \quad (5.3.2-3)$$

式中,$\{\sigma'\}=[\sigma'_x \sigma'_y \sigma'_z \tau_{xy} \tau_{yz} \tau_{zx}]^T$,土体有效应力矢量;土体应变矢量$\{\varepsilon\}=[\varepsilon_x \varepsilon_y \varepsilon_z \gamma_{xy} \gamma_{yz} \gamma_{zx}]^T$;$[D]_{ep}$ 为弹塑性刚度矩阵。

对于符合相关流动法则的 Drucker-Prager 理想弹塑性材料,$[D]_{ep}$ 为

$$[D]_{ep}=[D]-\dfrac{[D]\left\{\dfrac{\partial F}{\partial \sigma}\right\}\left\{\dfrac{\partial F}{\partial \sigma}\right\}^T[D]}{\left\{\dfrac{\partial F}{\partial \sigma}\right\}^T[D]\left\{\dfrac{\partial F}{\partial \sigma}\right\}} \quad (5.3.2-4)$$

式中,$[D]$ 为弹性刚度矩阵;F 为屈服函数,$\dfrac{\partial F}{\partial \sigma_{ij}}=\dfrac{\sqrt{3}\sin\varphi}{\sqrt{3+\sin^2\varphi}}\dfrac{\partial \sigma_m}{\partial \sigma_{ij}}$。

(4)土体几何方程

土体的几何方程描述应变分量和位移分量之间的关系,小变形假定下的几何方程为

$$\left.\begin{array}{l}\varepsilon_x=-\dfrac{\partial u}{\partial y} \quad \gamma_{xy}=-\left(\dfrac{\partial u}{\partial y}+\dfrac{\partial v}{\partial x}\right) \\ \varepsilon_y=-\dfrac{\partial v}{\partial y} \quad \gamma_{yz}=-\left(\dfrac{\partial v}{\partial z}+\dfrac{\partial w}{\partial y}\right) \\ \varepsilon_z=-\dfrac{\partial w}{\partial z} \quad \gamma_{zx}=-\left(\dfrac{\partial w}{\partial x}+\dfrac{\partial u}{\partial z}\right)\end{array}\right\} \quad (5.3.2-5)$$

(5)应力场中的控制方程

把有效应力原理式(5.3.2-1)代入平衡方程式(5.3.2-2),把几何方程式(5.3.2-5)代入物理方程式(5.3.2-3),再代入平衡方程式(5.3.2-2),可以得到以位移分量 u,v,w 和孔压 p 表示的平衡方程式

$$\left.\begin{array}{l}G\nabla^2 u-(\lambda+G)\dfrac{\partial \varepsilon_v}{\partial x}-\dfrac{\partial p}{\partial x}=0 \\ G\nabla^2 v-(\lambda+G)\dfrac{\partial \varepsilon_v}{\partial y}-\dfrac{\partial p}{\partial y}=0 \\ G\nabla^2 w-(\lambda+G)\dfrac{\partial \varepsilon_v}{\partial z}-\dfrac{\partial p}{\partial z}+\rho g=0\end{array}\right\} \quad (5.3.2-6)$$

式中,$\nabla^2=\dfrac{\partial^2}{\partial x^2}+\dfrac{\partial^2}{\partial y^2}+\dfrac{\partial^2}{\partial z^2}$,为微分算子;$\lambda$ 为拉梅常数,$\lambda=\dfrac{Eu}{(1+u)(1-2u)}$;$G$ 为剪切模量,$G=\dfrac{E}{2(1+u)}$。

5.3.3 渗流—应力耦合分析模型

渗流—应力耦合的数学模型由总控制方程(包括应力场中的控制方程和渗流场的控制方程)、定解条件(包括边界条件、初始条件)、耦合效应等组成。

(1) 总控制方程

$$\left.\begin{aligned} G\nabla^2 u - (\lambda+G)\frac{\partial \varepsilon_v}{\partial x} - \frac{\partial p}{\partial x} &= 0 \\ G\nabla^2 v - (\lambda+G)\frac{\partial \varepsilon_v}{\partial y} - \frac{\partial p}{\partial y} &= 0 \\ G\nabla^2 w - (\lambda+G)\frac{\partial \varepsilon_v}{\partial z} - \frac{\partial p}{\partial z} + \rho g &= 0 \\ \nabla[k(\nabla p + \gamma_w)] &= \gamma_w n \beta_w \frac{\partial p}{\partial t} + \gamma_w \frac{\partial \varepsilon_v}{t} \end{aligned}\right\} \quad (5.3.3\text{-}1)$$

将式(5.3.3-1)进行空间域和时间域的离散,其有限元增量表达式为

$$\begin{bmatrix} [K] & -[L] \\ -[L]^T & [T] \end{bmatrix} \begin{Bmatrix} \Delta u_i \\ \Delta p_i \end{Bmatrix} = \begin{Bmatrix} -\Delta F_i \\ \Delta t_i \{Q_i\} + \Delta t_i [T] \{p_{i-1}\} \end{Bmatrix} \quad (5.3.3\text{-}2)$$

式中,$[K]$ 为通常的刚度矩阵;$[T]$ 为渗流导水矩阵;$[L]$ 为耦合矩阵;Δu_i 为位移增量;Δp_i 为孔压增量;ΔF_i 为节点力增量值;$\{Q_i\}$ 为节点汇源项。

(2) 边界条件

对于应力场分析中的位移、应力边界条件与常规固体力学有限元分析时相同。渗流场中的边界主要为给定水头边界(第一类边界即 Dirichlet 条件)和给定流量边界(第二类边界即 Neumann 条件)两类,分别表示为

$$\left.\begin{aligned} \Gamma_1 \quad h &= \tilde{h} \\ \Gamma_2 \quad k &= \frac{\partial h}{\partial n} = -\tilde{q} \end{aligned}\right\} \quad (5.3.3\text{-}3)$$

式中,符号~代表已知值;n 为法向尺度。

(3) 初始条件

渗流场的初始条件是指初始时刻(一般取这个时刻为零)整个渗流场的状态,即给定限制条件。

$$h(x,y,z,t)|_{t=0} = h_0(x,y,z) \quad (5.3.3\text{-}4)$$

式中,$h(x,y,z,t)$ 为所研究渗流场的水头;$h_0(x,y,z)$ 为已知水头函数。

(4) 耦合效应

根据大量的现场试验,含水层参数与水位降深存在以下关系

$$k = k'_0 \exp(\alpha \Delta h) \quad (5.3.3\text{-}5)$$

式中,k 为水位下降后的水力渗透系数;k'_0 为水位下降前的水力渗透系数;Δh 为水位变化;α 为常数,α 的确定可根据室内压缩渗透系数试验求得,需做多次试验后取平均值,也可通过长期观测资料拟合求得。

5.4 地铁隧道井点降水渗流—应力耦合分析

5.4.1 概述

深圳地铁大剧院站~科学馆站区间隧道有几处含水丰富的砂层,为了保证施工以及周围

构筑物的安全,除了在隧道施工期间洞内采用超前预注浆加固止水的方法外,地表同时采用动态井点降水施工措施。为了了解管井的降水深度能否达到拟定要求以及降水所引起的地表沉降对周围构筑物的影响程度,为此,进行了井点降水试验,同时观测地下水位的变化和地表的沉降值。由于降水试验受人力、物力、时间以及客观环境的限制,要进行大量的降水试验是不可能的,试图通过数值模拟手段,来反映降水过程中地下水位的动态变化以及降水所引起的地表沉降值,以期建立的数值模型能够较好地反映降水的实际效应,从而可以实现通过数值模拟试验来解决更多更复杂的与降水有关的工程问题。

井点降水时,井点管周围含水层的水不断流向滤管。在潜水环境条件下,经过一段时间之后,在井点周围形成漏斗状的弯曲水面,即所谓"降水漏斗"曲线。经过几天或几周后,降水漏斗渐趋于稳定,抽水过程中,随着水位下降,孔隙水压力随之下降,由于存在于土体孔隙中的孔隙水压力的变化会影响土体的应力应变状态,与此同时应力应变也将改变土体的孔隙比,使土体各部位的渗透系数发生变化,影响其渗流状态,因此,只有通过应力场和渗流场的耦合作用分析,才能较好地反映降水过程中的水土间的相互作用机理,也才能更好地预测降水引起的地面沉降变形。

5.4.2 边界条件及自由水面的处理

对于井点降水问题,降水过程中的边界条件(见图 5.4.2-1)为:当流场的范围取得满足精度要求时,作为流场远端的右边界可视为不排水边界既可按流量边界也可按水头边界处理;底部弱透水层作为不排水边界按流量边界条件处理;左边界轴对称轴的位置可视为不排水边界按流量边界条件处理(轴对称分析时);井壁和井底作为排水边界按流量边界处理;对于自由水面边界是随时间而变化的,因此称为动边界,此时自由面上除了满足 $h=z$ 的第一类边界条件外,还应满足第二类边界条件

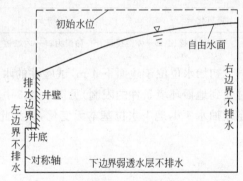

图 5.4.2-1 井点降水过程中边界条件示意

$$\frac{\partial h}{\partial t}+\frac{k}{n_e}\frac{\partial h}{\partial z}=0 \quad (5.4.2-1)$$

式中,n_e 为有效孔隙率,即除去结合水后的孔隙率,相当于单位土体的孔隙中自由水的含量。

由于潜水面位置是待定的,求解这类问题时,一般采用移动网格分析法和不变网格分析法,由于移动网格分析法在实际应用中存在很大的局限,在数值模拟分析中采用精度较高、追综效果较好的 VOF(Volume of Fluids)方法来确定自由水面的动态位置。VOF 方法的特点是将运动自由水面在空间网格内定义成一种流体体积函数,并构造这种流体体积函数的发展方程,从而使界面追踪问题的目的就是如何随着主场的模拟过程,通过流体输运,精细地确定该运动界面的位置、形状和变形方向,达到追踪的效果。该方法需要求解下列运动界面的数学模型

$$\frac{\partial F}{\partial t}+\vec{v}\times\nabla F=0 \quad (5.4.2-2)$$

式中,F 为体积函数,即目标流体在控制元中所占的比值,对于有限单元来说,当 $F=1$ 时,表示该单元被流体完全充满,当 $F=0$ 时,表示该单元为空单元即没有流体占据,当 $F=0\sim 1$ 时,表示该单元被流体部分充填;$\vec{v}$ 表示渗流场的速度矢量,$\vec{v}=(v_x,v_y,v_z)$。

5.4.3 降水试验概况

井点降水试验井设在深南中路南侧中国工商银行前绿化地内,地铁里程为左 SK3+120。试验井采用管井井点,管井井点的沉设采用钻孔法,其孔径为 $\phi 600$ mm,管井采用内径为 400 mm 的钢筋笼,钢筋笼四周包两层滤网,内层为 40 孔/cm^2 细滤网,外层为 5 孔/cm^2 细粗滤网,网外包 6 号铁丝绕成的螺旋状保护层,钢筋笼底部亦加钢筋骨架、滤网及保护层。填充滤料为 3~15 mm 碎石,孔口用黏土封填。试验井场地范围内地层岩性从上至下分别为:素填土(6.0 m);粉质黏性土(3.2 m);砾砂层(6.3 m);砾质黏性土(2.0 m);全风化花岗岩(6.0 m);其余为强风化花岗岩,地层的主要物理力学参数见表 5.4.3-1。

表 5.4.3-1 地层的主要物理力学参数

地层名	μ	E(MPa)	c(kPa)	ϕ(°)	γ(kN/m³)	k(m/d)
素填土	0.35	17.0	30.9	24.6	18.6	0.1
粉黏土	0.35	15.0	24.1	17.4	19.1	0.1
砂砾层	0.28	46.0	11.0	25.0	19.1	20.0
砾黏土	0.23	17.7	22.8	26.8	18.5	0.4
全风化	0.21	25.0	15.8	25.1	19.5	0.5
强风化	0.2	52.9	24.1	26.3	20.0	0.2

注:μ—泊松比;E—弹性模量;c—黏聚力;ϕ—内摩擦角;γ—天然容重;k—渗透系数。

初始水位位于地面下 4 m,试验井的水位观测及沉降观测点布置(水位及沉降观测点布置时受到地面环境条件的限制)见图 5.4.3-1。连续抽水 2d 后,地下水位基本趋于稳定,之后再连续抽水 4 d,地下水位基本无变化,认为此时地下水位已达到稳定状态。

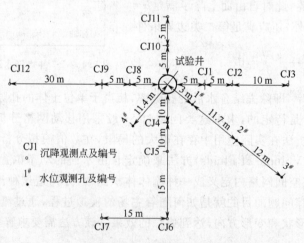

图 5.4.3-1 降水试验水位及沉降观测点布置示意图

5.4.4 数值模拟分析及其与试验结果的比较

数值分析结果和试验结果表明:降水过程中降水影响在离井周围 40 m 半径范围内影响明显,井的深度在隧道底下标高 5 m 处时能够把地下水位降至设计隧道的顶部,使隧道内的

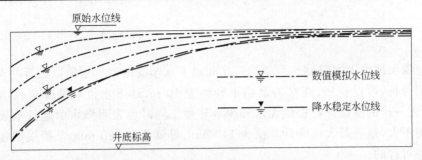

图 5.4.4-1　降水过程中地下水位线的变化

水头大大减小,保证隧道在开挖时,围岩中的含水由于没有水头差而不流向隧道,因此认为在区间左右线中间设置降水井降水是可行的,同时可以推理,在左右线的两侧设置降水井降水的效果更好。

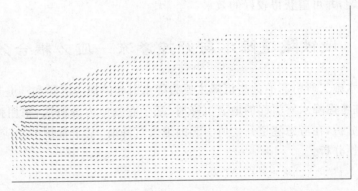

图 5.4.4-2　水位降落稳定时地下水渗流场速度矢量分布

降水过程中自由水面的动态变化过程见图 5.4.4-1,同时对稳定水位的计算值与观测值进行了比较,由图 5.4.4-1 可知地下水位稳定时,数值模拟水位曲线与试验观测拟合的水位曲线吻合较好,由试验可知在含砂地段的地下水非常丰富,井点的出水量达 5.5 m³/h。由数值分析可知降水至拟定标高时地下水位的渗流场速度矢量分布见图 5.4.4-2。

表 5.4.4-1　水位降落数值模拟与观测值比较(m)

观测号	1#	2#	3#	4#
观测值	17.97	10.73	6.95	12.38
计算值	18.55	11.32	6.45	13.06

水位降落稳定时数值模拟与观测值的比较见表 5.4.4-1。地表沉降的数值分析和现场量测值表明,地表沉降稳定时,地表最大沉降的量测值为 120 mm,数值分析的地表最大沉降值为 140 mm,地表最终沉降数值模拟与量测值的比较见表 5.4.4-2,由表 5.4.4-2 可知,两者数据吻合较好。

表 5.4.4-2　稳定地表沉降数值模拟与量测值比较(cm)

测点号	CJ1	CJ2	CJ3	CJ4	CJ5	CJ6	CJ7	CJ8	CJ9	CJ10	CJ11	CJ12
量测值	11.2	10.8	9.2	10.6	8.8	5.3	5.0	11.5	10.6	12.0	10.2	4.5
计算值	13.2	12.2	10.1	12.2	10.1	6.6	6.6	13.2	12.2	13.2	12.2	5.7

5.4.5 结 论

通过对深圳地铁大剧院站～科学馆站区间地下水丰富的砂砾层地段进行井点降水试验和数值模拟分析,可以获知,降水的影响半径约为 40 m,地下水位能够降至预期的隧道顶部,能够为进一步的隧道开挖提供无水和少水环境。同时也表明降水引起的地表沉降对周围环境影响不大,地表最大沉降计算值为 140 mm,量测值为 120 mm,从而表明现行的降水方案是合理可行的。

多孔介质中具有变动自由面的渗流—应力耦合问题,目前仍属于难题,通过应用精度高、效果好的流体体积(VOF)方法来跟踪地下水自由表面的变化,使得解决具有变动自由面的渗流—应力耦合问题成为现实。数值分析和现场量测值吻合较好,说明渗流—应力数值计算模型的建立是合理的,预期通过数值模拟获得的经验和认识可以用来解决类似甚至更复杂的渗流—应力耦合问题,并可望获得较好的效果。

5.5 地铁隧道降水与开挖渗流—应力耦合分析

地铁隧道降水施工所引起的地表沉降主要为降水引起的地表沉降和隧道开挖引起的地表沉降之和,本文在考虑降水所引起的地表沉降时,基于有效应力分析法,采用弹塑性渗流—应力耦合模型进行分析,在考虑隧道开挖所引起的地表沉降时,基于常规的总应力分析法,对开挖过程进行弹塑性分析。

5.5.1 工程简介

深圳地铁大剧院站～科学馆站区间隧道在左线 SK3+056～103 及右线 SK3+014～096 地段砂砾层厚度达 8～12 m,侵入隧道断面内 3 m。由工程实践可知,砂砾层侵入隧道断面地段容易出现突发性涌水、涌砂,造成地面塌陷。为了保证施工以及周围构筑物的安全,除了在隧道施工期间洞内采用超前预注浆加固止水的方法外,地表同时采用动态井点降水施工措施。降水井布置时不占用机动车道,占用部分人行道和绿化地带,降水井点的平面布置示意见图 5.5.1-1。降水井场地范围内地层岩性从上至下分别为:素填土,砂砾层,砾质黏性土,全风化花岗岩,强风化花岗岩,其余为中风化花岗岩,地层的主要物理力学参数见表 5.5.1-1。初始水位位于地面下 4 m,隧道与降水井的位置关系以及隧道围岩分布见典型地质断面图 5.5.1-2。

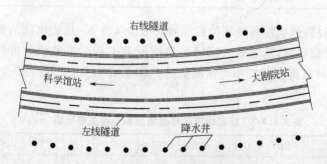

图 5.5.1-1 降水井点的平面布置示意图

表 5.5.1-1 地层的主要物理力学参数

地层名	μ	E(MPa)	c(kPa)	ϕ(°)	γ(kN/m³)	k(m/d)
素填土	0.35	17.0	30.9	24.6	18.6	0.1
砂砾层	0.28	46.0	11.0	25.0	19.1	20.0
砾黏土	0.23	17.7	22.8	26.8	18.5	0.4
全风化	0.21	25.0	15.8	25.1	19.5	0.5
强风化	0.2	52.9	24.1	26.3	20.0	0.2
中风化	0.2	150.0	60.0	28.0	20.3	0.1

注：μ—泊松比；E—弹性模量；c—黏聚力；ϕ—内摩擦角；γ—天然容重；k—渗透系数。

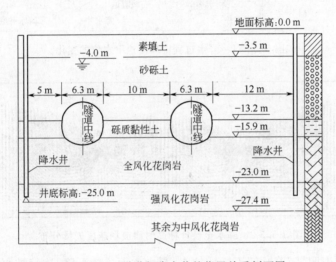

图 5.5.1-2 隧道与降水井的位置关系剖面图

5.5.2 边界条件的处理

对于井点降水问题，降水过程中的边界条件（见图 5.5.2-1）为：当流场的范围取得满足精度要求时，作为流场远端的左右边界可视为不排水边界既可按流量边界也可按水头边界处理；底部弱透水层作为不排水边界按流量边界条件处理；井壁和井底作为排水边界按流量边界处理；自由水面动边界的处理与 5.4 中相同。

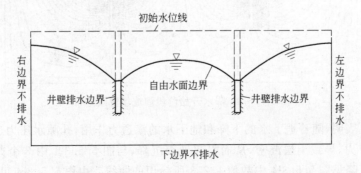

图 5.5.2-1 降水过程边界条件示意图

5.5.3 数值模拟分析

由于左右线隧道断面不大,水位降至砂砾层底部后,隧道开挖时围岩的稳定性有所提高,根据施工经验采用短台阶法施工,根据施工的实际情况,先开挖右线隧道再开挖左线隧道,模拟分析完全反映实际施工的动态过程,计算按平面应变问题考虑,分为两个阶段,第一个阶段进行降水过程的渗流—应力耦合分析,在此基础上进行第二阶段的开挖过程模拟。

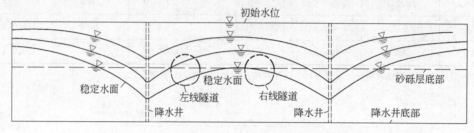

图 5.5.3-1 降水过程中典型地下水位的变化

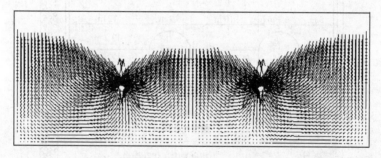

图 5.5.3-2 降水至设计标高时渗流场速度矢量分布

数值模拟分析表明,随着时间不断地抽水,自由水面连续下降,连续抽水两天半后,地下水面能够降至砂砾底部(即水位降于起拱线之下),认为此时即为所求的稳定水位,降水漏斗的主要影响半径约为 40 m,降水过程中地下水位自由水面随时间的变化情形简见图 5.5.3-1。降水至设计标高时的渗流场速度矢量分布见图 5.5.3-2,降水两小时后地下水渗流场流线分布见图 5.5.3-3。

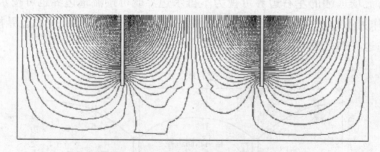

图 5.5.3-3 降水开始阶段渗流场流线分布

数值分析也表明,随着地下水的下降和地下水的渗透力作用,孔隙水压力逐渐转化成土颗粒骨架的有效应力,导致土层严密,从而引起地表沉降,与图 5.5.3-1 中 3 个典型时刻的水位相对应的地表沉降见图 5.5.3-4 中数值 1、2、3 所标识的曲线。由图 5.5.3-4 可知,水位降至设计标高即砂砾层底部时,所引起的地表最大沉降值约为 190 mm,地表的变形呈对称分布,当

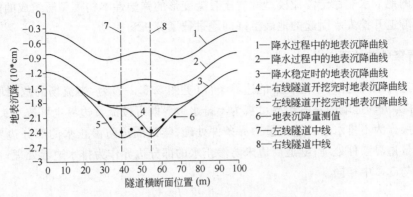

图 5.5.3-4 地表沉降计算值及其与量测值的比较

右线隧道施工完成时,地表曲率变化明显,地表沉降明显增加,此时地表最大沉降值约为 240 mm,所引起的地表最大沉降差为 50 mm,见图 5.5.3-4 中数值 4 所标识的曲线。左线隧道施工完成时,地表沉降槽的最大部位逐渐转移至左线隧道,左右线隧道施工时对地层变形具有一定的耦合迭加效应,左线隧道施工对右线隧道中线处地表沉降的最大值影响不大。左线隧道施工完成时,地表沉降槽基本呈对称分布,左右线隧道中线所对应地表处的沉降值最大,最大沉降值约为 250 mm,见图 5.5.3-4 中数值 5 所标识的曲线。在图 5.5.3-4 中将计算值与量测值比较可知,两者数据吻合较好,量测最大沉降值为 240 mm。

5.5.4 结　论

在隧道降水施工过程中,降水所引起的地表沉降是主要的,占总沉降的百分比为 75%,开挖沉降约为 25%,此时,地表的沉降大于拱顶沉降值,由于降水沉降对地表斜率和曲率影响较小,故这部分沉降对周围环境的影响较小,施工期间没有出现安全隐患,达到了预期的施工目的。

5.6　地铁隧道开挖与失水渗流—应力耦合分析

5.6.1 概　述

当地铁隧道工程所处的地质环境富水且地下水位比较高时,在这种情况下进行地铁隧道工程的开挖,对地下水常常采用降水和止水等形式的控制方法。由于在城市中降水的负面效应比较大且常常不具备降水的客观条件,最近几年,非降水施工技术在城市地铁工程中有着较好的发展前景。尽管在地铁隧道开挖的过程中采用了止水和防渗等综合措施,但开挖工作面常常还是伴随着一定量的地层失水及地下水的渗涌,这样,地层就会因为失去水而形成一定的固结沉降,因此,地铁隧道开挖过程中的地表沉降可以认为主要由开挖沉降和地层失水固结沉降两部分组成。由于存在于土体孔隙中的孔隙水压力的变化会影响土体的应力应变状态,与此同时应力应变也将改变土体的孔隙比,使土体各部位的渗透系数发生变化,影响其渗流状态,因此,在富水地层中城市地铁隧道进行非降水施工并伴随失水时,普遍存在应力场和渗流场耦合作用问题。

渗流—应力耦合作用问题,国内外很多学者进行了大量的研究,但对于在多孔介质中针对隧道开挖因失水而伴有的渗流—应力耦合问题,这方面的实际应用研究还很少,本节利用具有自由面变动的地下水非稳定渗流模型和岩土骨架变形的弹塑性本构模型所组成的渗流—应力耦合模型对隧道开挖失水引起的地表沉降问题进行了分析和探讨。

5.6.2 边界条件的处理

对于隧道失水问题,失水过程中的边界条件(见图5.6.2-1)为:当流场的范围取得满足精度要求时,作为流场远端的左右边界可视为不排水边界既可按流量边界也可按水头边界处理;底部弱透水层作为不排水边界按流量边界条件处理;隧道周边防渗止水的部分边界作为不透水边界按流量边界条件处理;隧道周边未防渗止水的部分边界作为排水边界处理;自由水面动边界的处理与5.4中相同。

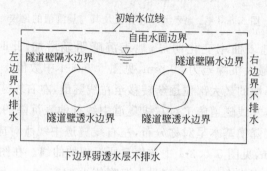

图5.6.2-1 降水过程边界条件示意图

5.6.3 数值模拟分析

选取标准断面进行数值模拟分析,由于左右隧道断面不大,根据施工经验,均采用短台阶法施工。根据施工的实际情况,先开挖右线隧道再开挖左线隧道,模拟分析完全反映实际施工的动态过程,计算按平面应变问题考虑,分为两个阶段,第一个阶段进行开挖过程模拟,在此基础上进行第二阶段失水过程的渗流—应力耦合分析。

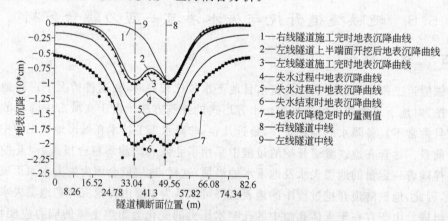

图5.6.3-1 隧道开挖及失水时的地表沉降曲线

开挖过程的数值模拟分析表明,右线隧道开挖完时,地表的最大沉降量约为80 mm,地表沉降关于隧道中线呈对称分布,地表的沉降曲线分布见图5.6.3-1中数值1所标识的曲线。左线隧道开挖完时,地表的最大沉降量约为100 mm,地表的沉降曲线分布见图5.6.3-1中数值3所标识的曲线。左线隧道开挖完时,地表的沉降槽面积进一步变大,在隧道中线与地表的交点处地表沉降值最大,下半断面开挖时所引起的地表沉降值较小,由图5.6.3-1中地表沉降曲线2和曲线3的对比可以说明这一点。左右线隧道开挖对地表沉降影响相互有耦合叠加效应,地表沉降槽有明显影响的宽度约为50 m,地表沉降关于左右隧道的中心线基本呈对称分布。

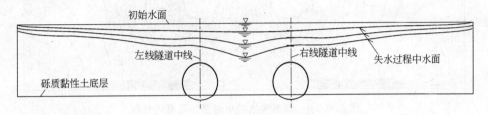

图5.6.3-2 隧道失水时地下水位的变化形态

失水过程中的渗流—应力耦合分析表明,随着地下水的失去,自由水面连续下降,根据施工的具体情况,计算中隧道通过仰拱部位的失水时间按3d计,失水过程中地下水面的变化形态见图5.6.3-2,失水降落漏斗的主要影响半径约为40 m,失水结束时,渗流场的速度矢量分布见图5.6.3-3,此时渗流场的流线分布见图5.6.3-4。地层中的地下水位下降后,由于孔隙水压力转化为土颗粒骨架的有效应力,同时渗透力的作用也会使土颗粒骨架的有效应力增加,从而导致地层压密,引起地表沉降。随着地下水的失去,地表沉降逐渐变大,失水过程中与图5.6.3-2的典型地下水位所对应的地表沉降曲线见图5.6.3-1中数值4、5、6所标识的曲线,失水结束时地表最大沉降量约为200 mm,即为整个施工过程中的地表最大沉降值。图5.6.3-1中计算值与量测值的比较表明,量测值比计算值大,量测最大值为230 mm,这主要是因为在实际施工中,随着地下水的流失还伴随着一定的土颗粒的流失,从而导致地表沉降进一步变大,总地来说,计算值与量测值基本上还是吻合的。

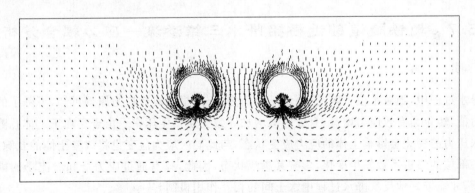

图5.6.3-3 隧道失水结束时渗流场速度矢量分布

5.6.4 结 论

在软弱含水地层中进行隧道施工时,开挖引起的地表沉降也比较大,本文中左右隧道开挖结束时所引起的地表沉降约为100 mm,这与本文在计算中让围岩充分暴露有关,实际施工时这种情况是不允许的。因此,计算值有些偏大,但总沉降中失水引起的地表沉降也非常明显,占总沉降量的50%(这与失水的多少有直接关系)。实际施工中,由于水土流失所引起的沉降量占总沉降量的比值约为75%,因此,这就需要在施工中进行超

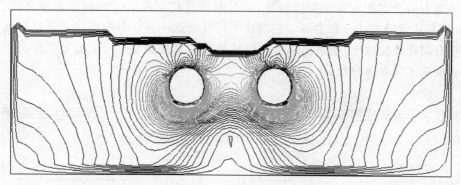

图 5.6.3-4　隧道失水结束时渗流场流线分布

前预加固和止水,开挖后及时封闭,从而达到在软弱富水地层中有效控制地表沉降。由于地下水流失引起的地表沉降范围较大,且更大成分上是均匀沉降,故对地表斜率影响不甚明显。工程实践表明,尽管在施工中地表沉降值比较大,但周围环境没有出现安全隐患,说明该范围的工程仍是成功的。

通过现场试验和数值模拟分析,研究了降水对地表沉降的影响,计算结果表明试验结果与计算结果吻合较好,在此基础上研究了实际隧道工程中降水开挖引起的地表沉降以及隧道开挖并伴随失水所引起的地表沉降,在研究的过程中运用流体体积方法来跟踪自由水面的变化,取得了较好的效果。

研究成果为施工提供了理论依据和指导作用,事后将计算结果与现场量测结果的比较表明,本文的研究是成功的,具有一定的理论意义和实践意义。同时表明,在隧道施工的过程中,地下水对地表沉降的影响是主要的,降水或失水所引起的地表沉降约为总沉降的 75%,施工扰动地表沉降约为总沉降的 25%。

5.7　地铁隧道邻近桥梁降水三维渗流—应力耦合分析

5.7.1　引　言

降水过程中,随着水位下降,孔隙水压力随之下降,根据有效应力原理可知,下降了的孔隙水压力值,转化为有效应力增量,有效应力增加导致土层发生压密。由于存在于土体孔隙中的孔隙水压力的变化会影响土体的应力应变状态,与此同时应力应变也将改变土体的孔隙比,使土体各部位的渗透系数发生变化,影响其渗流状态,因此,只有通过应力场和渗流场的耦合作用分析,才能较好地反映降水过程中水土间的相互作用机制。

邻近桥梁基础进行降水施工时,由于地层失水将引起地基地层产生固结变形,从而引起桥梁基础变形,当桥梁基础变形过大时,可能危及桥梁的安全和正常运营,为了验证降水施工方案的可行性和评估降水对桥基的安全影响程度,本文基于三维饱和—非饱和渗流—应力耦合分析基本理论,对降水过程中桥基的空间效应进行了数值模拟分析。

近些年来,在基坑、边坡、水坝、隧道等工程应用方面已有相关的文献进行了渗流—应力耦合分析,但目前,国内进行三维非饱和渗流—应力耦合分析的工程应用实例还很少,特别是对邻近桥梁进行降水施工时,还没有这方面的类似研究报道,因此,围绕这方面的工程应用研究和探讨具有重要的理论意义和现实意义。

5.7.2 三维渗流—应力耦合求解

渗流—应力耦合方程求解时,目前常常采用顺序耦合解法或称为间接解法和直接耦合解法两种求解方法。采用间接耦合计算时,渗流场和应力场分开计算,需进行渗流场和应力场的反复迭代,计算过程比较复杂且收敛性较差;直接耦合法是将渗流场和应力场直接耦合,不需两场反复迭代,只要按时间过程连续求解即可得到全部结果,概念清晰,收敛性较好,采用直接耦合分析求解方法。

降水过程中,随着水位的动态变化,在进行渗流场和应力场耦合分析时,需要统一考虑饱和与非饱和渗流计算,一般认为,水在非饱和土中的渗流也服从达西定律,受水力梯度驱动,其与饱和渗流的不同点在于孔压和渗透系数的不同,在非饱和土中,孔压为负值且渗透系数是饱和度的函数,实验数据表明,渗透系数 k_s 与饱和度 s 的关系表达式为

$$k_s = s^3 \tag{5.7.2-1}$$

基于此认识,非饱和渗流与饱和渗流可以具有统一的方程形式,从而可以将自由水面上下的非饱和区和饱和区当作一个统一的区域进行饱和—非饱和渗流计算,在这个统一的计算系统中,自由水面假定为孔压为零的等势面在数值模型中进行求解,对于非稳定渗流可以大大缩短迭代计算时间,自由水面的确定相对简单且连续性好,采用这种方法来跟踪自由水面的动态变化。

降水过程中,饱和区域和非饱和区域是动态变化的,实验表明,非饱和区域中的孔压是饱和度的函数,且满足水分特征曲线分布规律。

5.7.3 工程简介

北京地铁 5 号线和平西桥站～北土城东路站区间隧道在设计里程 K15+347～K15+401 范围内下穿小月河及樱花西桥。

小月河自西向东横穿樱花西桥,河床两侧为浆砌片石挡墙,河床底部为素混凝土基础;樱花西桥坐落于小月河上,是北京市重要交通干道,车流量大,桥总宽度为 48 m,长度为 44.58 m,中跨长 15 m,边跨长 7.5 m,樱花西桥是石拱与宽幅 T 梁组合结构,桥台、桥墩基础为 200 级素混凝土,桥台、桥墩为 75# 水泥砂浆砌块石,现场发现桥梁存在许多缺陷,伸缩缝裂最大达到 28 mm,多处浆砌块石呈松散状态。

隧道的走向与小月河的走向一致,地层从上至下依次为:填土、粉质黏土、黏土夹粉细砂等。由于小月河对地层水的补给作用,此段地层含水饱和,水位埋深为 3.2～4.8 m。

由于小月河的水不能断流,为了防止施工期间小月河水下渗,通过分幅施作围堰在小月河底铺上防水毯。在地铁隧道施工到该地段之前,在地面大范围采用管井降低地下水位,为隧道施工提供一个无水的作业环境。

由于樱花西桥的重要性以及目前的安全状况,降水施工的难度和安全风险很大,较好地预测降水过程对桥基的影响就显得尤其重要,本文借助数值模拟手段探讨降水过程对桥基的影响。现场施作防水毯、降水井以及小月河、樱花西桥的现状见图 5.7.3-1 中的照片。

5.7.4 桥基响应数值模拟分析

(1) 计算模型

计算中按降 10 m 水位考虑,由于地层渗透系数比较小,地下水补给较慢,而该范围降水布置的数量比较多,分布范围较大,根据周围类似工程降水水位观察,地层水位下降比较均匀,

图 5.7.3-1　小月河与樱花西桥及施工现场照片

没有形成明显的降水漏斗,也为了计算建模方便,计算模型中未考虑降水井模型,而是采用等效的方法来模拟降水效果,降水时水从底部流出降至设计水位。

计算模型在 X 方向的尺寸为 53 m,在 Y 方向上的尺寸为 58 m,在 Z 方向上的尺寸为 35 m。地层、桥墩用实体单元来模拟,采用摩尔—库仑本构关系;桥面采用壳体单元来模拟,采用弹性本构关系。共划分单元数为 23 664,节点数为 259 84,其中,壳单元为 288,实体单元为 23 376。分别约束计算模型 X、Y 水平方向上的平动自由度以及 Z 竖直方向底部的平动自由度,Z 方向底部作为透水边界处理,其他方向作为不透水边界处理。桥墩、桥面、地层整体计算模型见图 5.7.4-1。计算参数见表 5.7.4-1。

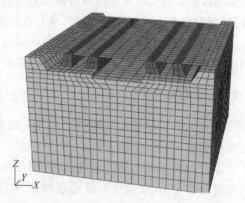

图 5.7.4-1　桥基—桥面—地层整体计算模型

表 5.7.4-1　模型的主要物理力学参数

模型材料	弹性模量(MPa)	泊松比	容重(kN/m³)	内摩擦角(°)	黏聚力(kPa)	渗透系数(m/d)	孔隙比	饱和度
填土	11.6	0.3	16.5	25	18	0.26	0.65	0.85
粉黏土	15.4	0.29	21	31	19	0.026	0.87	1.0
桥基	10 000	0.2	22	40	2 000	/	/	/
路面	20 000	0.2	23	/	/	/	/	/

(2) 主要分析成果

降水开始时的孔压分布见图 5.7.4-2,降水至设计水位时的孔压分布见图 5.7.4-3,降水期间地层某特征点的孔压变化曲线见图 5.7.4-4,饱和度也有类似的分布规律,在此不再列出。

计算分析表明,降水至设计位置时,地层最大沉降为 21.37 mm,桥基最大沉降为 19.63 mm,桥基的沉降分布见图 5.7.4-5,内外侧两桥基特征点沉降及差异沉降分布见图 5.7.4-6。

5.7.5　结　论

基于三维饱和—非饱和渗流—应力耦合分析基本理论以及采用直接耦合分析方法,对邻近

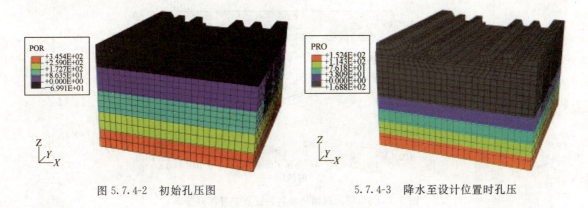

图 5.7.4-2 初始孔压图　　　　　　图 5.7.4-3 降水至设计位置时孔压

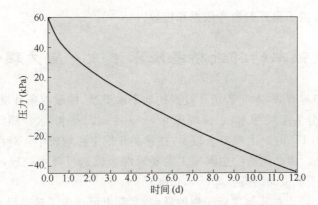

图 5.7.4-4 特征点的孔压在降水过程中的变化曲线

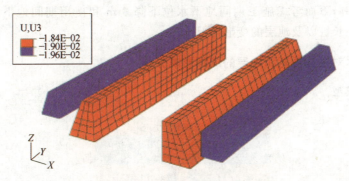

图 5.7.4-5 降水至设计位置时桥基沉降分布

桥基进行大范围降水施工时这一工程实例,采用数值模拟手段进行了应用分析,主要结论如下:

(1) 水位降 10 m 时,可降至隧道底部,达到设计要求,此时,地表最大沉降为 21.37 mm,桥基最大沉降为 19.56 mm,地层和桥基的变形基本一致,桥基之间的差异沉降不到 2 mm,相对控制标准而言,累积沉降≤40 mm,差异沉降≤10 mm,降水期间桥基没有安全隐患。

(2) 计算分析表明,在该地层中,每降水位 1 m,引起的地表和桥基的沉降值约为 2 mm,实际降水深度有变化时,可以据此进行重新估算,降水所引起的差异沉降很小,可以忽略不计,因此,在实际施工中,如果监测桥基比较困难时,可以通过监测地表或地层变形来近似反映。

(3) 目前该工程已经顺利竣工,监控量测数据表明,降水引起桥基沉降为 16.56 mm,差异沉降为 1.5 mm,通过对比分析表明,数值模拟分析方法及模型的建立是合理的,所取得的分

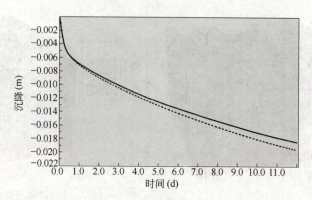

图 5.7.4-6　降水时两桥基各特征点差异沉降分布

析成果为施工决策提供了重要的参考依据和指导。

5.8　地铁车站邻近桥基降水渗流—应力耦合分析

以 6.9 节作为工程背景,本工程所涉及到的地下水类型,按赋存条件属于第四纪松散岩类孔隙水;按水力性质分为上层滞水(水位埋深 0.7~7.4 m)、潜水(水位埋深为 16.65 m)和承压水(水头埋深为 22.47 m)。上层滞水较少,在导洞开挖中影响较小。对西北风道来说,潜水位于中板之上 0.9 m。西北风道的主洞施工需要对潜水位进行降水处理,若需降至风道主洞底板以下 1.0 m,则潜水位大约需要降低 8.0 m。

由于本区域已经经历过其他邻近工程的降水,实际上已形成了被动降水,实际工程施工只是在竖井底部和北侧客流道底部有少量的降水,在计算分析中近似考虑成施工前地下潜水位已经达到设计标高,下面考虑施工期间地下水位下降 8 m 和使用期间地下水位再回升 8 m 时,短桩、中长桩、长桩以及地层的变形情况。

5.8.1　施工降水对短桩桥基和地层的沉降影响分析

5.8.1.1　计算模型

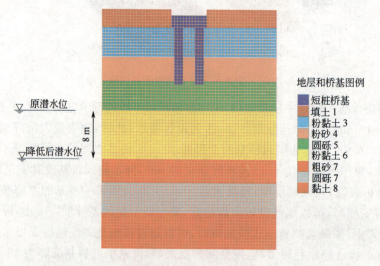

图 5.8.1-1　短桩桥基—地层—水位示意及计算分析模型

5.8.1.2 计算结果分析

表 5.8.1-1 施工期间降水和使用期间特征点竖向位移分布

工况类型	桥基特征点	地表特征点
降水沉降值	−27.48 mm	−27.53 mm
水位回升隆起值	27.62 mm	27.63 mm

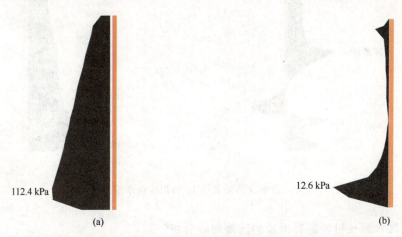

图 5.8.1-2 降水期间沿桩身的接触压力(a)和接触摩擦力(b)分布

5.8.2 施工降水对中长桩桥基和地层的沉降影响分析

5.8.2.1 计算模型

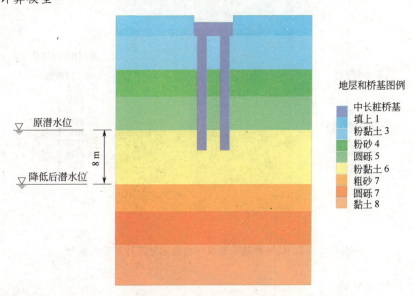

图 5.8.2-1 中长桩桥基—地层—水位示意及计算分析模型

5.8.2.2 计算结果分析

表 5.8.2-1 施工期间降水和使用期间特征点竖向位移分布

工况类型	桥基特征点	地表特征点
降水沉降值	−27.13 mm	−27.32 mm
水位回升隆起值	27.46 mm	27.57 mm

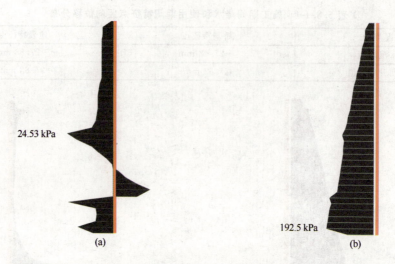

图 5.8.2-2 沿桩身的接触压力(a)和接触摩擦力(b)分布

5.8.3 施工降水对长桩桥基和地层的沉降影响分析

5.8.3.1 计算模型

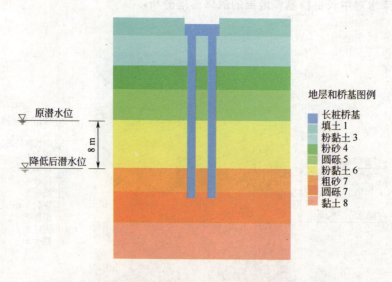

图 5.8.3-1 长桩桥基—地层—水位示意及计算分析模型

5.8.3.2 计算结果分析

表 5.8.3-1 施工期间降水和使用期间特征点竖向位移分布

工况类型	桥基特征点	地表特征点
降水沉降值	−18.12 mm	−21.30 mm
水位回升隆起值	18.30 mm	21.41 mm

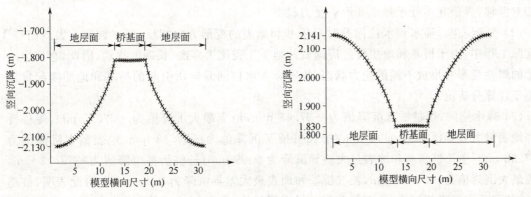

图 5.8.3-2 降水期间桥基和地表沉降分布　　图 5.8.3-3 使用期间地下水位回升时桥基和地表隆起分布

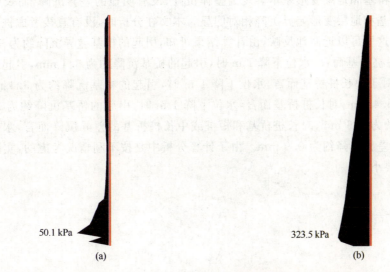

图 5.8.3-4 沿桩身接触摩擦力(a)和接触压力(b)分布

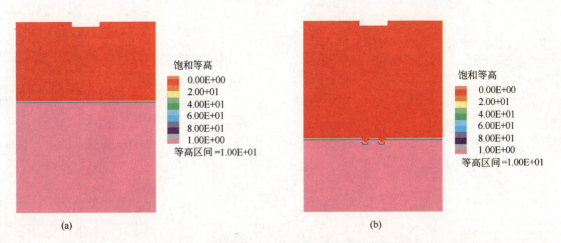

图 5.8.3-5 降水前(a)和降水后(b)空隙介质饱和度分布

5.8.4 结 论

(1) 降水期间,桥基的受力状态以及和邻近土体的沉降基本一致表明,桩—土间没有明显的相对滑移,界面基本处于弹性变形—受力状态。

(2) 分析表明,降水和水位回升时对桥基和地表的变形方向相反,但在数量上大致相等,在实际工程中,由于桥基和地层要经历国贸站地下工程施工多次、长期的扰动,因此,会产生一定量的塑性变形并形成不同的应力状态,故实际上水位回升时所引起的桥基和地层隆起肯定要小于计算分析值。

(3) 降水期间,短桩桥基沉降值为 -27.48 mm,地表最大沉降值为 -27.53 mm,短桩桥基和地表最大差异沉降为 0.05 mm;中长桩桥基沉降值为 -27.13 mm,地表最大沉降值为 -27.32 mm,中长桩桥基和地表最大差异沉降为 0.09 mm;长桩桥基沉降值为 -18.12 mm,地表最大沉降值为 -21.30 mm,长桩桥基和地表最大差异沉降为 3.18 mm。由此表明,桩越长,桥基和地表沉降值越小,桥基和地表差异沉降越大,由于短桩桥基和中长桩桥基基本处于降水范围以上,桥基和地层变形基本表现为整体沉降,没有明显的差异沉降,而长桩桥基穿越了降水区域,桥基和地层变形差异沉降相对明显。本文在分析时,没有直接考虑桩与桩之间的差异沉降,不过这里可以近似地反映,由计算结果可知,引起的桥基差异沉降约为 9 mm。

(4) 对于短桩桥基而言,水位下降 1 m 时,引起的桥基沉降约为 3.4 mm,引起的地表沉降约为 3.4 mm;对于中长桩桥基而言,水位下降 1 m 时,引起的桥基沉降约为 3.4 mm,引起的地表沉降约为 3.4 mm;对长桩桥基而言,水位下降 1 m 时,引起的桥基沉降约为 2.2 mm,引起的地表沉降约为 2.6 mm;对长桩桥基和短桩或中长桩桥基的差异沉降而言,水位下降 1 m 时,引起的桥基差异沉降约为 0.9 mm。由于计算分析中是按不利情况考虑的,实际情况中产生的值应该还要小些。

第6章 地下工程施工对结构物的影响研究

随着城市建设的发展,城市地下工程的修建日益增多。在市区修筑地下工程,尤其是在地面建筑设施密集、地下管线复杂的城市中心地区,施工开挖引起的地面沉陷将有可能危及周围地面建筑设施、道路、桥梁和地下管线的安全,甚至对地表植被产生不利影响,严重时还会直接影响到城市建设规划。

过去由于缺乏对地下施工扰动土体问题的研究以及保护周围市政环境的意识和措施,屡次出现过因地下施工引起地层变形而损害地面建筑物或地下管线的现象,引起了不良后果。面对越来越多的市政地下工程建设的发展趋势,如何在开挖过程中防止坍塌并有效地控制开挖引起的地面沉陷以保护工程沿线建筑物和地下管线的安全,已成为城市地下工程必须解决的一项重要课题。

城市浅埋地下工程的地表沉降及其分布特点与其埋深、跨度、地质状况、支护种类、施工方法和施工技术等因素有关。地表下沉规律的确定十分复杂,乃是上述几个因素综合作用的结果。浅埋地下工程施工不可能控制地面不产生丝毫沉降,但却可以控制地表沉陷在允许范围内或使其达到最低影响程度。因此,在施工前必须清楚地掌握工程沿线建筑物,地下管线,桥梁的构造、型式、年代、使用状况等情况。通过数值分析和试验对地面沉降进行预测,并考虑防治方法。同时,有准备有计划地在施工过程中进行量测监控,并根据实践经验和评价指标进行判断。运用这种以理论导向、量测定量和经验判断相结合的方法,可以对城市地下工程施工对周围环境影响的问题,做出比较合理的技术决策和现场应变措施。

本章涉及到控制标准方面的内容见第7章相应部分。

6.1 地下工程施工对建筑物影响分析

隧道开挖施工中伴随着地层应力状态的改变和调整,相应地会引起地层和地表位移与变形。这种位移和变形与土的自重以及附加应力作用引起的土的固结沉降在沉降速度和空间分布上有着不同的特点。通常,隧道施工可以在一段较短的时间内引起较大的位移,而这种快速变形对于建筑物的危害性可能更大。

隧道施工引起的地表沉降和变形对建筑物的影响因素很多。除地层特征以外,建筑物遭受损害的程度与建筑物的基础、结构型式,建筑物所处的位置,以及地表的变形性质和大小有关。

隧道开挖施工引起的对建筑物的损害可以分为直接开挖损害和间接开挖损害两种情况。位于主要影响范围内的建筑物(还有管线)所受的损害称为直接开挖损害;但是在个别情况下,在主要影响范围以外比较远的地方,也可发现开挖影响的存在,这种影响也与隧道开挖施工有关,称为间接开挖损害,如开挖引起的大范围的地下水的变化对环境的影响等。常见的开挖损害可以下列形式表现出来。

(1) 地表均匀沉降损害

地表的均匀沉降使建筑物产生整体下沉,一般说来,这种均匀沉降对于建筑物的稳定性和使用条件并不会产生太大的影响,但是过量的地表下沉,即使是均匀的,也有可能从另一方面带来严重问题,如下沉量较大,地下水位又较浅时,会造成地面积水,不但影响建筑物的使用,而且使地基土长期浸水,强度降低。

(2) 地表倾斜损害

虽然地层沉降本身对结构物不至于产生严重的损害,但是地层不均匀的沉降所导致的地表倾斜改变了地面的原始坡度,将可能对建筑物产生危害。地表倾斜对于高度大而底面积小的高耸建筑物,如烟囱、水塔、高压线塔等的影响较大。它使高耸建筑物的重心发生偏斜,引起附加应力重新分布,建筑物的均匀荷重将变成非均匀荷重,导致建筑物结构内应力发生变化而引起破坏。对于普通楼房,即使不丧失稳定性,过量倾斜会使建筑物的使用条件恶化。

(3) 地表曲率损害

由于曲率使得地表形成曲面,地表曲率对建筑物有较大影响。在负曲率(地表相对下陷)的作用下,建筑物的中央部分悬空,使墙体产生正八字裂缝和水平裂缝。如果建筑物长度过大,则在重力作用下,建筑物将会从底部断裂,使建筑物破坏;在正曲率(地表相对上凸)的作用下,建筑物的两端将会部分悬空,使建筑物墙体产生倒八字裂缝,严重时会出现屋架或梁的端部从墙体或柱内抽出,造成建筑物倒塌。

建筑物因地表弯曲而导致的损害是一种常见的开挖损害形式,这种损害与地基本身的力学性质有关,更主要地与开挖引起的地表变形形式有关。因地表弯曲而使建筑物遭受的损害与因地基不良而发生的建筑物损害相比,既有类似之处,又有不同。不同之处在于开挖引起的地基的弯曲是在开挖影响下自行弯曲,它是独立于上部结构所施加荷载的弯曲,在这种前提下,由于叠加建筑物自重的影响,便构成了弯曲损害。

由此可见,当地表因开挖而产生弯曲时,建筑物部分基础将悬空,从而将荷载转移到其余部分。地基相对上凸时,两端部分悬空,荷载向中央集中,因此在地表相对上凸区(即正曲率作用区),建筑物可能形成倒"八"型裂缝;而在相对凹区(即负曲率作用区),中央部分悬空,荷载向两端集中,建筑物可能形成"八"型裂缝(见图 6.1-1)。但这种八字型裂缝,均是由于结构中的拉伸应力所引起的。

(4) 地表水平变形损害

地表水平变形有拉伸和压缩两种,它对建筑物的破坏作用很大,尤其是拉伸变形的影响,建筑物抵抗拉伸变形的能力远小于抵

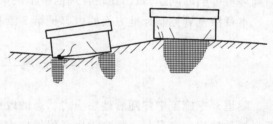

图 6.1-1　建筑物弯曲损害示意图

抗压缩变形的能力,压缩变形使墙体产生水平裂缝,并使纵墙褶曲,屋顶鼓起。

由于建筑物对于地表拉伸变形非常敏感,位于地表拉伸区的建筑物,其基础底面受有来自地基的外向摩擦力,基础侧面受有来自地基的外向水平推力的作用,而一般建筑物抵抗拉伸作用的能力很小,不大的拉伸变形足以使建筑物开裂,建筑物水平变形拉伸破坏损害示意见图6.1-2。

地表压缩变形对于其上部建筑物作用的方式也是通过地基对基础侧面的推力与底面摩擦力施加的,但力的方向与拉伸时相反。一般的建筑物对压缩具有较大的抗力,即建筑物对压缩

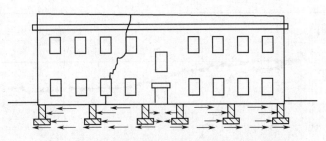

图 6.1-2 建筑物水平变形拉伸破坏损害示意图

作用不如拉伸作用敏感,但是如果压缩变形过大,同样可以对建筑物造成损害,而且,过量的压缩作用将使建筑物发生挤碎性的破坏。其破坏程度可以比拉伸破坏更为严重,这种破坏往往集中在结构薄弱处爆发,例如夹在两坚固建筑物之间的附加建筑物便有可能因为地基的压缩变形而导致严重破坏,建筑物水平变形拉伸破坏损害示意见图 6.1-3。

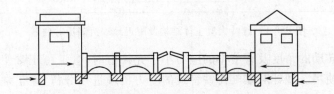

图 6.1-3 建筑物水平变形压缩破坏损害示意图

以上分析了开挖损害的几种表现形式,实际上,地表移动和变形对于建筑物的破坏作用,绝不是只受单一种类的地表变形的影响,往往是几种变形同时作用的结果。在一般情况下,地表的拉伸和正曲率同时出现,而地表的压缩和负曲率同时发生。

6.2 地铁隧道施工对建筑物影响监测分析

深圳地铁大剧院站~科学馆站区间沿线所有建筑物中,红岭大厦距离区间隧道最近,大厦基础外缘距隧道中心水平距离 20 m 左右。基础为 C25 冲孔灌注桩,桩径 1.0 m,桩长 27.1～40.8 m,均低于隧底埋深。图 6.2-1 为红岭大厦紧邻区间隧道一侧结构柱及对应位置附近地表沉降对比曲线。

监测成果表明,红岭大厦主体结构受地铁区间隧道施工的影响不大,而其附近地表则出现了一些大小不一的裂缝。主体结构最大累计沉降为 29.01 mm,且沉降比较均匀,而相应位置上地表沉降为 100 mm,同时表明建筑物的最大倾斜小于 2‰,量测分析表明施工期间红岭大厦处于安全状态。

因此,对于深基础建筑而言,起控制作用的应该是基础倾斜,而不是地表和建筑物的下沉量值,施工期间没有安全隐患的红岭大厦个案较好地说明了这一点。

6.3 地下工程施工对管线的影响分析

6.3.1 管线受力机理

地下管线可分为刚性管线和柔性管线。通常,刚性管道在土体移动不大时可正常使用,土体移动幅度超过一定限度时则将发生断裂破坏。对于柔性管道,受力后接头可产生近于自由

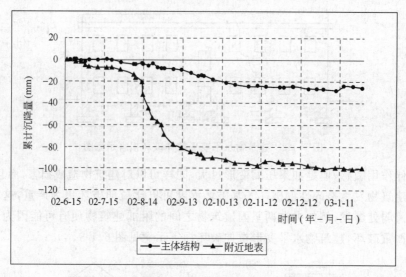

图 6.2-1 红岭大厦主体结构及附近地表沉降历时曲线

转动的角度，接头转动的角度及管节中的应力小于允许值时，管道可正常使用，否则也将产生断裂或泄露，影响使用。现针对煤气铸铁管线的受力机理进行分析，在正常情况下，埋入地下的煤气管道所受的主要负荷为内压力 P（工作压力和实验压力）、外压力（垂直土荷载、水平土荷载和地面活荷载），这里以 S_1、S_2、S_3 分别表示埋设管道单元体的径向应力、纵向应力和环向应力，见图 6.3.1-1。

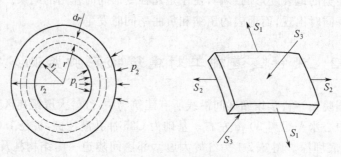

图 6.3.1-1 管道的受力示意图

(1) 径向应力（S_1）分析

由于铸铁管的抗压强度很高，内压或外压在管体上引起的径向应力也是很小的，实际上也从未发生过因径向应力致使管体分层或压碎的情况，因此，埋设管线的径向应力可忽略不计。

(2) 纵向应力（S_2）分析

对于承插接头的煤气管线，纵向应力源于两个方面，其一就是当煤气流过承插接头的弯头、丁字支管顶端、管堵顶端等处时，内压将产生外推力，当外推力达到一定数值时就有可能把承插接口拉开，推力的大小正比于管径和内压力的大小，因此，管线设计中都考虑用支墩等平衡措施，实际上煤气产生的推力相对比较小，当管径和内压比较小时，其推力在验算中可不予考虑，内压在直管段上不会产生纵向应力。其二，正常情况下，埋设管线的地基可认为是均匀的，管线可作为连续均匀地基上的连续梁来考虑，外压也不会产生纵向应力。当隧道开挖时，如果管线位于隧道开挖影响的范围之内，管线周围的土体将受到扰动而引起管基变位下沉，此时,管道产生纵向弯曲效应,这种弯曲应力达到一定值将有可将管线或承口拉裂。

(3) 环向应力(S_3)分析

内压在管体上产生的环向应力正比于内压和直径,同管厚成反比,一般可按下式计算

$$S_{3P}=P\times D/2T \tag{6.3.1-1}$$

式中,P 为内压,D 为平均直径,T 为管直径。

外压有使管体压扁的倾向,将产生弯曲应力,它不仅同外压大小有关,还与管基、埋深有密切的关系。对于煤气管道,当直径比较小且埋深比较浅时,由于内压力引起的环向应力常常小于其抗拉压强度,又由于管线的环向抗弯刚度比较大,因此,工程计算中对内外压力产生的环向应力可不予考虑。

通过以上分析可知,地下埋设铸铁煤气管线的实际受力情况为三维应力状态,当管径比较小且埋深较浅时,内外压力引起的径向应力和环向应力相对来说比较小,一般都小于其抗拉、抗压强度,而隧道开挖对它们影响又很小,对管线的验算不起控制作用,在隧道开挖过程中,可以只考虑由于隧道开挖引起管基不均匀沉降而在管线中引起的纵向弯曲应力或接头开裂应力。

此外,地下水管及煤气管对其轴向的地表水平变形也非常敏感,在拉伸变形作用下,可以造成管接头漏水漏气,甚至接头脱开;压缩变形可以使接头压入而漏损,严重的可以压坏接头,甚至使管道产生裂缝。

因此,隧道施工所引起的地表移动与变形对管线的损害与建筑物基本类似,主要表现为地表倾斜损害、地表曲率损害、地表水平变形损害等形式。

6.3.2 管线的研究方法

(1) 结构模型分析法

分析地下工程施工中的地基变位,将所输出的结果作为地下管线的输入条件进行管线分析。该方法主要包括:① 将地基变位与管线的变形同等考虑的方法;② 将地基变位的荷载施加与管线的方法;③ 将负载土压直接施加于结构物的方法。其中方法①适用于管线会随地基变位而变化之类刚度小的管线和柔性管线,方法②和③适用于刚度大、变形量会影响自身刚度与地基刚度的管线。结构分析方法一般采用将地基刚度表示为弹性弹簧的弹性地基支撑的梁或壳模型,一般是将管线周围的地基模拟为弹性弹簧,而将管线模拟为弹性地基上的梁,把地下工程施工过程中的地基变位结果,作为地下管线的输入条件进行管线分析。这种方法把地基变位对管线的分析方法分开来考虑,对实际情况的逼近较差。

(2) 耦合模型分析法

利用地基中管线的模型,对地下工程开挖中的地基变位和管线的受力、变位进行共同分析。该方法主要采用有限元法,这种方法便于将结构物作为梁或壳置入地基中而直接得到断面力。对于小刚度管线,可将地基和管线作为连续体来考虑;对于刚度较大的管线,则需在地基与管线的边界上想办法,使其符合土体和管线的实际情况,这可通过设置边界接触(或连接)单元来实现。这种方法将地下结构-管线-地基作为一个共同体来建模,对隧道掘进中的地基变位和管线的受力、变位等进行动态耦合分析,能够较好地反映管线的实际受力和变位状态。

无论采用哪一种方法,确定最佳的施工方法(使地层变位达到最小)。同时对地下工程开挖过程中地基变位机理和形态的正确预测是最重要的。

6.4 地下管线变形影响因素分析

地下工程的开挖导致周围土体应力释放,打破了原有的力学平衡,致使周围土体发生变位,带动了地下管线的移动,地下管线的这种位移具有"空间"性。地下管线的位移受到管材、离地下结构的远近、埋深、下卧层土质、管线与周围土层的相对刚度、施工方法等诸多因素的影响,为了便于分析规律,在考虑某一因素的影响时,假定其他条件不变。

6.4.1 地下管线离隧道远近对其位移的影响

图 6.4.1-1 是在混凝土管埋深(地面至管顶的垂直距离)1.5 m 情况下得到的,L 为地下管线中心线到结构主体边的距离,h 为地下管线埋深即为 1.5 m。从图中可以得出,地下管线距离结构越远,受开挖影响越小,其位移量值越小。地下管线水平位移在离结构 1 倍开挖深度出现拐点;在离结构 1 倍开挖深度范围内,受开挖影响小,表现位移较小;在离隧道结构 1~1.5 倍开挖深度范围内,强烈受到结构开挖的影响,表现出了较大的位移;大约从距离结构边线 3 倍的开挖深度开始,地下管线位移明显受到了结构端部抑制效应的影响,出现了"抑制点",距离结构越近,其抑制作用就越强。这种现象的存在对地下管线的安全性是极其不利的,因为,此处的曲率突然变大且表现出较大了应力,是应该加强保护的地段。

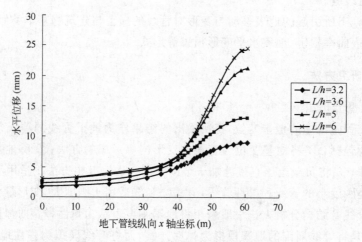

图 6.4.1-1 L/h 对地下管线位移的影响

6.4.2 管材对管线位移的影响

图 6.4.2-1 是在地下管线埋深 $h=1.5$ m 且距离结构 $L=1.5$ m 的情况下得到的。可以看出,由于 PVC 管的弹性模量较其他管道小,表现出了其水平、竖向位移为最大,其他按混凝土管、铸铁管、钢管依次排列。说明管线材料弹性模量越小,与土体的变形协调能力就越强,产生的附加应力就越小。另外,地下管线竖向位移的影响程度大于对水平位移的影响,即竖向位移显得敏感。

6.4.3 管线下卧土层土质的影响

计算表明下卧土层土质对地下管线的水平及竖向位移影响显著。当下卧层土体的弹性模

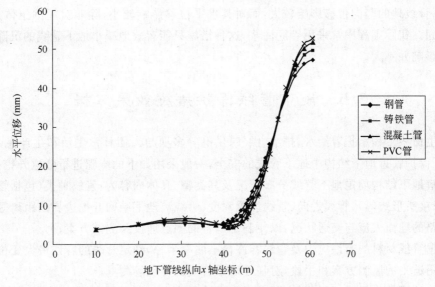

图 6.4.2-1 管材对地下管线位移的影响

量 E 从 3 MPa 变化为 14 MPa 时,地下管线的水平位移、竖向位移分别减少 58.6% 和 89%。说明下卧土层的土质好坏对地下管线的位移影响较大,较好的下卧土层土质能大幅度减小地下管线位移,但也存在着经济方面的矛盾,需要综合加以评价、选择。

6.4.4 地下管线埋深的影响

该情况是在地下管线距离结构 $L=6$ m 得到的,其中 h 为地下管线的埋深,D 为外径,从图 6.4.4-1 中看出,地下管线的最大竖向与水平位移与 h/D 有比例关系,随着 h/D 的增大而逐渐减小,而竖向位移减小的幅度比水平位移大,考虑到地下管线的埋深一般处于 0~6 m,故没有做进一步埋深分析。

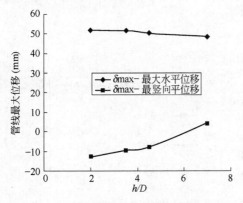
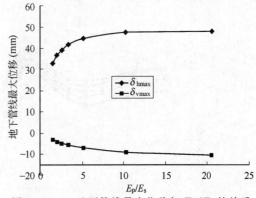

图 6.4.4-1 地下管线最大位移与 h/D 的关系　　图 6.4.5-1 地下管线最大位移与 E_p/E_s 的关系

6.4.5 管道弹性模量 E_p 与土体弹性模量 E_s 比值对地下管线的影响

从图 6.4.5-1 得出地下管线最大水平、竖向位移 δ_{hmax} 和 δ_{vmax} 随 E_p/E_s 的比值增大而增大,E_p/E_s 对地下管线的位移影响显著。但这并不意味着,对地下管线周围土体进行局部加固就可以有效地控制了地下管线的位移,通过后面的分析可知,进行地下管线周围土体的局部加固,对地下管线地的竖向位移影响较大,而对其水平位移影响较小,除非对周围土体进行整体范围的加固。实际工程中常采用管底注浆,这种措施只能有效地减小地下管线的沉降,而对其水平位移影响并不大。

6.5 地下管线保护措施效果分析

城市生命线工程承担着给水、排水、供气、供电等多项与人们日常生活和生产息息相关的任务,为了保护临近地下结构中地下管线的安全,一般采用如下的步骤进行隧道开挖控制：

①了解地下结构周围地下管线分布情况及其类型,具体内容为:管线种类(包括管线用途、管线材质、接头形式等)、管线走向、管线埋置深度、管线离地下结构开挖边界的距离等;地下管线所在道路的地面人流与交通状况,以便制定适合的测点埋设和测试方案;

②根据管线材料的容许应力及管线容许最小曲率半径,确定管线的容许最大变位值;

③采用适当的监测方案和手段,对临近地下管线进行现场测量;

④估价地下管线所受的影响,必要时对原设计和施工方案进行调整;

⑤应使实测变位值不超过容许变位值,当估计有可能会超过容许最大变形值时,应事先采取措施,以确保整个工程的安全。

6.5.1 地下管线底部土体加固对地下管线位移的影响

图 6.5.1-1 是由铸铁管管外径 $D=300$ mm,埋深 $h=1.5$ m,距离结构 $L=1.5$ m,管线底部土体加固宽度 $B_j=2$ m 及加固土体弹性模量 $E_{js}=30$ MPa 的情况下得到的。从图 6.5.1-1 看出,管线底部土体加固对管线水平位移几乎没有作用,而对地下管线管线竖向位移有明显影响,当加固深度 $H_j=3$ m 时,最大竖向位移可减少 18%;加固深度为 $H_j=10$ m 时,最大竖向位移减少 29.8%。从图中还可得出,随加固深度增加,竖向位移并不是随之有大幅度减少,存在一个临界深度,这里取为 7.5 m。

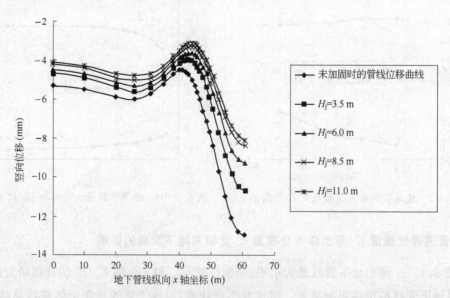

图 6.5.1-1 地下管线底部土体加固对其位移的影响(加固宽度 $B_j=2$ m)

6.5.2 地下管线侧向土体加固对地下管线位移的影响

图 6.5.2-1 是由铸铁管外径 $D=30$ mm,埋深 $h=1.5$ m,距离结构边 $L=1.5$ m,管线侧向土体加固宽度 $B_j=1$ m,距离结构边 $L_j=9$ m 及加固土体弹性模量 $E_{js}=30$ MPa 的情况下得到的。从图中看出,方案对地下管线水平位移影响效果不十分明显,然而对其竖向位移影响显著,这说明侧向加固效果与加固土体的加固宽度 B_j、加固深度 H_j 和距离结构边距离 L_j 密切相关。

当土体加固区距离结构边越远且加固宽度较小时,加固土体犹如处于地基中的"悬挂体",故对地下管线的水平位移影响较小,然而对竖向位移,它却起到了较大的阻碍作用,故导致了上述结果。从图 6.5.2-1 也有所反映,当 $L_j=0$ m 即加固区与结构紧密相连时,加固效果最好,可同时有效地减小地下管线水平和竖向位移,这是因为这种情况下,增强了结构周围土体的整体刚度,这相当于对结构周围的土体进行大规模地预加固,从而大大地减少了开挖引起的土体位移。

可以得出,保护结构周边环境安全通过减少结构周围土体位移是最有效的途径,下面分析的支护影响也证实了这一点。同样土体侧向加固也存在最优加固深度问题,当加固体深度超过这一界限值,增加加固深度已没有效果,反而造成浪费。

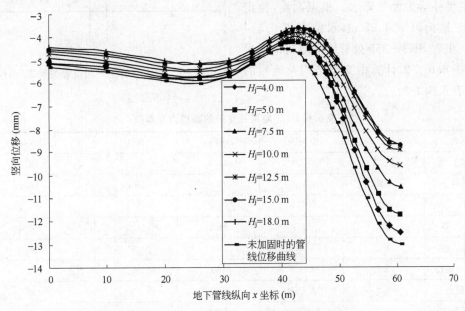

图 6.5.2-1 地下管线侧向土体加固对其位移的影响

6.5.3 支护对减少地下管线位移的效果

实际工程中,大多数浅埋大跨地下结构一般都通过周围土体预加固的办法来减少开挖对地下结构周边环境的影响,以保证自身与周边环境的安全。至于支护刚度对周边环境的影响,现将有关结果概况如下:

(1) 在一定范围内增大支护刚度可有效地减小周围土体即地下管线的位移,但当超过这一范围后,再增加支护刚度对地下管线位移影响程度较小。

(2) 随着支护刚度增大,地下管线位移减小的速率逐渐下降,最后逐步趋向稳定。当支护刚度达到一定程度后,继续增加支护刚度对减小地下管线位移的贡献已很小。

(3) 由于支护工程量大、造价高,且一味追求较高的支护刚度,这样有违新奥法施工的基本原则,其经济效益较其他方法小得多,因此通过适当增大预支护刚度来控制地下管线位移,将管线位移控制在允许的范围内,这是实际工程大量发展的一个趋势。

6.6 地铁隧道施工对管线影响数值模拟分析

6.6.1 工程简介

深圳地铁大剧院站～科学馆站区间里程 SK3+355 处有一管线与并行两区间隧道走向呈垂直相交,管线两端设有两个检查井,管线总长为 38.5 m,(见图 6.6.1-1),该管线为 $\phi300$ mm 铸铁煤气管,埋于地面下 1.4 m 处,管壁厚为 11 mm,管节长度为 4 m,承插式接口。

研究范围内隧道所处地层主要上覆第四系全新统人工堆积层和第四系残积层,下伏燕山期花岗岩。洞身主要穿越残积层和风化花岗岩。地下水为第四系孔隙潜水和基岩裂隙水,主要补给为大气降水。根据勘测,稳定水位位于地面以下 4.25 m,水位变幅 0.5～2.0 m。里程 SK3+355 处管线的隧道地质横断面见图 6.6.1-2,计算中支护结构及地层的参数见表 6.6.1-1。

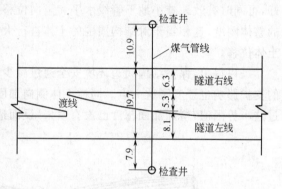

图 6.6.1-1 管线与隧道平面位置关系图(单位:m)

表 6.6.1-1 地层及支护的物理力学参数

材料名		μ	E(MPa)	c(kPa)	ϕ(°)	γ(kN/m³)
素填土		0.35	17.0	30.9	24.6	19.7
砾质黏性土		0.23	17.7	22.8	26.8	19.1
风化花岗岩	全	0.2	25.0	15.8	25.1	19.5
	强	0.21	52.9	24.1	11.3	20.4
	中	0.2	150.0	60	25	20.0
	微	0.2	350.0	150	35	21.5
喷混凝土		0.2	2.2E-4	3000	50	23
模筑混凝土		0.2	2.95E-4	4000	60	25
旋喷体		0.2	5.496E-3	900	25	21.5
加固土		0.21	78	50	21.8	21
管线		0.25	1.0E-5			78

注:μ—围岩的泊松比;E—围岩的弹性模量;c—围岩的黏聚力;ϕ—围岩的内摩擦角;γ—围岩的计算容重。承插式铸铁管接头扭转弹簧常数为 4.9 kN·m,平动弹簧常数为 1.77E-5kN/m,转动弹簧常数 789 kN·m/rad。

由于围岩条件较差和拟保护管线的重要性,根据已建隧道的量测数据分析和施工经验的反馈,工程保护措施拟定为:采用水平旋喷桩+小导管注浆补强进行超前预加固和止水+早强锚杆+早强喷混凝土+钢筋网+格栅钢架+模筑钢筋混凝土等多道支护组成联合支护体系,

第6章 地下工程施工对结构物的影响研究

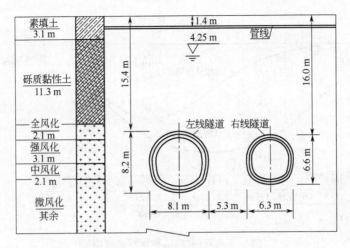

图 6.6.1-2 管线断面隧道地质横断面

同时要求及时施做初支并封闭成环,二次衬砌紧跟并缩短开挖进尺等,先台阶法施工右线隧道,再 CRD 四步工法施工左线隧道。

6.6.2 隧道施工对管线影响的数值模拟分析

6.6.2.1 计算模型

建模时,水平旋喷桩、钢架、锚杆采用等效方法进行模拟,初期支护及临时结构采用能承受轴弯性能的空间等参壳单元进行模拟,二次衬砌和围岩采用遵循有限变形理想弹塑性本构关系和 Drucker-Prager 屈服准则的空间等参实体单元进行模拟。铸铁管线模拟为三维弹性地基梁,管线两边的检查井,通过约束两端的转动自由度来考虑,接头用具有线性伸缩和转动特性的连接单元进行模拟,梁单元及上述板壳单元与实体单元间自由度的协调性通过自由度的耦合来实现。左右隧道与管线的有限元模型见图 6.6.2-1。

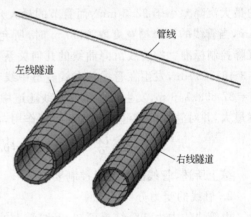

图 6.6.2-1 隧道与管线的位置及有限元模型

6.6.2.2 管线分析及检算

1. 管线的变形分析及检算

(1) 管线的变形分析

计算结果表明(见图 6.6.2-2):①左右线隧道施工时,管线的最大沉降差值点都在隧道中线与管线的相交点,右线施工时,最大沉降差值为 19.8 mm,左线施工时,最大沉降差值为 21.9 mm,这说明左线施工时对管线的影响程度稍大于右线,尽管左线隧道的断面大于右线且逐渐变大,但恰恰反映了 CRD 工法较台阶法能够更好的控制沉降这一道理;②左线隧道施工时,对右线具有明显的影响,管线的最大沉降值点逐渐转移至两隧道之间稍靠近左线隧道,说明了左右线隧道施工时具有明显的耦合效应;③ 从计算结果可知,管线的沉降值并不算大,由于管线离地表很近,实际上也近似反映了地表的沉降值并不大(计算最大值为 29.8 mm),这说明了在软土中开挖并行的小间距隧道时,通过超前预加固、缩短开挖进尺、及时封闭成环等

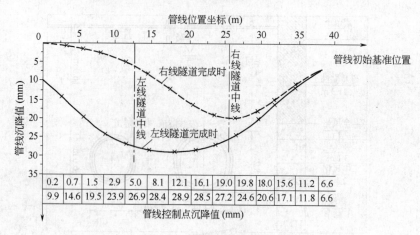

图 6.6.2-2 管线沉降曲线示意图

手段对控制地层变位是非常有效的。

(2) 管线的变形检算

由管线变形的计算结果可知,管线的最大斜率均发生在沉降曲线的拐点处,施工期间管节的最大沉降差小于 22.3 mm,而管节的最大允许沉降差为 32 mm。管线的最大沉降值为 28.9 mm,当管线的沉降槽宽度取为 30 m 时,所允许的最大沉降为 38.25 mm,计算表明管线满足沉降控制标准。按管线沉降曲线的几何关系可知,右线施工完成时管线的最小曲率半径为 $r_1=3\,461.539$ m,发生在管线与右线隧道中线交汇处;左线施工完成时管线的最小曲率半径为 $r_2=37\,699.146$ m,发生在管线与左线隧道中线交汇处。由此可知,右线施工完成时管线的曲率最大,并对管线的接缝张开值起控制作用,由以下公式可求得管线接缝的最大张开值为

$$\Delta=\frac{Db}{R}=\frac{0.311\times 4}{3\,461.54}=0.36\ \text{mm}<[\Delta]=0.925\ \text{mm}$$

综上所述,管线满足变形控制要求。

2. 管线的受力分析及检算

由管线的内力计算结果可知,管线受力的最不利位置均发生在管线沉降曲线的拐点处,左线施工完成时,由于管线沉降曲线的斜率得到了一定程度的改善,从而管线的受力状态也得到了较好的改善,计算结果表明,此时,管线的纵向受力均处于受压,最大压应力小于 16 MPa。右线施工完成时,管线所受的最大压应力小于 25 MPa,而共有 5 个单元的拉应力超过了铸铁的抗拉容许值,其中靠近左线的拐点处单元的受拉应力最大达到了 120 MPa,主要是沉降曲线拐点处的斜率较大所致,从受力分析看来,管线似乎不能严格满足受弯应力的控制要求。由于左线隧道施工时,管线沉降曲线的斜率及受力状态都会得到较大的改善,而右线隧道施工时导致管线的拉应力较大的时间只是暂时的,因此,可以降低管线的安全系数,当管线的安全系数取为 1.5 时,管线的容许拉应力为 $[\sigma_t]=124.03$ MPa,按这种标准检算,管线仍是安全的。

6.6.2.3 结论及建议

(1) 施工期间,管线能够满足变形控制要求,当管线的受力安全系数放松时,管线的受力也能够满足控制要求,即管线处于安全状态。值得一提的是,由于管线的使用年限和腐蚀性对管线的强度都有一定程度的降低,而计算中又没有很好的考虑这些因素,因此,这一点在施工中应该有所注意。

(2) 对于并行的小间距隧道施工时,对管线的变形和受力具有明显的空间耦合效应,管线

的最不利位置是在管线沉降曲线上曲率和斜率最大之处。由于左线隧道施工时能够明显改善管线的变形和受力状态，因此，施工时如果能够做到左线和右线隧道的掌子面距离不要错开的太远，这样对管线会取得更好的施工效果。

6.7 地铁隧道施工对管线影响的离心试验

6.7.1 试验简介

离心试验在西南交通大学土工离心机试验室 100 g·t 离心机上进行，隧道中的支护材料采用等效刚度法进行模拟，试验中采用的模型率为 $n=60$，试验测点编号及布置见图 6.7.1-1。

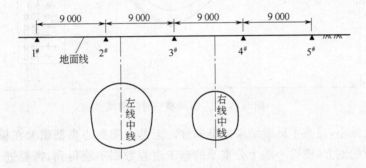

图 6.7.1-1 试验测点编号及布置（单位：mm）

6.7.2 试验结果分析

各个测点沉降位移—时间拟合曲线见图 6.7.2-1。由各测点的沉降位移—时间曲线可以得到管线断面由于隧道开挖引起的地表变形的影响范围及沉降槽曲线随时间变化的大致形状见图 6.7.2-2（图中纵坐标正值代表下沉）。

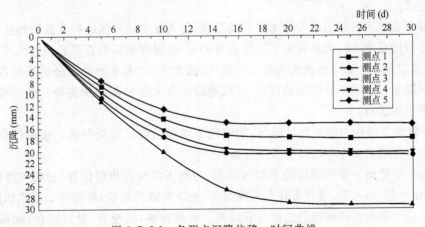

图 6.7.2-1 各测点沉降位移—时间曲线

6.7.3 结论与建议

离心模型试验在深圳地铁大剧院站～科学馆站区间暗挖施工 SK3+355 断面对煤气管线的变形研究很好地避免了常规模型试验由于缩尺带来的自重的损失这一致命的弱点，使实验

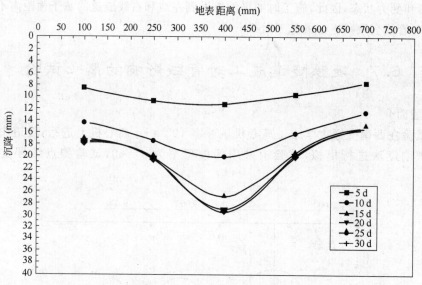

图 6.7.2-2 沉降槽—时间曲线

结果的误差大大减小,提高了试验结果的准确性。但是由于离心模型试验在模拟动态施工上还有不尽如人意的地方,使得一些十分重要的施工过程数据不能得到,需要进一步研究解决。如果计算模型和各种有关参数能够准确的确定下来,数值计算能够验证模型试验的正确性和准确性,丰富研究内容。任何一种单一的研究手段都存在着自身的弱点和不足,加强几种研究手段的综合应用可以拓宽研究思路、提高研究水平。

6.8 地铁隧道施工对管线影响的监测分析

6.8.1 地下工程中地下管线监测方法

城市地下管线工程被国内外称为生命线工程,与人民生活和国民经济紧密相连,地下结构相邻地下管线的监测不仅关系到地下工程本身的安全,同时也关系着国家和人民的利益,关系重大,不可掉以轻心。城市市政管理部门与煤气、输变电、自来水和电话公司等对各类地下管线的允许沉降量制定了十分严格的规定,工程建设所有关单位都必须遵循。地下管线监测方法可按以下步骤进行:

(1) 了解地下结构与隧道设计情况,明确地下结构的设计安全等级。按现行有关国家行业规范规定地下管线安全等级分为 4 个等级。

(2) 调查清楚地下结构周围地下管线埋深、与地下结构的相对位置、走向和埋设年代;管线种类,是输水管、污水管、煤气管还是电缆管等;地下管线的材质;管线接头形式如何,是刚性还是柔性。这一般在市政等部门的综合管线图上有所反映,如没有,最好结合《城市地下管线探测技术规程》(CJJ 61—94)的要求进行探测。

(3) 调查地下管线所在道路的地面人流与交通状况,以便制定适合的测点埋深和测试方案。

(4) 地下结构开挖过程中,采用前面介绍的方法,计算地下管线的位移,为测量数据分析提供依据。

6.8.2 测点布置

管线断面地表沉降的观测点布置见图6.8.2-1。

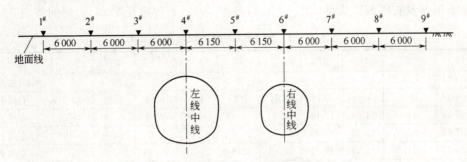

图 6.8.2-1 管线断面地表沉降测点布置(单位:mm)

6.8.3 测试成果

施工过程中各观测点的地表沉降典型时间的累积值见表6.8.3-1。4#观测点即左线中心和6#观测点即右线中心的地表沉降随时间的变化趋势见图6.8.3-1。管线地表横向沉降槽随时间的变化趋势见图6.8.3-2。

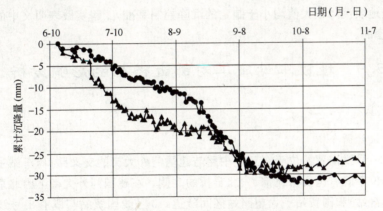

图 6.8.3-1 SK3+355 煤气管道特征点沉降历时曲线

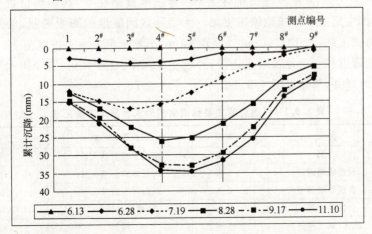

图 6.8.3-2 SK3+355 煤气管道横向沉降槽变化曲线

量测分析表明,右线开挖及初衬穿过SK3+355断面时,在施工各阶段沉降量占总下沉的比例分别为:超前下沉量15%、上台阶开挖46%、下台阶开挖17%、时间效应及左线施工扰动22%;左线开挖及初次衬砌穿过SK3+355断面时,在施工各阶段沉降量占总下沉的比例分别为:超前下沉量及右线施工扰动26%、上台阶开挖40%、下台阶开挖26%、时间效应8%。

表 6.8.3-1 SK3+355断面测点累计沉降

时间	1#	2#	3#	4#	5#	6#	7#	8#	9#	施工工况
2002-06-13	0	0	0	0	0	0	0	0	0	初测
2002-06-28	2.99	3.51	4.16	3.94	3.17	1.6	1.58	1.42	0.02	右线上台
2002-07-19	12.05	14.64	17.08	15.84	12.67	8.29	4.84	2.11	0.63	右线下台
2002-08-28	12.57	16.72	21.81	25.83	25.02	21.02	15.63	8.37	5.19	左线上台
2002-09-17	14.56	18.94	27.73	32.63	32.84	29.19	22.19	11.89	7.52	左线下台
2002-11-10	15.24	21.04	27.85	34.08	34.62	31.56	25.57	13.67	8.74	稳定停止监测

6.8.4 结　论

地表沉降最大值量测数据较计算数据和试验稍大,可能是实际施工中伴随有少量地下水的流失,从而引起少量的固结沉降以及随时间变化而产生的少量的次固结沉降的缘故,数值模拟分析和离心试验以及现场量测的地表沉降还是比较一致的,三者均反映了施工期间管线处于安全状态,且地表沉降最大值均小于制定的沉降控制基准,工程实践表明文中的沉降控制基准的制定是合理的。

6.9　地铁车站施工对邻近桥基的影响分析

6.9.1　工程简介

6.9.1.1　车站设计简介

北京地铁10号线国贸站位于东三环中路与建国门外大街的交叉路口,车站主体与东三环中路走向一致,位于既有国贸桥北部、大北窑桥的北侧。在建国门外大街下为北京地铁1号线国贸站(原大北窑站)和国贸站～大望路站区间隧道,10号线国贸站与既有1号线地铁国贸站在此形成L型换乘关系,1号线国贸站在上,10号线国贸站在下,其平面位置受桥桩、既有1号线的影响,埋深主要受1号线地铁国贸站～大望路区间隧道的高程限制,见图6.9.1-1。车站主体属分离岛式车站,长131.20 m,线间距80 m,车站单侧主洞开挖宽度13.2 m,分离洞体之间设两个客流通道和一个设备通道连接;外设三个风亭、三个风道、五个出入口、一个换乘联络通道、一座临时竖井,具体见图6.9.1-2。

表 6.9.1-1 国贸站主要部位结构形式及施工方法汇总

序号	部位	数量	结构断面形式	施工方法
1	主洞	2条	双层单拱直墙无柱	洞桩法
2	设备联络通道	1条	双层单拱直墙无柱	洞桩法
3	客流联络通道	2条	双层单拱直墙无柱	台阶法
4	换乘通道	1条	单层马蹄形	CRD法
5	风井(施工竖井)	3座	矩形	明挖法
6	临时施工竖井	1座	矩形	明挖法

续上表

序号	部位	数量	结构断面形式	施工方法
7	北侧风道（施工通道）	2座	双层单拱直墙无柱	洞桩法
8	南侧风道	1条	双层单拱直墙	CRD法
9	出入口水平通道	5条	单层马蹄形	台阶法
10	出入口斜通道	5座	框架结构	CRD法
11	出入口	5座	框架结构	明挖法

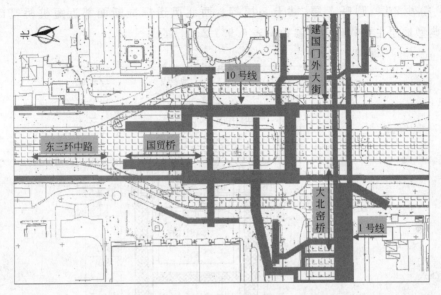

图6.9.1-1　国贸站位置以及与1号线—国贸桥—大北窑桥的平面位置关系

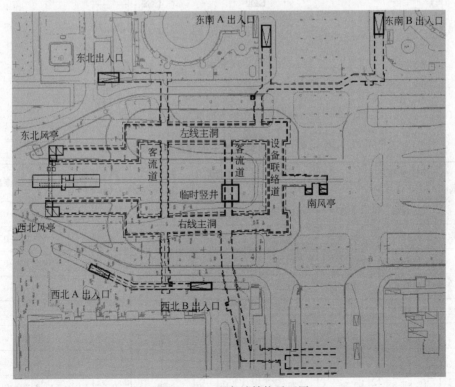

图6.9.1-2　国贸站结构平面图

车站建筑面积为 18 955.8 m²，其中主体建筑面积为 10 859.4 m²，风道建筑面积为 3 629.0 m²，出入口建筑面积为 4 467.4 m²。左右线主洞、北侧风道和设备通道采用洞桩支撑法施工；出入口水平段、客流通道采用台阶法施工；南侧风道、出入口斜通道段、换乘联络通道采用 CRD 法施工，具体见表 6.9.1-1。

6.9.1.2 工程与水文地质

车站结构所在断面地层自上而下分别为：填土 1 层、粉黏土 3 层、粉砂 4 层、圆砾 5 层、粉黏土 6 层、粉砂 7 层、圆砾 7 层、黏土 8 层等。西北风道标准断面邻近短桩桥基剖面见图 6.9.1-3，典型地层主要物理力学参数见表 6.9.1-2。

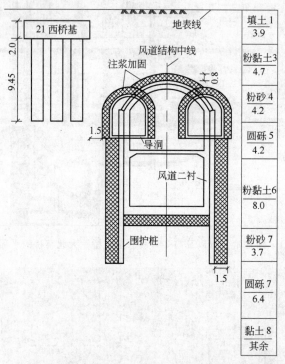

图 6.9.1-3 国贸站西北风道标准断面剖面（单位：m）

表 6.9.1-2 典型地层主要物理力学参数

地层名符号表示	弹性模量(kPa)	泊松比	容重(kN/m³)	内摩擦角(°)	黏聚力(kPa)	渗透系数(m/d)	衬砌摩擦系数
填土 1 层	11.6E-3	0.3	16.5	25	18	0.26	0.25～0.30
粉黏土 3 层	15.4E-3	0.29	21	31	19	0.026	0.20～0.25
粉砂 4 层	28E-3	0.29	20.5	35	0	0.026	0.25～0.35
圆砾 5 层	70E-3	0.27	21.5	40	0	60	0.35～0.40
粉黏土 6 层	18.3E-3	0.33	20.4	29	20	0.026	0.20～0.25
粗砂 7 层	80E-3	0.28	20.8	40	0	26	0.35～0.40
圆砾 7 层	90E-3	0.195	21.2	55	0	80	0.40～0.50
黏土 8 层	12.8E-3	0.35	21.5	18	60	0.002 6	0.20～0.25

本工程所涉及到的地下水类型,按地下水的赋存条件属于第四纪松散岩类孔隙水;按水力性质分为上层滞水、潜水和承压水。(1)上层滞水,主要赋存于上部粉土层、粉细砂层,局部为填土层,透水性一般,水位埋深 0.7～7.4 m;(2)潜水,主要赋存于圆砾卵石层、中粗砂层、粉细砂层、粉土层、卵石圆砾层及局部细中砂层,透水性好,水位埋深为 11.92～14.78 m;(3)承压水,主要赋存于粉土层、卵石圆砾层、中粗砂层、粉细砂层及以下粗粒土层,其中夹有若干层粉质黏土隔水层渗透系数大,为强透水层,因受区域性地下水开采形成的降水漏斗影响,该层承压性较弱,高水头越过结构底板,水头埋深为 23.1～25.40 m。

6.9.1.3 国贸站与邻近桥基的位置关系

车站洞室在国贸桥、大北窑桥桥梁基础之间穿过,国贸站工程与周围桥基的平面位置关系具体见图 6.9.1-4。

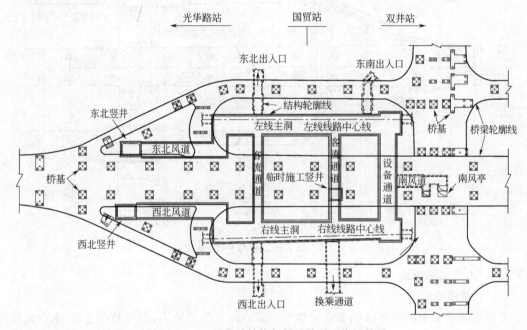

图 6.9.1-4 国贸站结构与桥基的平面位置关系

既有国贸桥位于东三环中路与建国门外大街交叉路口,结构形式复杂多样,共分三期建成。其中:

(1)一期工程为南北向的三环主桥,于 1993 年 11 月完工,全长 1 058.80 m,共 39 跨,梁部结构形式为预应力混凝土简支梁、钢筋混凝土异形板梁、预应力混凝土连续箱梁和预应力混凝土钢—混叠合变截面箱梁。处于兴建中的地铁 10 号线国贸站工程影响区域的桥型(从南向北)为:40.0 m+46.0 m+40.0 m 预应力钢—混叠合变截面箱梁、2×25.0 m+27.0 m 预应力混凝土简支 T 梁、2×17.8 m 钢筋混凝土异形板、2×27.0 m 预应力混凝土简支 T 梁与 20.0 m+30.0 m+22.8 m 预应力混凝土连续箱梁。

(2)二期工程为南北向的三环匝道桥和东西向的联络匝道桥下部结构,于 1999 年 5 月建成,全长 809.50 m,共 36 跨,梁部结构形式为预应力混凝土简支梁和钢筋混凝土异形板梁。处于兴建中的地铁 10 号线国贸站工程影响区域的桥型(从南向北)为 26.617 m(西)/25.145 m(东)+3×25.0 m 预应力混凝土简支 T 梁、4.36 m+20.944 m+11.19 m+11.0 m 钢筋混凝土异形板与 2×27.0 m 预应力混凝土简支 T 梁。

(3) 三期工程为东西向的联络匝道桥上部结构与东西向的大北窑老桥改造工程,于 2000 年 9 月竣工,全长 360.0 m,共 20 跨,梁部结构形式(从西向东)为:5×15.0 m 预应力混凝土简支 T 梁、15.0 m+15.0 m+15.0 m 钢筋混凝土异形板和预应力混凝土简支 T 梁组合、33.0 m +39.0 m+33.0 m 预应力钢—混叠合变截面箱梁、15.0 m+15.0 m+15.0 m 钢筋混凝土异形板和预应力混凝土简支 T 梁组合、6×15.0 m 预应力混凝土简支 T 梁。

既有国贸桥结构总平面见图 6.9.1-5。

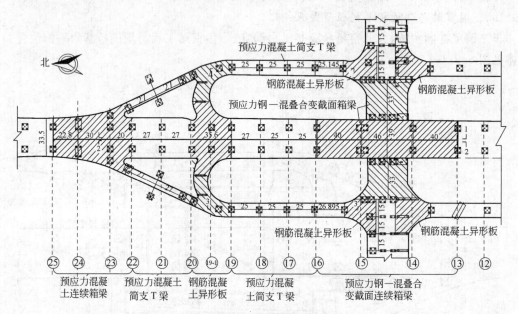

图 6.9.1-5　既有国贸桥总平面(单位:m)

6.9.1.4　工程主要特点

(1) 工程环境复杂

工程地处北京中央商务区国贸立交桥十字路口国贸桥的地下,南北是东三环,东西是建外大街,1 号线地铁从南侧地下穿过,四个出入口处于国贸大厦、中服大厦和招商局大厦等多个重要商务建筑物附近;地下埋有纵横交错的数条市政管线,地上行人、车辆川流不息,因此复杂的周围环境必然对施工提出严格的限制条件。

(2) 工程规模大

本车站工程规模较大,主洞为两个单独的双层大跨度洞室,主洞之间设一个设备联络通道及两个客流联络通道,外设三个通风道、五个出入口和一个换乘通道等,形成复杂的地下洞室群结构。

(3) 工程难度大

地面建筑和地下管线众多,而且车站结构从国贸桥、大北窑桥的基础桩间穿过,南端与既有 1 号线区间擦肩而过,必须确保场地周围建筑物、地下管线、既有桥、既有线路的安全;附属洞室众多,关键节点多,必须确保施工过程的安全,特别是开口段施工的安全。车站处于 CBD 中心,位于东三环与建外大街交叉路口,地面交通繁忙,尤其是夜间重载车辆较多,动荷载对施工影响大,必须确保地面交通和行人的安全。

(4) 工程地质条件差

车站站区完全被新建建筑物覆盖,所处地段工程历史复杂,先后多次进行钻孔桩与管线改移施工。地层由填土、黏性土、粉土、粉细砂、中粗砂、圆砾卵石及细中砂等交互沉积而成,上层滞水饱和,潜水位于中层板下 1.6 m,承压水则高于底板 1.4 m。车站主体结构拱部位于粉细砂地层中,车站主体埋深 9.75~9.7 m,风道埋深约 7.7 m。地面管线众多,又处于交通要道,地面管井降水布置困难,而且附属洞室与主体结构接口较多,防水存在较多的薄弱环节,如何确保无水开挖和结构的不渗不漏是本工程的重点。

6.9.2 国贸立交桥安全现状概况

为了解国贸立交桥目前结构既有承载和变形能力,评估其剩余承载能力和剩余变形能力,为地铁施工期间沉降控制标准的制定提供科学依据,为此,对国贸立交桥受地铁车站施工影响范围内桥梁的现状外观、工作状态以及结构动力特性等进行全面科学的检测,并对其强度、刚度、稳定性和耐久性进行了综合分析。

6.9.2.1 桥基变形和承载能力评估

通过对国贸立交现况桥梁进行外观检查与检测,以及对北京地铁 10 号线国贸站施工影响区域范围内(13#轴~25#轴)结构允许沉降能力的验算,得出以下主要结论:

1. 13#~16#轴 40 m+46 m+40 m 预应力变截面连续钢箱梁

(1)经过外观检查,结构各部位未见明显损伤与病害,各连接部位完整、良好;

(2)由沉降量计算结果表明,该部分桥梁自竣工至今可能产生的最大顺桥向差异沉降为 13.4 mm;

(3)基桩承载力计算结果表明,桥梁基础承载力安全储备较多,受力形式以摩擦桩为主;

(4)目前该部位上部结构承载能力满足使用要求,当 16#轴产生相对于 15#轴 20 mm 顺桥向差异沉降后,上缘混凝土现浇层仍未出现拉应力,但应力储备仅为 0.21 MPa;

(5)达到上述应力状态的剩余沉降值为 6.6 mm;

(6)考虑施工阶段预应力损失的不确定性、组合结构的疲劳机理、钢板与混凝土间的相对滑移等因素,该部分结构顺桥向差异沉降不宜过大,故应控制在 5.0 mm。

13#~16#轴 40 m+46 m+40 m 预应力变截面连续钢箱梁桥顺桥向差异沉降值见表 6.9.2-1。

表 6.9.2-1 预应力变截面连续钢箱梁桥顺桥向差异沉降值

桥梁轴号	既有差异沉降 (mm)	最大差异沉降 (mm)	剩余差异沉降 (mm)	施工期间差异沉降极限值 (mm)
13#~14#	—	—	—	—
14#~15#	—	—	—	—
15#~16#	13.4	20	6.6	5.0

2. 16#轴~19#轴(25 m+27 m+27 m)、20#轴~22#轴(2×27 m)预应力混凝土简支 T 梁

(1)经过外观检查,16#轴~19#轴、20#轴~22#轴预应力混凝土简支 T 梁部分上部结构现浇段存在横向裂缝、渗水、泛碱、麻面等病害,横隔板与翼板局部存在混凝土破损、露筋锈蚀、渗水现象;

(2)由沉降量计算结果表明 17#轴绝对沉降值较大,其中东墩为 35.3 mm,西墩为 29.8 mm。

原因是东西墩下桩端均穿过卵石层,进入压缩模量相对较小的土层;而东、西墩桩端所在土层压缩模量差别也较大,因此差异沉降值较大,为 5.5 mm;

(3)18#轴东西墩桩端分别进入压缩模量很小的黏土层和压缩模量较大的卵石层,因此东墩沉降值较大,为 25.1 mm,西墩沉降较小,为 14 mm,差异沉降也较大,为 11.1 mm;

(4)基桩承载力计算结果表明,桥梁基础承载力安全储备较多,受力形式以摩擦桩为主;

(5)预应力混凝土简支 T 梁部分可控制顺桥向差异沉降为 20 mm,但应控制桥面不出现反向折线纵坡,保证桥面行驶舒适度。

16#轴~19#轴(25 m+27 m+27 m)、20#轴~22#轴(2×27 m)预应力混凝土简支 T 梁顺桥向差异沉降值见表 6.9.2-2。

表 6.9.2-2 预应力混凝土简支 T 梁顺桥向差异沉降值

桥梁轴号	既有差异沉降 (mm)	最大差异沉降 (mm)	剩余差异沉降 (mm)	施工期间差异沉降极限值 (mm)
16#~17#	18.9	50	31.1	20
17#~18#	15.8	50	34.2	20
18#~19#	20.8	50	29.2	20
20#~21#	3.6	50	46.4	20
21#~22#	3.3	50	46.7	20

3. 19#轴~20#轴 2×17.8 m 钢筋混凝土异形板

(1)综合分析,该部位已出现超出规范要求的损伤,不可出现差异沉降,但考虑地铁施工影响,拟定结构为带损伤工作状态,进行如下分析;

(2)经过外观检查,19#轴~20#轴异形板底存在多处垂直至于行车方向的受力裂缝,裂缝平均间距约为 25 cm,裂缝平均宽度约为 0.18~0.26 mm;

(3)由沉降量计算结果表明,19-1#轴东西墩桩端均进入卵石层,但由于 19-1#轴为独墩,承受较大的上部结构荷载,因此产生的绝对沉降较大,分别为 19.3 mm 和 15.5 mm;20#轴东墩 4 根桩长度差别较大,其中两根长度为 9.5 m,1 根长度为 26.9 m,1 根长度为 30.7 m,而西墩桩长一致,由于东西墩桩长存在较大差异,产生了 3 mm 差异沉降值;

(4)基桩承载力计算结果表明,桥梁基础受力形式以摩擦桩为主,但承载力安全储备严重不足,地铁开挖将对短桩(长度为 9 m 左右)产生极为不利的影响,通过计算得到,短桩承载力 70%来自端承力,因此应在施工前对短桩进行切实有效的加固处理,并加强对短桩的监控和保护,保证其持力层土体施工过程及完工后仍能提供足够的端承力;

(5)上部结构在沉降前后的极限承载能力满足规范要求,但原结构变形能力较弱,梁内配筋多以粗钢筋为主,其抗裂性能进一步降低,过大差异沉降将导致裂缝的加速开展,致使结构耐久性降低;

(6)19-1#轴~20#轴主桥方向正弯矩区域,沉降前裂缝验算宽度为 0.24 mm,已超出规范允许值,当 19-1#轴沉降 20 mm 后,裂缝开展至 0.27 mm,目前该部位在外观检测中已发现有较多横桥向裂缝存在,其裂缝平均间距约为 25 cm,裂缝宽度约为 0.18~0.24 mm,详见外观检测部分;

(7)承载能力验算结果表明 19-1#轴差异沉降对 19-1#轴~20#轴主桥方向正弯矩区域裂缝开展其主要作用,由前述桩基础沉降量计算以及桥面线形量测成果均表明在该位置内环线左幅桥梁较外环线右幅桥梁存在较大的顺桥向差异沉降,验证 19-1#轴~20#轴主桥方向正弯矩区域裂缝开展的原因,进一步验证了钢筋混凝土现浇异形板部分左幅桥梁裂缝开展较右幅桥梁更明显;

(8)19-1#轴~19-2(3)#轴匝道方向正弯矩区域沉降前裂缝验算宽度为 0.20 mm,已接近规范允许值,19-2(3)#轴沉降 20 mm 后,裂缝开展至 0.22 mm,超出规范相应规定;

(9)19-1#轴负弯矩区沉降前裂缝验算宽度为 0.16 mm,满足规范要求,但 19#轴与 20#轴同时产生相对于 19-1#轴 20 mm 沉降后,裂缝开展至 0.19 mm;

(10)沉降量计算结果表明,该部分桥梁自竣工至今可能产生的最大顺桥向差异沉降为 13.5 mm,故达到上述受力状态的剩余沉降值为 6.5 mm;

(11)考虑结构已存在冲切破坏迹象,除对结构应先进行必要的加固处理外,应尽量避免边墩支座反力进一步增大,故 19-1#、19-2(3)#轴相对于 19#轴、20#轴的顺桥向差异沉降不宜过大,应控制在 5.0 mm 以内,施工完成后应对结构进行再次评估;

(12)由于结构 19-1#轴已出现较大沉降,故 19#轴、20#轴相对于 19-1#轴的顺桥向差异沉降对结构而言属向有利方向发展,差异沉降控制值可适当放宽,拟定 19#轴、20#轴相对于 19-1#轴顺桥向差异沉降控制在 10 mm 范围内,但注意 19#轴、20#轴不宜同时产生过大沉降;

(13)支座反力分配不均匀,势必对支座受力状况以及盖梁产生较为不利的影响,并且有限元分析结果亦表明盖梁承载能力安全储备不足,目前由于桥上交通标线的施划(最外侧为紧急停车带),使得车辆荷载还未能达到最不利状态。

19#轴~20#轴 2×17.8 m 钢筋混凝土异形板顺桥向差异沉降值见表 6.9.2-3。

表 6.9.2-3 钢筋混凝土异形板顺桥向差异沉降值

桥梁轴号	既有差异沉降 (mm)	最大差异沉降 (mm)	剩余差异沉降 (mm)	施工期间差异沉降极限值 (mm)
19#~19-1#	13.5	0	19# 10.0	10
			19-1# 5.0	5
19-1#~20#	10.0		19-1# 5.0	5
			20# 10.0	10
19#~19-2(3)#	—		5.0	5

4. 22#轴~25#轴 20 m+30 m+22.8 m 预应力混凝土连续箱梁

(1)外观检查结果表明,22#轴~25#轴预应力混凝土连续箱梁部分箱梁底板存在较多顺桥向裂缝,裂缝宽度在 0.10~0.32 mm 之间,除此之外,梁体各部位未发现可见受力裂缝,认为目前仍未进入 B 类预应力状态;

(2)预应力混凝土连续箱梁结构抗力满足规范规定的极限承载力要求;

(3)由于原设计中预应力配置较多,空间模型分析结果显示边跨(22#轴~23#轴)跨中;

(4)通过应力释放测试得到使用状态下钢筋应变,由此推断结构现存应力状况,并上缘混凝土存在拉应力;以此计算结构应力损失为 23%~40%,修正模型后边跨跨中上缘仍存在一定拉应力;

(5)当结构应力损失 23%,匝道边墩 22-1(2)#轴沉降 15 mm 时,匝道跨中截面上缘混凝土拉应力=2.06 MPa≈0.8R_1^b=2.08 MPa,从而形成 B 类预应力混凝土构件;

(6)当结构应力损失 40%,主线桥边墩 22#轴沉降 15 mm 时,主线桥 23#轴墩顶截面上缘

混凝土拉应力＝2.09 MPa＞$0.8R_l^b$＝2.08 MPa,从而形成 B 类预应力混凝土构件;

(7)当结构应力损失 40%,匝道桥边墩 22-1(2)#轴沉降 15 mm 时,匝道桥 23#轴墩顶截面上缘混凝土拉应力＝2.01 MPa≈$0.8R_l^b$＝2.08 MPa,从而形成 B 类预应力混凝土构件;

(8)当拟定结构顺桥向差异沉降 10 mm 时,结构基本满足规范相应规定,即 $\sigma_{hl} \leqslant 0.8R_l^b$＝2.08 MPa,符合 A 类预应力混凝土构件要求,但结构将会出现较大变形;

(9)由于原桥按照全预应力结构设计,故顺桥向配筋除预应力钢束外,纵向钢筋多为 ϕ10mm,如进入 B 类预应力混凝土构件,混凝土结构将出现大量裂缝,并加速开展,导致结构损伤过大;

(10)当拟定结构顺桥向差异沉降 5 mm 时,结构混凝土受拉区域较少,接近原设计的全预应力结构,故顺桥向差异沉降应控制在 5 mm 范围内;

(11)原设计中墩顶负弯矩控制截面在发生横桥向 5 mm 差异沉降后仍能满足承载力要求。

22#轴~25#轴 20 m+30 m+22.8 m 预应力混凝土连续箱梁顺桥向差异沉降值见表 6.9.2-4。

表 6.9.2-4 预应力混凝土连续箱梁顺桥向差异沉降值

桥梁轴号	既有差异沉降(mm)	最大差异沉降(mm)	剩余差异沉降(mm)	施工期间差异沉降极限值(mm)
22#~23#	—	5	5	5
23#~24#	—	5	5	5
24#~25#	—	5	5	5

6.9.2.2 施工阶段差异沉降控制指标建议

根据上述各结构部位存在的问题与缺陷,拟制定如下控制指标对施工影响范围内桥梁差异沉降值进行控制,以保证地铁 10 号线国贸站的顺利施工以及国贸立交的安全使用。差异沉降控制按如下原则实施:

1. 桥梁顺桥向差异沉降采用预警值、报警值、极限值三个等级进行控制。

(1)极限值是在保证结构不产生破坏的前提下所能达到的最大差异沉降值,在整个施工过程中以及施工完成后的最终差异沉降值;

(2)当沉降过快或接近报警值时,采取必要措施、手段进行预防或防护的差异沉降值,按极限值的 80% 取用;

(3)预警值是指施工顺利进行时的控制差异沉降值,按极限值的 60% 取用,在施工过程中应采取有效手段避免产生过大的差异沉降;

(4)当施工产生的顺桥向差异沉降值小于预警值时,施工可顺利进行;

(5)当顺桥向差异沉降值超过预警值时,应及时采取必要措施减小差异沉降,降低差异沉降速率,并考虑、制定必要的防护措施;

(6)当顺桥向差异沉降值超过报警值时,应及时采取必要措施减小差异沉降,降低差异沉降速率,报专家组进行论证分析,并采相应防护措施进行防护,确保上部结构安全;

(7)当顺桥向差异沉降值接近或达到极限值时,应立即停止施工,报专家组进行论证分析,确定具体措施。

2. 对于 13#～16# 钢—混叠合变截面连续箱梁部分,根据结构受力特点及结构重要程度,顺桥向差异沉降极限值为 5 mm,报警值为 4 mm,预警值为 3 mm。

3. 对于 16#～19#、20#～22# 预应力混凝土简支 T 梁部分顺桥向差异沉降极限值容许值为 20 mm,警戒值为 16 mm,容许值为 12 mm。

4. 19#～20# 钢筋混凝土异形板,考虑结构特点是混凝土允许开裂,但不允许超过一定范围限值,故 19# 轴、20# 轴顺桥向差异沉降极限值为 10 mm、报警值为 8 mm、预警值为 6 mm,19# 轴与 20# 轴不得同时产生与 19-1# 同向差异沉降;19-1# 轴、19-2(3)# 轴顺桥向差异沉降极限值为 5 mm、报警值为 4 mm、预警值为 3 mm。但在施工过程中应对板底支座附近环状裂缝以及墩柱竖向应变进行监测,控制各支座的反力分配情况,不致使梁体出现脆性破坏,必要时须对支座反力进行人工调整。

5. 22#～25# 预应力混凝土连续箱梁部分,考虑结构受力特点,由于现阶段无法准确获得应力储备下降值,为保证结构不致进入开裂状态工作,顺桥向差异沉降极限值为 5 mm,报警值为 4 mm,预警值为 3 mm。

6. 由于盖梁结构形式基本相同,横桥向差异沉降极限值均按 5 mm 控制,必要时需调整相应施工工序予以保证。由于 20#、22# 盖梁承载能力略有不足,故应加强其在施工过程中的应力监测。

7. 地铁车站施工过程中,应严格按照上述原则控制各向差异沉降值。

8. 在施工中应减小桥上荷载不利影响。

9. 上述差异沉降极限值暂作为现阶段施工控制指标,随着施工的进一步实施,需结合施工步骤及时调整相应参数,逐步修正。

地铁车站施工时阶段差异沉降控制指标建议值汇总见表 6.9.2-5。

表 6.9.2-5 地铁车站施工时阶段差异沉降控制指标(单位:mm)

桥梁轴号	结构类型	顺桥向差异沉降			横桥向差异沉降	备注
		预警值	报警值	极限值		
13#～16#	钢—混叠合变截面连续箱梁	3	4	5	5	
16#～19#	预应力混凝土简支 T 梁	12	16	20	5	
19#～20#	钢筋混凝土异形板	3(6)	4(8)	5(10)	5	括号内数据为 19#、20# 控制指标
20#～22#	预应力混凝土简支 T 梁	12	16	20	5	
22#～25#	预应力混凝土连续箱梁	3	4	5	5	

6.9.3 国贸站研究概况

6.9.3.1 研究技术路线

研究思路是在获取必须的研究基础资料的前提下,通过较为全面的理论分析、现场测试与检测、室内试验等手段,研究施工过程中桥基的响应状态,分析总结个案研究理论成果、桥梁现状安全评估成果、现场监控和检测成果,通过正向研究成果提出国贸站施工期间以及正常使用期间桥梁的安全控制标准,同时通过反向研究,研究桥基保护的工程措施效果以及如何实现安全控制标准,这个标准应该是在吸取工程经验、专家意见、专题会议、理论研究成果、测试成果和桥梁现状安全评估成果的基础上进行不断修正而逐步完善和完成的。

研究技术路线基本是在研究基础资料的基础上进行相关的内容研究，从而得出相应的研究成果，研究基础、研究方法、研究成果如下。

(1) 研究基础，主要包括：国贸站设计资料、施工资料、地质详勘报告、国贸桥资料调查等。

(2) 研究方法，主要包括：工程经验、理论研究、室内试验、现场测试与检测等。

(3) 研究成果，主要包括：国贸桥安全现状评估成果、室内岩土试验成果、现场测分析成果、数值分析成果、理论分析成果、桥基安全控制标准等。

研究技术路线具体可见图 6.9.3-1。

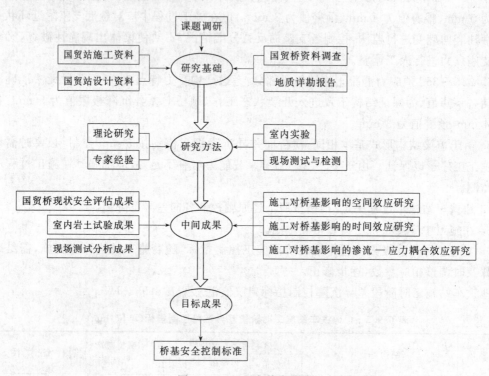

图 6.9.3-1　研究技术路线

6.9.3.2　研究实施规划

由于施工期间桥梁的安全主要是桥梁上部结构(包括桥面、横桥向梁、顺桥向梁)的变形起控制作用，而上部结构的被动变形又是由于施工导致桥梁基础的变形所引起的，因此，研究国贸站施工对桥梁的影响主要集中研究施工对桥梁基础的变形影响。

面对国贸站复杂的群洞结构形式和密布的桥梁基础，要想大范围地研究国贸站施工对桥基的影响是非常困难的。于是，根据桥梁不同型式的上部结构以及对变形的敏感程度，分别划分成预应力混凝土连续箱梁、预应力混凝土简支T型梁、钢筋混凝土异形板、预应力钢—混叠合变截面连续箱梁等四类典型区域(见图 6.9.3-2)，同时，将国贸站范围内每个受保护的桥基按对施工变形的敏感程度从高到低分别划分为 A、B、C 3 个保护等级，然后采用分区域分等级的办法进行重点研究。

这样就将施工对桥梁的安全影响问题转化为研究施工对桥基的安全影响问题，将施工范围内大量桥基的安全影响问题转化为具有代表性桥基的安全影响问题，为在有限的时间和条件下完成相关理论分析的研究工作提供了可能。

由图 6.9.3-2 可知，国贸站需重点保护的 A 级桥基基本都集中在东北风道和西北风道施

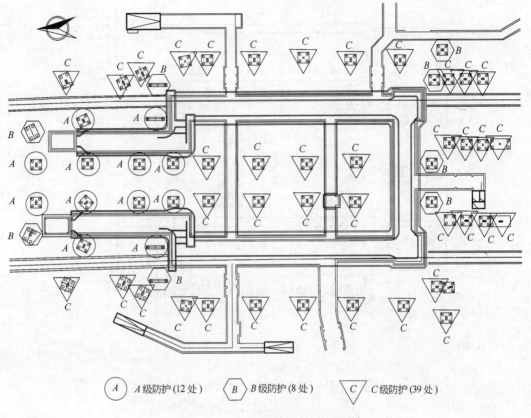

图 6.9.3-2 国贸站桥基保护等级划分

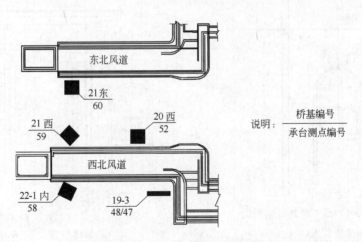

图 6.9.3-3 重点研究桥基分布及编号

工影响范围内,由于东北风道和西北风道具有一定的对称相似性,考虑相同类型的桩以后,需要进行重点研究的桥基类型主要有短桩桥基(桩长为9 m左右)、中长桩桥基(桩长为18 m左右)、长桩桥基(桩长为28 m左右)、长—短桩结合桥基(9 m和28 m左右桩长结合)等4种典型桥基。其中长桩桥基根据承台类型以及所处的位置不一样,拟重点研究两个,其他类型的拟重点各研究一个,因此,需要重点研究的桥基共5个,桥基编号及其测点编号见图 6.9.3-3,桥基尺寸关系见图 6.9.3-4,桥基与结构的剖面位置关系见图 6.9.3-5~图 6.9.3-7。

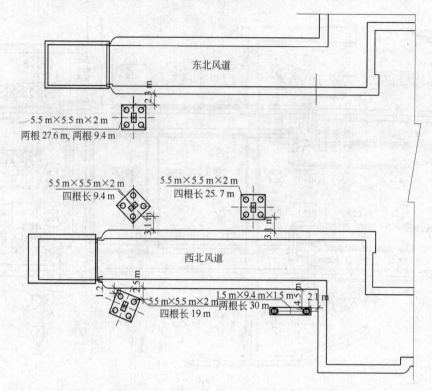

图 6.9.3-4 重点研究桥基承台类型及尺寸

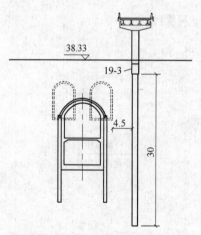

图 6.9.3-5 19-3 桥基与结构的剖面位置关系(单位:m)

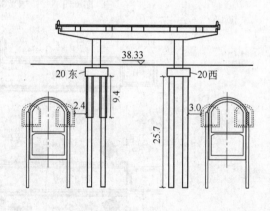

图 6.9.3-6 20 东和 20 西桥基与结构的剖面位置关系(单位:m)

6.9.3.3 洞桩法施工工法简介

国贸站除了客流通道和出入口,其余基本都采用洞桩法施工,图 6.9.3-8 为洞桩法结构断面施工方案,其主要施工步序为:

(1)预加固左右小导洞;(2)开挖和支护左右小导洞;(3)小导洞内施工钻孔灌注桩;(4)小导洞内施做桩顶冠梁以及主体拱部位于小导洞内的初期支护结构;(5)小导洞内回填混凝土;(6)预加固主体拱部;(7)开挖主洞至开挖面 1;(8)施做主体拱部支护;(9)开挖主洞至开挖面 2;(10)施做支撑 1;(11)开挖主洞至开挖 3;(12)施做支撑 2;(13)拆除主洞内的导洞初支;

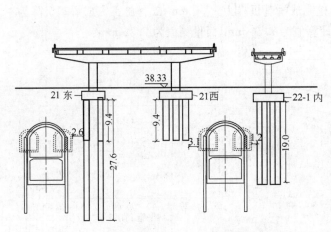
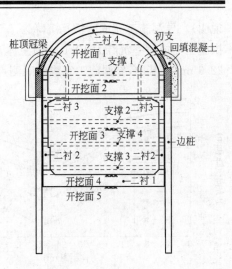

图 6.9.3-7　21 东、21 西、22-1 内桥基与结构的剖面位置关系(单位:m)

图 6.9.3-8　洞桩法结构断面施工步序

(14)洞内斜向下定向注浆;(15)开挖主洞至开挖面 4;(16)施做支撑 3;(17)预加固主洞底部;(18)开挖主洞至开挖面 5;(19)施做二衬 1;(20)拆除支撑 3;(21)施做二衬 2;(22)施做支撑 4;(23)拆除支撑 2;(24)施做二衬 3;(25)拆除支撑 1;(26)施做二衬 4;(27)拆除支撑 4。

6.9.4　北侧风道施工对短桩桥基的影响分析

6.9.4.1　计算模型

与西北风道结构邻近的短桩桥基编号为 21 西,开挖区域和桥基的空间位置关系及计算模型见图 6.9.4-1。

6.9.4.2　主要计算结果

(1)地表沉降分布

图 6.9.4-2 中 $S1$ 对应导洞施工完成,$S2$ 对应导洞内回填混凝土和洞内桩施工完成,$S3$ 对应主体扣拱施工完成,$S4$ 对应主体开挖完成,$S5$ 对应二衬施工完成,$S6$ 对应导洞施工完成时地表测点沉降值。图 6.9.4-2 表明,导洞施工完成时,地表沉降量测值与计算值基本吻合,量测最大值为 13.46 mm,计算最大值为 13.10 mm,进一步得出 $S2$ 阶段地表沉降最大值为 17.95 mm,$S3$ 阶段地表沉降最大值为 22.95 mm,$S4$ 阶段地表沉降最大值为 25.02 mm,$S5$ 阶段地表沉降最大值为 31.56 mm。文后其他桥基地表沉降分布与这里基本一致时不再单独进行分析,参考图 6.9.4-2 即可。

(2)桥基沉降分布

图 6.9.4-3 为桥基承台顶面观测点沉降随施工阶段的变化曲线,其中,$QJ1$ 表示观测点计算值,$QJ2$ 表示观测点的量测值。计算曲线中,$C1$ 段对应导洞施工阶段;$C2$ 段对应回填和洞内桩阶段;$C3$ 段对应主体扣拱阶段;$C4$ 段对应主体开挖阶段;$C5$ 段对应导洞支护拆除阶段;$C6$ 段对应二衬施工阶段(文后类似图的含义与这里一样,不再进行

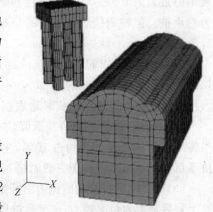

图 6.9.4-1　21 西短桩桥基和开挖土体相对位置关系及计算模型

说明)。导洞施工完成时桥基沉降为 7.5 mm;回填和洞内桩施工完成桥基沉降为 11 mm;主体扣拱施工完成桥基沉降为 13.1 mm;主体开挖完成桥基沉降为 17.6 mm;二衬施工完成桥基沉降为 22.3 mm。其中,导洞施工完成时观测点计算值为 7.50 mm,而量测值为 7.32 mm。

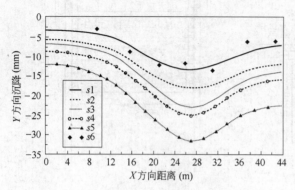

图 6.9.4-2 典型断面地表沉降不同施工阶段
计算值及其与量测值的比较

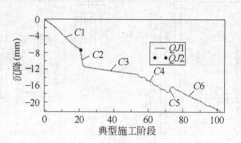

图 6.9.4-3 桥基观测点施工过程中
沉降变化及其与量测值的比较

(3)桩—土相互作用分析

图 6.9.4-4 为桩身和桩周土随施工阶段的沉降分布形态及桩土相对沉降比较,其中,$PS-1$ 为导洞施工完成桩身沉降,$PS-2$ 为主体施工完成桩身沉降,$PS-3$ 为二衬完成桩身沉降,同理,$SS-1$、$SS-2$、$SS-3$ 为类似阶段桩周土的沉降(文后类似图的含义与这里一样,不再进行说明)。由比较分析可知,桩周土的沉降稍大于桩身沉降,在靠近桩底附近二者沉降更为接近(横坐标 0 处对应桩顶),桩土相对位移较小。同时表明,施工期间桩身的摩擦力由开始的正摩擦力逐渐过渡为下半部分(靠近桩底)为正摩擦力直至最后基本为负摩擦

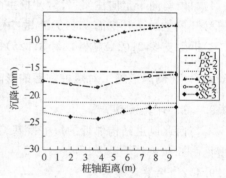

图 6.9.4-4 典型施工阶段桩和
桩周土沉降比较

力,也就是桩周土的沉降由小于桩的沉降逐渐过渡为大于桩的沉降。桩身范围内的负摩擦力很小,最大值约为 1.2 kPa,桩身的接触压力由桩顶至桩底逐渐增大,最大为 377 kPa,桩底接触压力最大为 3 899 kPa,由于桩端阻力较大,桩底土体的塑性应变也较大,桩的承载特性表现为端承桩。但桩周接触压力值的分布对后续施工阶段不敏感,其值变化很小。

6.9.4.3 小 结

(1)导洞施工引起的地表沉降约占 42%,洞内桩和回填施工引起的地表沉降约占 15%,扣拱施工引起的地表沉降约占 17%,主体开挖施工引起的地表沉降约占 6%,二衬施工引起的地表沉降约占 20%,施工完成时地表沉降最大值为 31.56 mm。

(2)导洞施工引起的桥基沉降约占 34%,洞内桩和回填施工引起的桥基沉降约占 15%,扣拱施工引起的桥基沉降约占 10%,主体开挖施工引起的桥基沉降约占 20%,二衬施工引起的桥基沉降约占 21%,施工完成时桥基沉降最大值为 22.3 mm。

(3)施工期间桩身的摩擦力由开始的正摩擦力逐渐过渡为下半部分(靠近桩底)为正摩擦力直至最后基本为负摩擦力,也就是桩周土的沉降由小于桩的沉降逐渐过渡为大于桩的沉降。桩身范围内的负摩擦力很小,最大值约为 1.2 kPa,桩身的接触压力由桩顶至桩底逐渐增大,最大为 377 kPa,桩底接触压力最大为 3 899 kPa,桩周接触压力值的分布对后续施工阶段不敏感,其值变

化很小。由于桩端阻力较大，桩底土体的塑性应变也较大，桩的承载特性表现为端承桩。

6.9.5 北侧风道施工对中长桩桥基的影响分析

6.9.5.1 计算模型

与东北风道结构邻近的中长桩桥基编号为22-2内，开挖区域和桥基的空间位置关系及计算模型见图6.9.5-1。

6.9.5.2 主要计算结果

（1）桥基沉降分布

图6.9.5-2为桥基承台顶面观测点沉降随施工阶段的变化曲线，导洞施工完成时桥基沉降为5.3 mm；回填和洞内桩施工完成桥基沉降为8.3 mm；主体扣拱施工完成桥基沉降为9.7 mm；主体开挖完成桥基沉降为12.8 mm；二衬施工完成桥基沉降为16.2 mm。由于导洞施工完成时桥基观测点量测值为5.45 mm，因此，对应阶段桥基沉降计算值与量测值吻合较好。

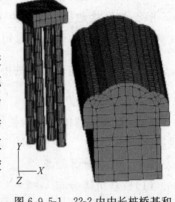

图6.9.5-1 22-2内中长桩桥基和开挖土体相对位置关系及计算模型

（2）桩—土相互作用分析

由比较分析可知，桩周土的沉降在桩身大部分范围内都大于桩身沉降（横坐标0处对应桩顶），在靠近桩底附近出现变形、受力中性点，在中性点以下桩身的沉降大于桩周土的沉降，在中性点之上，桩身摩擦力为负摩擦力，在中性点之下，桩身摩擦力为正摩擦力，与图6.9.5-3中对应阶段桩身摩擦力分布见图6.9.5-4，其中最大负摩擦力为-4.8 kPa，最大正摩擦力为1.9 kPa。同时可知，桩身的接触压力由桩顶至桩底逐渐增大，最大为285 kPa，桩底接触压力最大为1 839 kPa，由桩的受力特点可知，中长桩的承载特性表现为端承摩擦桩。还获知桩周接触压力值的分布对后续施工阶段不敏感，其值变化较小。

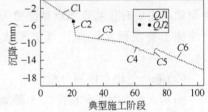

图6.9.5-2 施工过程中桥基观测点沉降变化及其与量测值的比较

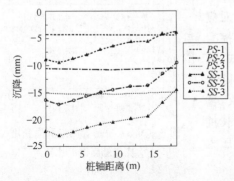

图6.9.5-3 典型施工阶段桩和桩周土沉降比较图

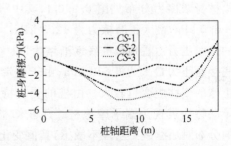

图6.9.5-4 典型施工阶段沿桩身摩擦力分布

6.9.5.3 小 结

（1）导洞施工引起的桥基沉降约占32%，洞内桩和回填施工引起的桥基沉降约占18%，扣拱施工引起的桥基沉降约占9%，主体开挖施工引起的桥基沉降约占19%，二衬施工引起的桥基沉降约占21%，也就是开挖沉降约占60%，工后沉降约占40%，施工完成时桥基沉降最大值为16.2 mm。

(2)在靠近桩底处出现变形、受力中性点，在中性点以下桩身的沉降大于桩周土的沉降，在中性点之上，桩身摩擦力为负摩擦力，在中性点之下，桩身摩擦力为正摩擦力，其中最大负摩擦力为-4.8 kPa，最大正摩擦力为1.9 kPa，桩身的接触压力由桩顶至桩底逐渐增大，最大为285 kPa，桩底接触压力最大为1 839 kPa，桩周接触压力值的分布对后续施工阶段不敏感，其值变化较小，由桩的受力特点可知，中长桩的承载特性表现为端承摩擦桩。

6.9.6 北侧风道施工对长桩桥基的影响分析

6.9.6.1 计算模型

与西北风道结构邻近的长桩桥基编号为20西，开挖区域和桥基的空间位置关系及计算模型见图6.9.6-1。

6.9.6.2 主要计算结果

(1)桥基沉降分布

导洞施工完成时桥基沉降为3.85 mm；回填和洞内桩施工完成桥基沉降为6.94 mm；主体扣拱施工完成桥基沉降为8.09 mm；主体开挖完成桥基沉降为8.33 mm；二衬施工完成桥基沉降为12.35 mm。由于导洞施工完成时桥基观测点量测值为2.26 mm，因此，对应施工阶段桥基沉降计算值稍大于量测值。见图6.9.6-2。

(2)桩—土相互作用分析

图6.9.6-3为桩身和桩周土随施工阶段的沉降分布形态及桩土相对沉降比较。由比较分析可知，桩周土的沉降在桩身大部分范围内都大于桩身沉降（横坐标0处对应桩顶），在靠近桩底附近出现变形、受力中性点，在中性点以下桩身的沉降大于桩周土的沉降，在中性点之上，桩身摩擦力为负摩擦力，在中性点之下，桩身摩擦力为正摩擦力，与图6.9.6-3中对应阶段桩身摩擦力分布见图6.9.6-4，其中最大负摩擦力为-6.5 kPa，最大正摩擦力为12.3 kPa。同时可知，桩身的接触压力由桩顶至桩底逐渐增大，最大为768 kPa，桩底接触压力最大为6 630 kPa，由于桩端阻力较大，桩底土体的塑性应变也较大。由桩的受力特点可知，长桩的承载特性表现为端承摩擦桩。还获知桩周接触压力值的分布对后续施工阶段不敏感，其值变化较小。

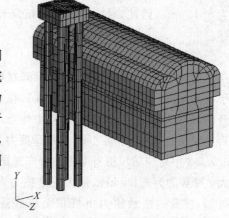

图6.9.6-1 20西长桩桥基和开挖土体相对位置关系及计算模型

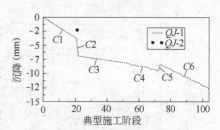

图6.9.6-2 桥基观测点沉降变化及其与量测值的比较

6.9.6.3 小 结

(1)导洞施工引起的桥基沉降约占31%，洞内桩和回填施工引起的桥基沉降约占25%，扣拱施工引起的桥基沉降约占10%，主体开挖施工引起的桥基沉降约占2%，二衬施工引起的桥基沉降约占32%，也就是开挖沉降约占43%，工后沉降约占57%。施工完成时桥基沉降最大值为12.35 mm。

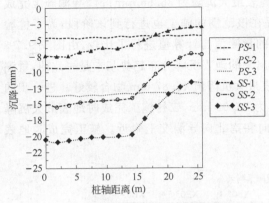
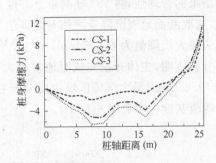

图 6.9.6-3 典型施工阶段桩和桩周土沉降比较　　图 6.9.6-4 典型施工阶段沿桩身摩擦力分布

(2)在靠近桩底附近出现变形、受力中性点,在中性点以下桩身的沉降大于桩周土的沉降,在中性点之上,桩身摩擦力为负摩擦力,在中性点之下,桩身摩擦力为正摩擦力,其中最大负摩擦力为 -6.5 kPa,最大正摩擦力为 12.3 kPa。桩身的接触压力由桩顶至桩底逐渐增大,最大为 768 kPa,桩底接触压力最大为 $6\,630$ kPa,由于桩端阻力较大,桩底土体的塑性应变也较大。由桩的受力特点可知,长桩的承载特性表现为端承摩擦桩。桩周接触压力值的分布对后续施工阶段不敏感,其值变化较小。

6.9.7 北侧风道转弯段施工对长桩桥基的影响分析(1)

6.9.7.1 计算模型

与西北风道转弯段结构邻近的长桩桥基编号为 19-3,所有支护结构三维计算模型见图 6.9.7-1,二次衬砌和桥基的位置关系及计算模型见图 6.9.7-2。

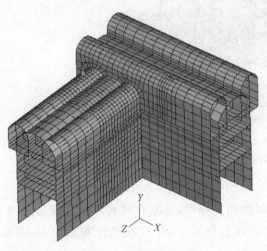
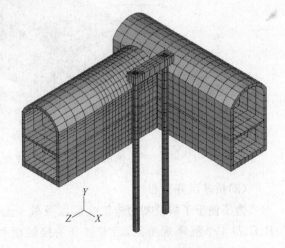

图 6.9.7-1　所有支护结构三维计算模型　　图 6.9.7-2　19-3 长桩桥基和二次衬砌的位置关系及计算模型

6.9.7.2 主要计算结果

(1)地表沉降分布

计算分析表明,$9^{\#}$ 导洞施工完成时,地表最大沉降为 23.83 mm;$10^{\#}$ 导洞施工完成时,地表最大沉降为32.58 mm;13#导洞施工完成时,地表最大沉降为36.66 mm;14#导洞施工完成时,地表最大沉降为43.87 mm。目前,实际工程在该范围的施工也进行到该阶段,为了检验计算结果的合理性,将13#导洞正上方地表沉降的量测值与计算值进行了比较,由图6.9.7-3可知,选取断面地表沉降量测值与计算值所反映出来的地表沉降分布趋势基本是一致的,量测的地表最大沉降值为43.55 mm,这与计算的地表最大沉降值43.87 mm吻合较好。进一步的预测分析表明,主体开挖完成时地表最大沉降值为56.02 mm,二衬施工完成时地表最大沉降值为59.87 mm,最大沉降区域主要分布在东西向和南北向导洞交汇附近。施工完成时地表沉降等值灰度分布见图6.9.7-4。

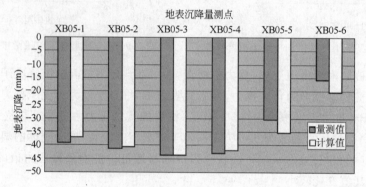

图6.9.7-3 施工完成时地表沉降量测值与计算值比较

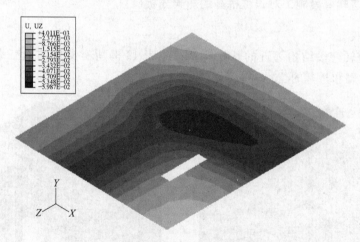

图6.9.7-4 施工完成时地表沉降分布(单位:m)

(2)桥基沉降分布

为了便于了解桥基的施工变形以及桩—土间的相互作用,分别在桩底和桩顶布置了A、B、C、D 4个沉降观测点,沿着桩身的接触面和桩周土布置了ps和ss两个观测路径,见图6.9.7-5。

在图6.9.7-6中,选取了16个典型施工阶段来反映施工过程中桥基观测点的沉降分布,其中阶段5对应导洞施工完成,阶段12对应主体开挖完成,阶段16对应主体二衬施工完成。由图6.9.7-6中点A、B、C、D 4点的沉降比较分析表明:小导洞施工完时桥基最大沉降3.1 mm,主体开挖完时桥基最大沉降为6.0 mm,二衬施做完时桥基最大沉降为8.0 mm;承台在x方向上的最大水平位移为4 mm,在z方向上的最大水平位移为2.4 mm,差异沉降最大为1.5 mm,

最大倾斜为 0.21‰；同时，将小导洞施工完成时桥基的沉降和量测值进行了比较，量测的桥基最大沉降为 1.4 mm，计算值大于量测值，分析其原因或许是承台上部荷载按最不利情况考虑可能大于实际量测时的情况；或许桩长期受桥梁上部动、静荷载作用，实际桩底土体密实度大于计算取值；或许量测的桩基并不是最后稳定的沉降值，考虑到计算绝对沉降值并不大且计算结果偏于保守。因此，将计算结果用于实际工程的指导和参考还是可行的。

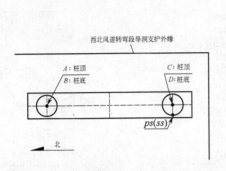

图 6.9.7-5　桥基观测点和观测路径布置

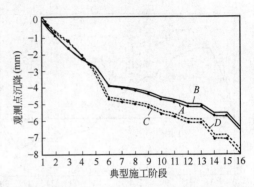

图 6.9.7-6　典型施工阶段桥基观测点沉降变化

(3) 桩—土相互作用分析

在图 6.9.7-7～图 6.9.7-9 中，ps（桩周沉降）、ss（桩周土沉降）、psc（桩周摩擦力）、psp（桩周接触压力）加上后缀数值 5 对应小导洞施工完成阶段的相应值，加上后缀数值 12 对应主体开挖完成阶段，加上后缀数值 16 对应二衬施工完成阶段。其中横坐标为桩长，横坐标零处代表桩顶位置。

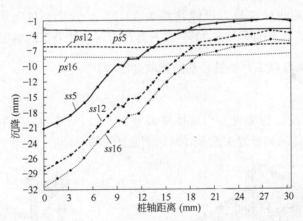

图 6.9.7-7　沿 ps 与 ss 路径桩—土沉降分布

由图 6.9.7-7 可知，施工过程中沿桩身，桩的竖向变形基本是一样的，桩身沉降近似为水平线，施工完成时最大沉降为 8 mm；而桩周土的压缩变形较大，桩周土顶部的下沉变形最大，施工完成时最大沉降为 31.5 mm，最大沉降差约 26 mm。

由图 6.9.7-7 和图 6.9.7-8 对比可知，施工过程中，沿着桩身 18～20 m 范围出现了变形、受力中性点，在中性点之上土的下沉大于桩下沉，在中性点之下土的下沉小于桩下沉，同时在该点上下分别产生负、正摩擦力（图 6.9.7-8 中，正值表示负摩擦力，负值表示正摩擦力），图 6.9.7-7 和图 6.9.7-8 中变形和摩擦力的中性点位置是互相吻合的。

由图 6.9.7-9 表明，沿着桩身在桩底处，桩的接触压力较大，最大接触压力约为 460 kPa，不同的施工阶段对其影响不甚明显。相比图6.9.7-8而言,桩身的摩擦力则显得较小,最大负摩擦力约为-12 kPa,最大正摩擦力约为6 kPa,因此,施工过程中19-3#桥基桩的承载特性仍为端承摩擦桩,这也与桩长达到了30.5 m且桩底埋于圆砾石层中的实际情况相吻合的,由于19-3#桥基中桩的变形和受力性能与单桩的理论分析趋势基本一致,因此,没有明显的群桩效应。

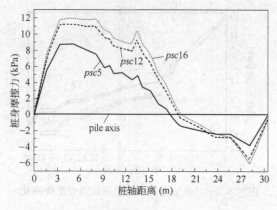

图6.9.7-8 沿 ps 桩基路径桩身接触剪力分布　　图6.9.7-9 沿 ps 桩基路径桩身接触压力分布

6.9.7.3 小　结

(1)施工期间桥基最大沉降预测为8 mm,导洞施工引起的桥基沉降约占40%,主体开挖引起的桥基沉降约占35%,二衬施做引起的桥基沉降约占25%,最大负摩擦力为-12 kPa,最大正摩擦力为6 kPa,最大倾斜为0.21‰。

(2)转弯段施工期间地表最大沉降预测为59.87 mm,导洞施工引起的地表沉降约占70%,主体开挖施工的地表沉降约占20%,二衬施作引起的地表沉降约占10%。

6.9.8　北侧风道转弯段施工对长桩桥基的影响分析(2)

6.9.8.1　计算模型

与西北风道转弯段结构邻近的长桩桥基编号为19-1,所有支护结构三维计算模型见图6.9.8-1,开挖区域和桥基的位置关系及计算模型见图6.9.8-2。

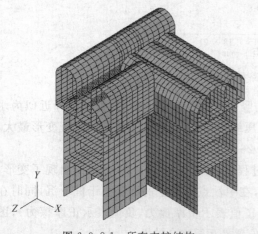
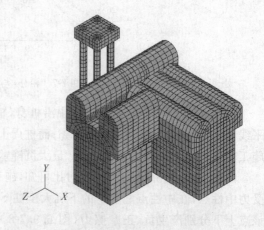

图6.9.8-1　所有支护结构三维计算模型　　图6.9.8-2　19-1长桩桥基和开挖区域的位置关系及计算模型

6.9.8.2 主要计算结果

(1)桥基沉降分布

为便于整理结果以及与实测值的比较,图 6.9.8-3 中桥基观测点的布置为:A 点为桩顶,B 点为桩底观测点,C 为承台顶面中心点;pp 为桩基表面路径,ps 为桩周土表面路径。

在图 6.9.8-4 中,选取了 34 个典型施工阶段来反映施工过程中桥基观测点的沉降分布,其中阶段 9 对应导洞施工完成,阶段 24 对应主体开挖完成,阶段 34 对应主体二衬施工完成。由图 6.9.8-3 中点 A、B、C 三点的沉降比较分析表明:小导洞施工完时桥基最大沉降 1.8 mm,主体开挖完时桥基最大沉降为 4.0 mm,二衬施做完时桥基最大沉降为 4.6 mm;同时,将小导洞施工完成时桥基的沉降和量测值进行了比较,量测的桥基最大沉降为 1.5 mm,计算值稍大于量测值。

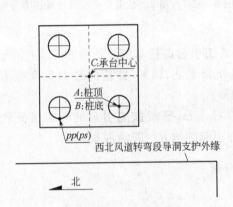

图 6.9.8-3 桥基观测点和观测路径布置

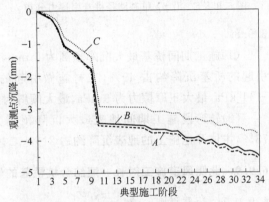

图 6.9.8-4 典型施工阶段桥基观测点沉降变化

(2)桩—土相互作用分析

在图 6.9.8-5～图 6.9.8-7 中,pp、ps 加上后缀数值 9 对应小导洞施工完成阶段的相应值,加上后缀数值 24 对应主体开挖完成阶段,加上后缀数值 34 对应二衬施工完成阶段。其中横坐标为桩长,横坐标零处代表桩顶位置。

由图 6.9.8-5 可知,施工过程中沿桩身,桩的竖向变形基本是一样的,桩身沉降近似为水平线,施工完成时最大沉降为 5 mm;而桩周土的压缩变形较大,桩周土顶部的下沉变形最大,施工完成时最大沉降为 24 mm,最大沉降差约 21 mm。

由图 6.9.8-5 和图 6.9.8-6 对比可知,施工过程中,沿着桩身 19～23 m 范围出现了变形、受力中性点,在中性点之上土的下沉大于桩下沉,在中性点之下土的下沉小于桩下沉,同时在该点上下分别产生负、正摩擦力,图 6.9.8-5 和图 6.9.8-6 中变形和摩擦力的中性点位置是互相吻合的。

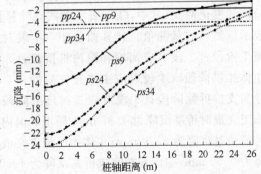

图 6.9.8-5 沿 pp 与 ps 路径桩—土沉降分布

由图 6.9.8-7 表明,沿着桩身在桩底处,桩的接触压力较大,最大接触压力约为 450 kPa,不同的施工阶段对其影响不甚明显。相比图 6.9.8-5 而言,桩身的摩擦力则显得较小,最大负摩擦力约为 −11 kPa,最大正摩擦力约为 9 kPa,因此,施工过程中 19-1# 桥基桩的承载特性仍为端承摩擦桩,这也与桩长达到了 26.5 m 且桩底埋于圆砾石层中的实际情况相吻合的。

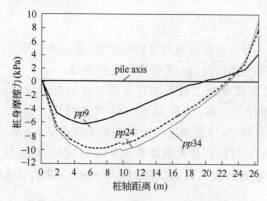

图 6.9.8-6 沿 pp 桩基路径桩身摩擦力分布

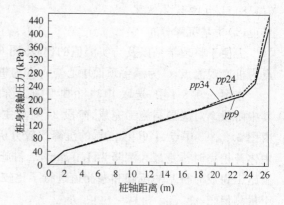

图 6.9.8-7 沿 pp 桩基路径桩身接触压力分布

6.9.8.3 小 结

(1)施工期间桥基最大沉降预测为 5 mm,导洞施工引起的桥基沉降约占 39%,主体开挖引起的桥基沉降约占 49%,二衬施做引起的桥基沉降约占 12%,桩基的最大负摩擦力为 -11 kPa,最大正摩擦力为 9 kPa,最大倾斜为 0.34‰。

(2)转弯段施工期间地表最大沉降预测为 57.85 mm,导洞施工引起的地表沉降约占 73%,主体开挖施工的地表沉降约占 21%,二衬施作引起的地表沉降约占 6%。

6.9.9 北侧风道施工对长—短结合桩桥基的影响分析

6.9.9.1 计算模型

与东北风道结构邻近的长—短结合桩桥基编号为 21 东,开挖区域和桥基的空间位置关系及计算模型见图 6.9.9-1。

6.9.9.2 主要计算结果

(1)桥基沉降分布

图 6.9.9-2 为桥基承台顶面观测点沉降随施工阶段的变化曲线,其中,$QJ1$ 表示观测点计算值,$QJ2$ 表示观测点的量测值。计算曲线中,$C1$ 段对应导洞施工阶段;$C2$ 段对应回填和洞内桩阶段;$C3$ 段对应主体扣拱阶段;$C4$ 段对应主体开挖阶段;$C5$ 段对应导洞支护拆除阶段;$C6$ 段对应二衬施工阶段。导洞施工完成时桥基沉降为 4.87 mm;回填和洞内桩施工完成桥基沉降为 8.29 mm;主体扣拱施工完成桥基沉降为 9.65 mm;主体开挖完成桥基沉降为 10.54 mm;二衬施工完成桥基沉降为 14.97 mm;导洞施工完成时桥基观测点量测值为 4.37 mm。

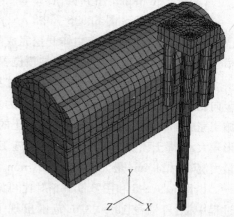

图 6.9.9-1 21 东长—短结合桩桥基和开挖土体相对位置关系及计算模型

(2)桩—土相互作用分析

图 6.9.9-3 为桩身和桩周土随施工阶段的沉降分布形态及桩土相对沉降比较,其中,$PS-1$ 为导洞施工完成桩身沉降,$PS-2$ 为主体施工完成桩身沉降,$PS-3$ 为二衬完成桩身沉降,同理,$SS-1$、$SS-2$、$SS-3$ 为类似阶段桩周土的沉降。由比较分析可知,桩周土的沉降大于桩身沉降(横坐标 0 处对应桩顶),随着后续施工阶段的进行,桩—土相对运行进一步加大,施工完成时,桩

身最大沉降为 14.97 mm,桩周土最大沉降为 22.75 mm。这也说明桩周的摩擦力为负摩擦力,这与图 6.9.9-4 中负摩擦力分布规律相一致的,施工完成时,桩身的负摩擦力值为最大,最大值为 -3.7 kPa。

与图 6.9.9-3 和图 6.9.9-4 类似,图 6.9.9-5 和图 6.9.9-6 为对应施工阶段桩—土相对变形以及桩身摩擦力分布,由图可知,在靠近桩底端出现变形、受力中性点,随着后续施工的进行,中性点逐渐向桩底方向偏移。在中性点之上,桩身的沉降小于桩周土的沉降,桩身摩擦力为负摩擦力;在中性点之下,桩身的沉降大于桩周土的沉降,桩身摩擦力为正摩擦力。其中,最大负摩擦力为 -6.4 kPa,最大正摩擦力为 28.7 kPa,图 6.9.9-6 中桩身摩擦力分布与图 6.9.9-5 中桩—土相对运动分布规律是一致的。同时可知,桩身的接触压力由桩顶至桩底逐渐增大,短桩最大值为 69 kPa,长桩最大值为 1 200 kPa,短桩桩底接触压力最大为 220 kPa,长桩桩底接触压力最大为 9 900 kPa,由于长桩端阻力较大,桩底土体的塑性应变也较大。由桩的受力特点可知,长—短结合桩的承载特性主要表现为以长桩受力为主的端承摩擦桩。还获知桩周接触压力值的分布对后续施工阶段不敏感,其值变化较小。

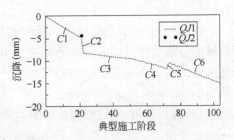

图 6.9.9-2 桥基观测点沉降变化及其与量测值的比较

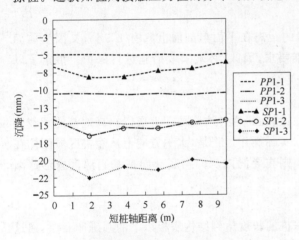

图 6.9.9-3 典型施工阶段短桩和桩周土沉降比较

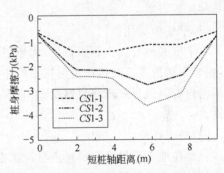

图 6.9.9-4 典型施工阶段沿短桩桩身摩擦力分布

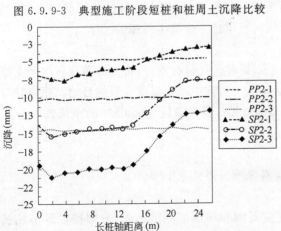

图 6.9.9-5 典型施工阶段长桩和桩周土沉降比较

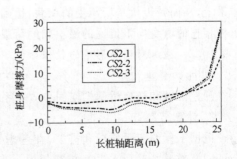

图 6.9.9-6 典型施工阶段沿长桩桩身摩擦力分布

6.9.9.3 小　　结

(1) 导洞施工引起的桥基沉降约占 33%，洞内桩和回填施工引起的桥基沉降约占 22%，扣拱施工引起的桥基沉降约占 9%，主体开挖施工引起的桥基沉降约占 6%，二衬施工引起的桥基沉降约占 30%，也就是开挖沉降约占 48%，工后沉降约占 52%。施工完成时桥基沉降最大值为 14.97 mm。

(2) 施工期间，短桩桩身的摩擦力为负摩擦力，最大值为 -3.7 kPa；就长桩而言，在靠近桩底端出现变形、受力中性点，随着后续施工的进行，中性点逐渐向桩底方向偏移，在中性点之上，桩身的沉降小于桩周土的沉降，桩身摩擦力为负摩擦力，在中性点之下，桩身的沉降大于桩周土的沉降，桩身摩擦力为正摩擦力，其中，最大负摩擦力为 -6.4 kPa，最大正摩擦力为 28.7 kPa。桩身的接触压力由桩顶至桩底逐渐增大，短桩最大值为 69 kPa，长桩最大值为 1 200 kPa，短桩桩底接触压力最大为 220 kPa，长桩桩底接触压力最大为 9 900 kPa，由于长桩端阻力较大，桩底土体的塑性应变也较大。由桩的受力特点可知，长—短结合桩的承载特性主要表现为以长桩受力为主的摩擦端承桩。同样，桩周接触压力值的分布对后续施工阶段不敏感，其值变化较小。

6.9.10　桥基保护工程措施对桥基的影响分析

6.9.10.1　桥基保护措施和加固方案

21 西桥基不仅桩短而且与导洞支护外缘的距离在平面与剖面上只有 1.5 m，又因为前面的计算分析表明，桥基沉降不能满足控制标准要求，因此，必须采取措施进行保护。拟定了以下几种加固方案。

(1) 桩底地层注浆加固

由于桩底地层为圆砾卵石层，此地层可注性较强，通过注浆加固地层以提高地基的承载能力，也起到减少施工对桩底土层扰动的作用。实际操作过程是，水平方向上从短桩区域两侧在导洞内向中间进行夯击注浆钢管，垂直方向上则在导洞内从仰拱底部向桩基底部呈扇形逐渐靠拢。

(2) 桥基托换

就是在地面选择合适的地点打设深桩，深桩的长度达到结构底板以下的圆砾卵石层，通过后植筋技术将承台扩大，并将部分荷载转移至新增设的深桩上，使之与短桩共同受力，一起抵抗变形。这样可以大大提高短桩处的承载力，同时可以进一步减小桥基的沉降。

(3) 支撑减载

在地面扩大承台区域外搭设支架，对桥基上部的简支梁进行支撑，将部分荷载转移至支撑体系上，从而减轻桥基所承受的荷载，达到在后续施工过程中减小沉降变形的目的。原设计与短桩相连的墩身向下传递的最不利的荷载为 13 280 kN，设计减轻 3 600 kN 的净荷载考虑。

6.9.10.2　施工对桥基影响的数值分析

1. 计算模型

开挖区域和托换桥基的空间位置关系及计算模型见图 6.9.10-1。

2. 计算结果

根据工程的实际情况和需要，在考虑了洞室周围和洞内加固措施外，分别按桩基不托换 (case-1)、桩基托换 (case-2)、桩基托换＋支撑减载 (case-3)、桩基托换＋支撑减载＋桩底地层注浆加固 (case-4) 这 4 种情况进行了计算。目前，实际工程已经按工况 case-1 完成了导洞施工,下面将部分计算成果与量测成果进行了比较,同时对各种加固措施效果进行了分析与评价。

(1)地表沉降分析

4种工况地表沉降对比分析表明,加固措施对地表沉降的影响比较小,考虑加固措施后地表沉降最大程度可以减少2 mm。图6.9.10-2反映了case-1典型断面地表沉降在不同施工阶段的分布形态以及与量测值的比较,其中S1对应导洞施工完成,S2对应导洞内回填混凝土和洞内桩施工完成,S3对应主体扣拱施工完成,S4对应主体开挖完成,S5对应二衬施工完成,S6为应导洞施工完成时地表测点沉降值。导洞施工完成时,地表沉降量测值与计算值基本吻合,量测最大值为13.46 mm,计算最大值为13.10 mm,施工完成时即S5阶段地表沉降最大值为31.56 mm。

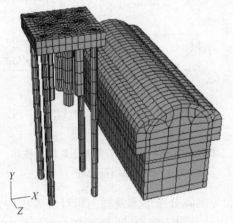

图6.9.10-1 托换桥基和开挖土体相对位置关系及计算模型

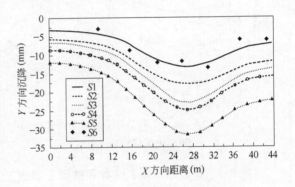

图6.9.10-2 case-1地表沉降计算值及其与量测值的比较

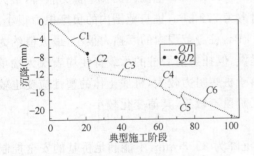

图6.9.10-3 桥基观测点沉降变化及其与量测值的比较

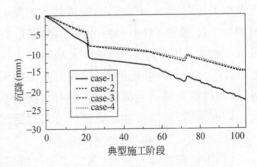

图6.9.10-4 不同加固方案桥基观测点沉降变化

(2)桥基沉降分析

图6.9.10-3反映了case-1桥基承台顶面观测点沉降随施工阶段的变化曲线,其中,$QJ1$表示观测点计算值,$QJ2$表示观测点的量测值。计算曲线中,C1段对应导洞施工阶段,C2段对应回填和洞内桩阶段,C3段对应主体扣拱阶段,C4段对应主体开挖阶段,C5段对应导洞支护拆除阶段,C6段对应二衬施工阶段。导洞施工完成时桥基沉降为7.5 mm,回填和洞内桩施工完成桥基沉降为11 mm,主体扣拱施工完成桥基沉降为13.1 mm,主体开挖完成桥基沉降为17.6 mm,二衬施工完成桥基沉降为22.3 mm。导洞施工完成时观测点计算值为7.50 mm,而

量测值为7.32 mm,因此,吻合较好。图6.9.10-4中4种工况下桥基观测点沉降对比分析表明,相对case-1,case-2对桥基沉降影响比较大,桥基最大沉降为15.1 mm;但case-2,case-3,case-4相比较对桥基沉降影响不明显,桥基沉降最大程度减少小于1 mm。

(3)桩—土相互作用分析

图6.9.10-5为case-1桩身和桩周土随施工阶段的沉降分布形态及桩土相对沉降比较,其中,PS-1为导洞施工完成桩身沉降,PS-2为主体施工完成桩身沉降,PS-3为二衬完成桩身沉降,同理,SS-1、SS-2、SS-3为类似阶段桩周土的沉降。由比较分析可知,桩周土的沉降稍大于桩身沉降,桩土相对位移较小,桩身的摩擦力基本为负摩擦力。

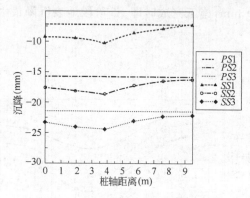

图6.9.10-5 case-1典型施工阶段短桩和桩周土沉降比较

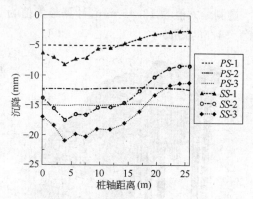

图6.9.10-6 case-2典型施工阶段长桩和桩周土沉降比较

图6.9.10-6为case-2桩身和桩周土随施工阶段的沉降分布形态及桩土相对沉降比较,由图中可知,施工期间桩身出现变行和受力中性点,在中性点以上部分,土的沉降大于桩的沉降,桩身的摩擦力为负摩擦力,相反,在中性点以下部分,土的沉降小于桩的沉降,桩身的摩擦力为正摩擦力。对于case-1而言,短桩最大端阻力为3 682 kPa,桩身范围内的负摩擦力很小,最大值约为-1.2 kPa;对于case-2而言,短桩最大端阻力为779 kPa,桩身范围内的负摩擦力很小,最大值约为-0.2 kPa。长桩最大端阻力为6 813 kPa,桩身范围内的摩擦力很小,最大值约为0.6 kPa。因此,桥基托换后,承载力主要由长桩提供,但托换前后桩的承载特性均表现为端承桩,这与桩底地基均为圆砾卵石层有直接关系。由于桩端阻力较大,桩底土体的塑性应变也较大。同时表明,桩周接触压力值的分布对后续施工阶段不敏感,其值变化较小。

6.9.10.3 小 结

(1)不进行桩基托换时,施工引起的桥基最终沉降为22.3 mm,不能满足桥基的安全控制标准20 mm,进行桩基托换加固后,能够有效地改善施工对桥基的沉降影响。

(2)通过搭设支架,有限地减轻桥墩向下传递的上部荷载,不论是控制地表沉降还是桥基沉降,其效果都不明显。同样,通过对短桩桥基底部进行局部注浆加固处理,其效果也不明显,因此,这两种加固措施不宜优先考虑或仅用作安全储备。从经济、合理性出发,建议实际工程直接选用工况case-2。此外,这些措施对地表沉降的影响都很小。

(3)如果从施工开始就采用桩基托换,效果会更好,施工完成时桥基最大沉降为15.1 mm,由于实际工程只是在导洞施工完成后进行桩基托换,施工完成时桥基最大沉降为17.7 mm,其中,导洞施工完成时桥基沉降为7.5 mm;回填和洞内桩施工完成时桥基沉降为10.8 mm;主体扣拱施工完成时桥基沉降为12.2 mm;主体开挖完成时桥基沉降为14.8 mm;二衬施工完成时桥基沉降为 17.7 mm。

6.9.11 施工方案对桥基沉降影响的优化分析

国贸站西北风道邻近编号为 21 西的短桩桥基和东北风道邻近编号为 21 东的长—短桩结合桥基,对施工期间桥基的差异沉降提出了严格的限制条件,为了控制和减少桥基的差异沉降,一方面除了采取合理有效的工程措施外,另一方面对施工方案和路线的选取也是很重要的。本节对不同的施工方案进行了优化分析。

6.9.11.1 计算模型的建立

土体和注浆加固区域的物理行为按 Mohr-Coulomb 屈服准则考虑,支护结构和桥基的物理行为按弹性材料考虑。桩土之间相互作用的接触行为按有限滑动接触算法考虑。土体、桥基、加固区域、二衬等二维几何拓扑区域划分成平面实体单元,支护结构、边桩、横撑等一维几何拓扑区域划分成梁单元,桥基和土之间的相处作用界面用二维面—面接触单元来模拟,承台上部荷载按最不利情况简化成分布荷载作用在承台上。施工完成时的计算模型见图 6.9.11-1。

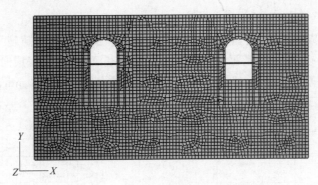

图 6.9.11-1 施工完成时有限元计算模型

6.9.11.2 拟定施工方案

为了了解西北风道和东北风道不同施工方案和路线对桥基的差异沉降影响,拟定了五种主要的施工方案来进行优化分析,方案一:先施工西北风道,再施工东北风道;方案二:先施工东北风道,再施工西北风道;方案三:西北风道和东北风道同时施工;方案四:先施工西北风道的导洞,再施工东北风道的导洞,最后同时施工两风道的主体;方案五:先施工东北风道的导洞,再施工西北风道的导洞,最后同时施工两风道的主体。

6.9.11.3 计算结果分析

(1)方案一

图 6.9.11-2 为方案一时,桥基承台顶面观测点沉降及差异沉降随施工阶段的变化曲线。其中,PL 代表长—短桩结合桥基(即 21 东桥基)承台顶面观测点沉降曲线,PS 代表短桩桥基(即 21 西桥基)承台顶面观测点沉降曲线,PD 表示两个桥基差异沉降绝对值,下文其他图中也类似,不再说明。分析可知,施工过程中,短桩桥基沉降大于长—短桩桥基沉降,施工完成时两桥基的沉降均达到最大,长—短桩桥基最大值为 18.07 mm,短桩桥基最大值为 25.63 mm,最大差异沉降发生在西北风道主体施工完成时(即施工步 34),此时,长—短桩桥基沉降为 4.28 mm,短桩桥基沉降为 21.53 mm,最大差异沉降为 17.25 mm。

(2)方案二

图 6.9.11-3 为方案二时,桥基承台顶面观测点沉降及差异沉降随施工阶段的变化曲线。

分析可知,在西北风道主体施工前,短桩桥基沉降小于长—短桩桥基沉降,此后,短桩桥基沉降大于长—短桩桥基沉降,施工完成时两桥基的沉降均达到最大,长—短桩桥基最大值为 18.21 mm,短桩桥基最大值为 26.82 mm,最大差异沉降发生在东北风道主体施工完成时(即施工步 34),此时,长—短桩桥基沉降为 13.82 mm,短桩桥基沉降为 4.47 mm,最大差异沉降为 9.35 mm。

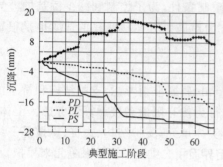
图 6.9.11-2　方案一桥基沉降随施工阶段的变化

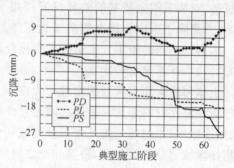
图 6.9.11-3　方案二桥基沉降随施工阶段的变化

(3)方案三

图 6.9.11-4 为方案三时,桥基承台顶面观测点沉降及差异沉降随施工阶段的变化曲线。分析可知,施工过程中,短桩桥基沉降大于长—短桩桥基沉降,施工完成时两桥基的沉降均达到最大,长—短桩桥基最大值为 18.09 mm,短桩桥基最大值为 25.98 mm,最大差异沉降发生在施工完成时(即施工步 34),最大差异沉降为 7.89 mm。

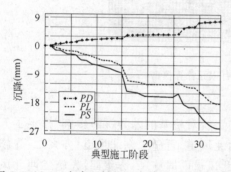
图 6.9.11-4　方案三桥基沉降随施工阶段的变化

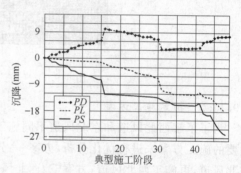
图 6.9.11-5　方案四桥基沉降随施工阶段的变化

(4)方案四

图 6.9.11-5 为方案四时,桥基承台顶面观测点沉降及差异沉降随施工阶段的变化曲线。分析可知,施工过程中,短桩桥基沉降大于长—短桩桥基沉降,施工完成时,两桥基的沉降均达到最大,长—短桩桥基最大值为 18.06 mm,短桩桥基最大值为 25.84 mm,最大差异沉降发生在西北风道导洞施工完成时(即施工步 16),此时,长—短桩桥基沉降为 1.94 mm,短桩桥基沉降为 12.23 mm,最大差异沉降为 10.29 mm。

(5)方案五

图 6.9.11-6 为方案五时,桥基承台顶面观测点沉降及差异沉降随施工阶段的变化曲线。分析可知,施工过程中,风道主体施工前,短桩桥基沉降小于长—短桩桥基沉降,此后,短桩桥基沉降大于长—短桩桥基沉降,施工完成时两桥基的沉降均达到最大,长—短桩桥基最大值为 18.11 mm,短桩桥基最大值为 26.12 mm,最大差异沉降发生在施工完成时(即施工步 49),最大差异沉降为 8.01 mm。

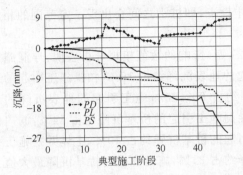

图 6.9.11-6　方案五桥基沉降随施工阶段的变化

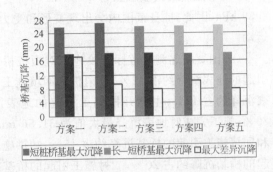

图 6.9.11-7　五种方案桥基沉降比较

(6)方案比较

图 6.9.11-7 为五种方案桥基沉降和差异沉降比较,比较可知,各种方案对短桩桥基最终沉降值影响比较小,变化范围在 25~27 mm 之间,其中以方案一为最优;各种方案对长—短桩桥基最终沉降值影响也比较小,变化范围在 18~19 mm 之间,其中以方案四为最优;各种方案对桥基差异沉降值影响比较大,变化范围在 7~18 mm 之间,其中以方案三为最优。

6.9.11.4　小　　结

(1)通过上述的分析表明,拟定的五种施工方案对桥基的最终绝对沉降都不敏感,但对桥基的差异沉降相对比较敏感,其中以方案三为最优,其次分别为方案五、方案二、方案四、方案一。同时也表明,东北风道和西北风道同时施工对控制桥基差异沉降效果最好,先施工东北风道比先施工西北风道更有利于控制桥基差异沉降,东北风道和西北风道交错施工也对控制桥基差异沉降有利。

(2)东北风道和西北风道施工对桥基的沉降影响具有耦合叠加效应,方案一和方案二表明,风道施工完成时对另一侧的桥基沉降影响大约为 5 mm;方案四和方案五表明导洞施工完成时对另一侧的桥基沉降影响大约为 2 mm。

6.9.12　主要结论

(1)国贸站主体标准断面施工过程数值模拟分析表明:施工完成时,地表沉降横向影响范围约为 80 m 即 5S,地表沉降约为 60 mm,拱顶沉降约为 80 mm,由于在计算分析中,没有考虑荷载的释放,因此,计算结果是偏大的;施工过程中,洞周塑性区主要分布在应力水平比较高的部位,但总体而言,塑性区的分布范围还是比较小的,由于在计算分析中,没有考虑土体的抗拉特性,因此,计算塑性区范围是偏小的。

(2)国贸站南侧客流道标准断面施工过程数值模拟分析表明:施工完成时,地表沉降影响范围约为 40 m,地表沉降约为 40 mm,拱顶沉降约为 50 mm;施工过程中,塑性区的分布范围较大,且会出现一定的破坏区域,这主要是因为开挖高度比较大,而每一开挖分块范围比较大。因此,可以考虑增加一个台阶,这样更有利于施工过程中围岩和结构的稳定,而从更好地控制地层和结构的变形。

(3)国贸站北侧风道标准段施工对长桩桥基与中长桩影响的数值模拟分析表明:施工完成时,地表沉降约为 56 mm,长桩桥基的沉降约为 20 mm,中长桩桥基的沉降约为 35 mm,桥基差异沉降约为 15 mm;施工过程中,地层塑性区分布范围较小,横撑的最大轴力约为

3 629 kN,桩底最大接触压力 3 039 kPa,桩身最大正摩擦力为 43 kPa,桩身最大负摩擦力为 −39 kPa,因此,桩身范围内会出现变形和受力的中性点,即桩土之间会出现一定范围的相对运动。

(4)国贸站北侧风道标准段施工对短桩桥基(21 西)影响的数值模拟分析表明:导洞施工引起的地表沉降约占 42%,洞内桩和回填施工引起的地表沉降约占 15%,扣拱施工引起的地表沉降约占 17%,主体开挖施工引起的地表沉降约占 6%,二衬施工引起的地表沉降约占 20%,施工完成时地表沉降最大值为 31.56 mm;导洞施工引起的桥基沉降约占 34%,洞内桩和回填施工引起的桥基沉降约占 15%,扣拱施工引起的桥基沉降约占 10%,主体开挖施工引起的桥基沉降约占 20%,二衬施工引起的桥基沉降约占 21%,施工完成时桥基沉降最大值为 22.3 mm。

(5)国贸站北侧风道标准段施工对中长桩桥基(22-2 内)影响的数值模拟分析表明:导洞施工引起的桥基沉降约占 32%,洞内桩和回填施工引起的桥基沉降约占 18%,扣拱施工引起的桥基沉降约占 9%,主体开挖施工引起的桥基沉降约占 19%,二衬施工引起的桥基沉降约占 21%,也就是开挖沉降约占 60%,工后沉降约占 40%,施工完成时桥基沉降最大值为 16.2 mm。

(6)国贸站北侧风道标准段施工对长桩桥基(20 西)影响的数值模拟分析表明:导洞施工引起的桥基沉降约占 31%,洞内桩和回填施工引起的桥基沉降约占 25%,扣拱施工引起的桥基沉降约占 10%,主体开挖施工引起的桥基沉降约占 2%,二衬施工引起的桥基沉降约占 32%,也就是开挖沉降约占 43%,工后沉降约占 57%,施工完成时桥基沉降最大值为 12.35 mm。

(7)国贸站北侧风道转弯段施工对长桩桥基(19-3)影响的数值模拟分析表明:施工期间桥基最大沉降预测为 8 mm,导洞施工引起的桥基沉降约占 40%,主体开挖引起的桥基沉降约占 35%,二衬施工引起的桥基沉降约占 25%,最大负摩擦力为 −12 kPa,最大正摩擦力为 6 kPa,最大倾斜为 0.21‰;转弯段施工期间地表最大沉降预测为 59.87 mm,导洞施工引起的地表沉降约占 70%,主体开挖施工的地表沉降约占 20%,二衬施工引起的地表沉降约占 10%。

(8)国贸站北侧风道转弯段施工对长桩桥基(19-1)影响的数值模拟分析表明:施工期间桥基最大沉降预测为 5 mm,导洞施工引起的桥基沉降约占 39%,主体开挖施工引起的桥基沉降约占 49%,二衬施工引起的桥基沉降约占 12%,桩基的最大负摩擦力为 −11 kPa,最大正摩擦力为 9 kPa,最大倾斜为 0.34‰;转弯段施工期间地表最大沉降预测为 57.85 mm,导洞施工引起的地表沉降约占 73%,主体开挖施工的地表沉降约占 21%,二衬施工引起的地表沉降约占 6%。

(9)国贸站北侧风道标准段施工对长—短结合桩桥基(21 东)影响的数值模拟分析表明:导洞施工引起的桥基沉降约占 33%,洞内桩和回填施工引起的桥基沉降约占 22%,扣拱施工引起的桥基沉降约占 9%,主体开挖施工引起的桥基沉降约占 6%,二衬施工引起的桥基沉降约占 30%,也就是开挖沉降约占 48%,工后沉降约占 52%,施工完成时桥基沉降最大值为 14.97 mm。

(10)国贸站北侧风道标准段施工短桩桥基(21 西)加固效果数值模拟分析表明:不进行桩基托换时,施工引起的桥基最终沉降为 22.3 mm,不能满足桥基的安全控制标准 20 mm;进行桩基托换加固后,能够有效地改善施工对桥基的沉降影响。通过搭设支架,有限地减轻桥墩向下传递的上部荷载,不论是控制地表沉降还是桥基沉降,其效果都不明显。同样,通过对短桩桥基底部进行局部注浆加固处理,其效果也不明显。因此,这两种加固措施不宜优先考虑或仅用作安全储备。从经济、合理性出发,建议实际工程直接选用工况 case-2,此外,这些措施对地表沉降的影响都很小。如果从施工开始就采用桩基托换,效果会更好,施工完成时桥基最大沉降为 15.1 mm,由于实际工程只是在导洞施工完成后进行桩基托换,施工完成时桥基最大沉降为 17.7 mm,其中,导洞施工完成时桥基沉降为 7.5 mm;回填和洞内桩施工完成桥基沉降为 10.8 mm;主体扣拱施工完成时桥基沉降为 12.2 mm;主体开挖完成时桥基沉降为 14.8 mm;二衬施工完成时桥基沉降为 17.7 mm。

(11)国贸站西北风道和东北风道施工方案对桥基沉降(21 西和 21 东)影响的优化分析表明:拟定的五种施工方案对桥基的最终绝对沉降都不敏感,但对桥基的差异沉降相对比较敏感,其中以方案三为最优,其次分别为方案五、方案二、方案四、方案一。同时也表明,东北风道和西北风道同时施工对控制桥基差异沉降效果最好,先施工东北风道比先施工西北风道更有利于控制桥基差异沉降,东北风道和西北风道交错施工也对控制桥基差异沉降有利。东北风道和西北风道施工对桥基的沉降影响具有耦合叠加效应,方案一和方案二表明,风道施工完成时对另一侧的桥基沉降影响大约为 5 mm;方案四和方案五表明导洞施工完成时对另一侧的桥基沉降影响大约为 2 mm。

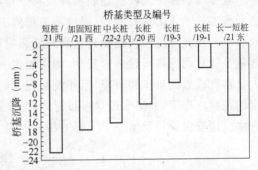

图 6.9.12-1 国贸站北侧风道施工对桥基沉降影响比较

(12)综上所述,施工期间国贸站北侧风道施工对重点研究桥基的沉降影响见图 6.9.12-1。

第7章 地下工程施工安全控制标准研究

城市浅埋地下工程的地表沉降及其分布特点与其埋深、跨度、地质状况、支护种类、施工方法和施工技术等因素有关,浅埋地下工程施工不可能控制地面不产生丝毫沉陷,但却可以控制地表沉陷在允许范围内或使其达到最低影响程度。因此,这里就涉及到两个核心问题,一个问题就是针对周围环境设施的安全,如果制定一个合理的控制标准,国内外广大科技工作者做了大量富有成效的工作和研究,但还没有相关的行业标准和规范可供参考;另一个问题就是在给定的控制标准下,如何实现这一目标,目前多运用以理论导向、量测定量和经验判断相结合的方法。这里主要涉及前一个问题的相关内容。

7.1 邻近建筑物变形控制标准

7.1.1 施工场地周围邻近建筑物状态调查

施工前需对施工场地周围邻近建筑物的状态进行调查。调查内容主要为:
(1)周围建筑物的分布;
(2)周围建筑物的建筑特色、荷载、结构形式及各种建筑物的沉降反映;
(3)环境测点布置、地面沉陷槽的拐点位移及建筑物不均匀沉降的敏感部位。

7.1.2 建筑物的允许位移与变形

(1)整体结构物的竖向位移及变形,见表7.1.2-1~表7.1.2-4。

表 7.1.2-1 建筑物在不同差异沉降下的反应

建筑结构类型	倾 斜	建筑物反应
一般砖墙承重结构,建筑物长高比小于10	达1/150	发生相当多的裂缝,可能发生结构性破坏
一般钢筋混凝土框架结构	达1/150	发生严重变形
	达1/500	开始出现裂缝
高层刚性建筑(箱型基础、桩基)	达1/250	可观察到建筑物倾斜
有桥式行车的单层排架结构厂房	达1/300	不调整轨面水平桥式行车运转困难,分隔墙有裂缝
有斜撑的框架结构	达1/600	处于完全极限状态
一般对沉降差反应敏感的机器基础	达1/850	机器使用可能会发生困难,处于可运行的极限状态

注:1. 框架结构有多种基础形式,包括:现浇单独基础、现浇片筏基础、现浇箱型基础、装配式单独基础、装配式条形基础以及桩基,不同基础形式的框架对沉降差的反应也不同,上表只提出了一般框架结构对差异沉降的反应,因此对重要框架结构在差异沉降下的反应,还要仔细调研其基础形式和使用要求,以确定允许的差异沉降;

2. 各种基础形式的高耸烟囱、化工塔罐、气柜、高炉、塔桅结构(如电视塔)、剧院、会场空旷结构等特别重要的建筑设施要做专门调研,以明确允许差异沉降值;

3. 内框架(特别是单排内框架)和底层框架(条形或单独基础)的多层砌体建筑结构,对不均匀沉降很敏感,亦应当专门研究。

表 7.1.2-2 建筑物最大许可沉降或差异沉降(角变形)

房屋和结构分类	房屋结构类型	最大许可最终沉降 δ_{max}(mm)	结构物中共线的邻近三点或基础的最大许可角变形 α_{max}
1	大体积结构,刚性大体积混凝土基础、刚性混凝土片筏基础;具有相当大的水平刚度	150~200	结构中不同点的最大差异沉降引起的基础倾斜不应大于(1/100~1/200)
2	铰接静定结构(三铰拱、单跨钢桁架和木结构)	100~150	1/100~1/200
3	超静定刚结构;砌体承重结构每层均有圈梁;横墙不小于250 mm厚,跨度不大于6 m,桩距不大于6 m的框架结构条形基础或片筏基础	80~100	1/200~1/300
4	第三类结构,但其中有一条不满足;独立基础的钢筋混凝土结构	60~80	1/300~1/500
5	有大跨板或大型构件的装配式结构	50~60	1/500~1/700

注:1. 较小的数值对应于公共建筑、住宅或有对差异沉降特别敏感的构件或装修的建筑;较大的数值对应于具有相当大水平刚度的较高的建筑或可承受此移动的结构;
2. 特殊情况下(如:吊车梁、高压锅炉、特殊的储藏罐以及差异荷载下的筒仓等),最大许可沉降或差异沉降或两者,应采用由维修工程师、机械工程师或制造商特别提供的值。

表 7.1.2-3 高耸结构的地基极限变形

建筑物分类	高度 (m)	地基极限变形值 倾斜度	地基极限变形值 容许平均沉降	
高钢筋混凝土烟囱	$H\leqslant$100 m	1/2H	40 cm	
	100 m$<H\leqslant$200 m	1/2H	30 cm	
	200 m$<H\leqslant$300 m	1/2H	20 cm	
	$H>$300 m	1/2H	10 cm	
	黏性土		高压缩性	中压缩性
电视塔 微波塔 输电塔	$H\leqslant$20 m	8/1 000	40 cm	20 cm
	20 m$<H\leqslant$50 m	6/1 000	40 cm	
	50 m$<H\leqslant$100 m	5/1 000	40 cm	
	100 m$<H\leqslant$150 m	4/1 000	30 cm	
	150 m$<H\leqslant$200 m	3/1 000	30 cm	
	200 m$<H\leqslant$250 m	2/1 000	20 cm	
	250 m$<H\leqslant$300 m	1.5/1 000	20 cm	
	300 m$<H\leqslant$400 m	1/1 000	10 cm	10 cm
石油化工塔	一般	4/1 000	20 cm	10 cm
	分罐类:$D\leqslant$3.2 m	4/1 000	20 cm	10 cm
	分罐类:3.2 m$<D\leqslant$5.4 m	2.5/1 000		
稳固性好的刚性建筑物	高达100 m	1/250	20 cm	

注:1. H为地面至高耸结构顶部的总高度(m);
2. D为石油化工塔的内径(m);
3. 一般石油化工塔指立式容器、填料塔和新罐塔;
4. 对特殊要求的高耸结构,地基变形值按专门规范的要求确定。

表 7.1.2-4 建筑物的地基变形允许值

变形特征	地基土类别	
	中、低压缩性土	高压缩性土
砌体承重结构基础的局部倾斜	0.002	0.003
工业与民用建筑相邻柱基的沉降差 (1)框架结构 (2)砖石墙填充的边排柱 (3)当基础不均匀沉降时不产生附加应力的结构(mm)	0.002 L 0.000 7 L 0.005 L	0.003 L 0.001 L 0.005 L
单层排架结构(柱距为 6 m)柱基的沉降量(mm)	(120)	200
桥式吊车轨面的倾斜(按不调整轨道考虑) 纵向 横向	0.004 0.003	
多层或高层建筑基础的倾斜 $H \leqslant 24$ $24 < H \leqslant 60$ $60 < H \leqslant 100$ $H > 100$	0.004 0.003 0.002 0.001 5	

注：1. 有括号者仅适用于中压缩性土；
2. L 为相邻柱基的中心距离(mm)；H 为自室外地面算起的建筑物高度(m)；
3. 倾斜指基础倾斜方向两端点的沉降差与其距离的比值；
4. 局部倾斜指倾斜指砌体承重结构沿纵向 6～10 m 内基础两点的沉降差与其距离的比值。

(2) 结构构件的竖向许可变形值，见表 7.1.2-5。

表 7.1.2-5 结构构件的竖向许可变形

构件	分类标准	竖向许可变形
墙	总体变形	$L/200$
	混凝土梁	$L/300$ 或 30 mm
	砖墙块部分开裂	$L/500$ 或 15 mm
	轻质隔墙部分开裂	$L/350 \sim L/360$ 或 20 mm
	活荷载作用下可见弯曲变形	$L/360$
	由于预拱产生的反向弯曲变形	$L/300$
楼板或屋顶	差异沉降	$L/250 \sim L/300$
	木楼板	$L/330$
	石材或沥青面层	$L/250$
	可弯曲的短跨层面楼板	$L/175$
	位移敏感设备(如发电机)	1/750 坡度
悬臂梁	可视弯曲变形	$L/180$
	填充墙开裂(沿边界的相对位移)	$L/250 \sim L/500$，视填充墙而定
龙门架起重机梁	顶部起重机行走不便	$L/700$

(3) 结构构件的水平许可变形值，见表 7.1.2-6。

表 7.1.2-6　结构构件的水平向许可变形

构　件	分　类　标　准	水平向许可变形
柱	多层房屋侧向位移	高度/1 000 建议值
	有斜撑框架破坏	高度/600
	砖混凝土墙体或填充墙裂缝	高度/500
	单层或低矮的柔性框架	高度/300
	防雨屋面可视变形	高度/250
门窗直梃	装配玻璃支架的弯曲	L/175
龙门超重机架	起重机轨道分离	L/500

（4）综合北京地铁施工建筑物的控制标准建议，对于一般建筑物的沉降控制标准可按表 7.1.2-7 选用，对于年代久远、列入文物保护的建筑物应进行专题研究确定其控制标准。

表 7.1.2-7　建筑物控制标准参考值

建(构)筑物类别	建(构)筑物高度(m)	沉降控制标准		倾斜控制标准
		极限值(mm)	极限速率(mm/d)	极限值
多层和高层建筑物	$H \leqslant 24$	20	2	0.004
	$24 < H \leqslant 60$	20	2	0.003
	$60 < H \leqslant 100$	10	2	0.002
	$H > 100$	10	2	0.001 5
高耸结构	$50 < H \leqslant 100$	30	2	0.005
	$100 < H \leqslant 150$	30	2	0.004
	$150 < H \leqslant 200$	30	2	0.003
	$200 < H \leqslant 250$	20	2	0.002

7.1.3　建筑物的其他控制标准

除了变形控制标准，还有力和爆破振动控制标准。

（1）邻近建筑物施工中应力控制基准

一般以应力增量控制。如既有建筑物为健全时，则：

拉应力≤1 MPa；压应力≤5 MPa

如既有建筑物有不影响功能的损伤时，则：

拉应力≤0.5 MPa；压应力≤2 MPa

（2）邻近建筑物施工中爆破振动速度控制基准

爆破振动基本上受爆源的距离和炸药用量、地层条件、既有结构物状况的控制，此外，炸药类型和爆破模式也有影响。因此，在施工前，应进行爆破模式、地质状况、装药状况(炸药、掏槽、装药量、起爆方法、堵塞状况等)研究。对于爆破振动，视结构物的健全度，振动速度的容许值列于表 7.1.3-1。

表 7.1.3-1　结构物振动速度容许值

既有结构物健全度	容许振动速度(cm/s)
变异显著	2
有变异	3
无变异	4

7.2 邻近管线变形控制标准

目前我国还没有关于管线的控制标准。邻近施工的大前提是避免对已有重要管线造成不利影响,容许值即用来定量表示这一不利影响的程度,一般采用小于容许值的指标作为施工管理标准值。目前国内在工程实践中常用的主要有以下几个控制标准。

(1)管线变形控制标准:

① 承插接口及机械铸铁管道和柔性接缝管道,每节许可差异沉降为≤$L/1\,000$(L 为管节长度);

② 国内如北京地铁、重庆地铁等施工总结的相关技术标准规定,地表最大斜率为 2.55 mm/m;

③ 上海市政部门对煤气管线的允许水平位移规定为 10~15 mm;

④ 德国建筑标准规定:管线允许水平变形为 0.6 mm/m,容许倾斜变形为 1~2 mm/m。

(2)管节受弯应力控制标准:通过对管线的理论分析可知,管节中纵向弯曲应力对管线的受力起控制作用,故管节中的弯曲应力小于容许值时,管道可正常使用,否则产生断裂或泄漏。对于铸铁管线安全系数取为 5 时,容许拉应力为 $[\sigma_t]=37.21$ MPa,容许压应力为 $[\sigma_c]=127.4$ MPa。即需满足

$$\sigma_t < [\sigma_t] \text{ 或 } \sigma_c < [\sigma_c] \tag{7.2-1}$$

(3)管接缝张开值控制标准:当管线接头转动的角度或接缝张开值小于允许值时,管道接头处于安全状态,否则也将产生泄漏或破坏,影响使用,参考试验数据,接缝允许张开值 $[\Delta]$ 可取为 0.925 mm。即直径为 D、管节长为 b 的管线在管线沉降曲线曲率最大处(R)接缝的张开值需满足

$$\Delta = \frac{Db}{R} < [\Delta] \tag{7.2-2}$$

表 7.2-1 地下管线沉降控制标准

序 号	项 目	沉降控制标准		
		极限值(mm)	极限速率(mm/d)	差异沉降
1	煤气管线	10	2	0.003
2	自来水管线	30	5	0.005

确定地下管线沉降控制标准应综合考虑管线的使用功能、埋设年代、材质、构造、接头形式等诸因素。对于煤气管线及自来水管线应可按表 7.2-1 选用。其他管线可参照有关规程中的标准执行。当穿越重要管线时,应根据具体情况进行论证,必要时应进行专项设计,并提出其沉降控制标准。

7.3 邻近桥基变形控制标准

7.3.1 控制标准制定影响因素与思路

7.3.1.1 控制标准制定影响因素

以 6.9 节为工程背景。一般而言,控制标准的制定既要满足在建地下结构承载力极限状态要求和正常使用极限状态要求,又要满足周围环境设施(主要包括桥梁、管线、建筑物、道路、

既有其他结构等)的承载力极限状态要求和正常使用极限状态要求。对于既有结构而言,由于已经历了一定的使用年限,因此,需要满足的是其剩余承载力和正常使用极限状态要求。

由于环境设施种类繁多、结构等级各异,线路穿越的地层也不一定相同,若均用同一基准值控制,难免产生某些地段过于保守,造成经济损失,某些地段又出现危害性沉降的弊端。为了使给出的控制值标准既保证环境设施和地下结构的安全,又使建筑成本较为经济,有必要对控制基准作较深入的分析,使其尽量适应各类重点环境设施的需求及尽可能符合工程实际。就国贸站而言,所定制的控制标准需要满足:

(1)桥梁上部结构剩余承载力和正常使用极限状态要求;
(2)桥梁下部结构剩余承载力和正常使用极限状态要求;
(3)桥梁基础剩余承载力和正常使用极限状态要求;
(4)施工过程中的地下结构和围岩的稳定性要求;
(5)地下结构承载力和正常使用极限状态要求;
(6)周围管线剩余承载力和正常使用极限状态要求;
(7)周围建筑物等剩余承载力和正常使用极限状态要求。

研究成果表明,国贸站桥梁和管线对控制标准的制定起控制作用,其中,桥梁是最主要的影响因素,因此,这里只针对桥梁来考虑控制标准的制定。

7.3.1.2 控制标准制定思路

控制标准的制定应该说是一个动态过程,是在理论分析、工程经验、信息反馈相互渗透和补充的过程中来逐步修正和实现的。制定的控制标准既要满足施工期间的安全要求,也要满足使用期间的安全要求。下面简要说明一下国贸站控制标准制定的思路。

(1)施工前控制标准的制定

根据桥梁现状安全评估成果、初步的理论分析成果、相关标准和行业规范、类似工程经验制定一个初步的控制标准。

(2)施工过程中控制的制定

施工过程中对桥梁、地层以及地下结构进行跟踪监控,利用量测信息来评判桥梁安全状况、检验初步理论分析成果的合理性,并把量测或其他信息反馈到理论分析模型,进行反分析,同时,进一步预测后续施工阶段或其他施工地段的安全状况,不断地进行完善和优化控制标准,从而制定出施工期间的合理控制标准。

(3)施工完成后使用期间控制标准的的制定

由于施工期间没有考虑长期的时间效应、耐久性以及地下水的恢复等因素,而制定的控制标准是保证各类建(构)筑设施在服务年限内始终都是安全的,因此,在工程完工后,有必要进一步进行跟踪监控到稳态和进行更深入的理论分析和总结,从而,制定出最终的安全控制标准,这可供类似工程和制定行业标准时参考。

7.3.2 控制标准制定原则

7.3.2.1 分 期

地下工程的显著特点是动态设计和信息化施工,这也决定了控制标准的制定是一个随时间变化的动态过程,也是一个随时间不断修正和完善的过程,因此,在制定控制标准时,根据所掌握资料的详细程度、对课题研究的深入程度、监测和检测信息的反馈等信息,将控制标准的制定分为3个典型时期。

(1) 施工前控制标准的制定,主要用于预设计阶段和施工早期。

(2) 施工过程中控制标准的制定,主要用于信息化施工阶段和动态设计阶段。

(3) 施工完后控制标准的制定,主要用于类似工程的设计和施工以及为行业标准和规范的制定提供典型案例。

7.3.2.2 分区域

由于国贸桥上部结构形式不一样,因此,首先根据桥梁上部结构的不同形式以及对变形的敏感程度,将地铁10号线国贸站施工影响区域内的桥梁基础划分为5个区域。分别为:

(1) $13^{\#}$轴~$16^{\#}$轴(40 m+46 m+40 m)的钢—混叠合变截面连续箱梁;

(2) $16^{\#}$轴~$19^{\#}$轴的预应力混凝土简支T梁;

(3) $19^{\#}$轴~$20^{\#}$轴(2×17.8 m)的钢筋混凝土异形板;

(4) $20^{\#}$轴~$22^{\#}$轴的预应力混凝土简支T梁;

(5) $22^{\#}$轴~$25^{\#}$轴(22.8 m+30 m+20 m)的预应力混凝土连续箱梁。

其中,$22^{\#}$轴~$25^{\#}$轴(22.8 m+30 m+20 m)的预应力混凝土连续箱梁是上述结构中受施工影响最为敏感的区域,应作为工程控制保护的重点区域。

7.3.2.3 分保护等级

由于每个区域范围内桩长、承台类型、与结构的空间位置关系、桩端持力层等不一样,因此,将不同情况的桥基分成不同的保护等级。理论分析表明,决定桥桩受邻近施工影响的最主要因素是桥桩的长度,其次才为桩与隧道结构之间的距离,最后为桩端持力层。因此,根据桩长,可将施工影响区域内的桥墩划分为4种类型:第Ⅰ种类型是桩长为9 m左右的墩,即短桩桥基;第Ⅱ种类型是既有9 m长又有28 m左右桩长的墩,即长—短桩结合桥基;第Ⅲ种类型是桩长为18 m左右的墩,即中长桩桥基;第Ⅳ种类型是桩长为28 m左右或更长的墩,即长桩桥基。从便于对桥桩施工控制保护的角度出发,将第Ⅰ种类型和第Ⅱ种类型定为A级保护的桩;将第Ⅲ种类型定为B级保护的桩;将第Ⅳ种类型定为C级保护的桩。其中把第Ⅰ和Ⅱ类长度、且离隧道水平净距较小的桥桩,如"21西"等,标记为A+。

7.3.2.4 分阶段

对于采用洞桩法施工的隧道(车站主体、东北风道和西北风道、设备联络通道),根据粗略的施工阶段敏感性和影响显著性分析,将施工过程划分为导洞(开挖+初支)完成、扣拱(第一开挖面开挖+初支)完成和二衬施工完成3个阶段。对于每一施工阶段,综合考虑桩长、桩径及桩与结构外缘之间的距离等因素,分阶段给出控制指标。对于其他施工区段,如竖井施工,仅提供总体控制指标。

7.3.2.5 分安全等级

所谓安全等级,是指对每一典型施工阶段的控制标准分成预警值、报警值、极限值3个等级进行控制和管理。极限值是在保证结构不产生破坏的前提下所能达到的最大差异沉降值,在整个施工过程中以及施工完成后的最终差异沉降值;报警值是指当沉降过快或过大时,需要采取必要措施、手段进行预防或防护的差异沉降值,按极限值的80%取用;预警值是指施工顺利进行时的控制差异沉降值,按极限值的60%取用。

7.3.3 控制标准的制定

7.3.3.1 制定标准选择

1. 主要指标。(1)单墩沉降;(2)同一盖梁下相邻桥墩之间的差异沉降;(3)顺桥向相邻桥墩之间的差异沉降。

2. 辅助指标。(1)倾斜;(2)沉降速率;(3)裂缝观测;(4)地表沉降;(5)拱顶沉降。

7.3.3.2 施工前控制标准的制定

施工前控制标准的制定主要来源于相关的标准和规范、初步的理论分析成果、国内外类似工程经验等。施工前根据所掌握的设计资料、地质资料、初步的桥梁资料等进行相关的理论分析。平面数值分析表明,地表的总沉降控制为 60 mm,拱顶结构的总沉降控制为 40 mm,三维的桩—土相互作用分析表明,墩台的总沉降控制为 50 mm,差异沉降控制为 30 mm,同时参阅相关的规范(见表 7.3.3-1),给出了施工前的基本控制标准值(见表 7.3.3-2),以便指导早期施工和评估施工效果。

表 7.3.3-1 有关规范对墩台沉降值的规定

规范名称	墩台沉降及差异规定
城市桥梁养护技术规范 (CJJ 99—2003 J 81—2003)	简支梁桥的墩台基础均匀总沉降值大于 $2.0\sqrt{L}$ cm 时应及时对简支梁的墩台基础进行加固(L 为相邻墩台间最小的跨径长度,以 m 计,跨径小于 25 m 时仍以 25 m 计)
公路桥涵地基与基础设计规范 (JTJ 024—85)	墩台的均匀总沉降不应大于 $2.0\sqrt{L}$ cm(L 为相邻墩台间最小的跨径长度,以 m 计,跨径小于 25 m 时仍以 25 m 计)。对于外超静定体系的桥梁应考虑引起附加内力的基础不均匀沉降和位移
地基基础设计规范 (DGJ 08—11—1999)	简支梁桥墩台基础中心最终沉降计算值不应大于 200 mm,相邻墩台最终沉降差不应大于 50 mm;混凝土连续梁桥墩台基础中心最终沉降计算值不应大于 100～150 mm,且相邻墩台最终沉降计算值宜大致相等。相邻墩台不均匀沉降的允许值,应根据不均匀沉降对上部结构产生的附加内力大小而定
地铁设计规范 (GB 50157—2003)	对于外静定结构,墩台均匀沉降量不得超过 50 mm,相邻墩台沉降量之差不得超过 20 mm;对于外静不定结构,其相邻墩台不均匀沉降量之差的容许值还应根据沉降对结构产生的附加影响来确定

表 7.3.3-2 施工前沉降控制标准值

指标	上部结构类型	墩台总沉降	相邻墩台差异沉降 顺桥向/横桥向	地表沉降	拱顶沉降
沉降控制标准	简支梁	50 mm	30 mm/15 mm	60 mm	40 mm
	连续梁	50 mm	20 mm/15 mm	60 mm	40 mm
	异形板	50 mm	25 mm/15 mm	60 mm	40 mm

7.3.3.3 施工过程中控制标准的制定

施工过程中控制标准的制定主要是在施工前控制标准的基础上,结合桥基安全现状评估成果、更深入更全面的理论分析成果、监测和检测资料的反馈、专家经验等多方面的信息来进行确定和修正。施工前表 7.3.3-2 给出的控制标准是笼统的,是桥梁在服务年限内的一个总体值,由于桥梁已经经历了一定的使用年限,而最需要关心的是其剩余承载能力和变形能力,这样才能更好地为施工服务。

(1)根据桥梁现状安全评估给出控制标准参考值

借助现场检测和理论分析对国贸桥安全现状做了详细的评估,评估以后给出的控制标准见表 7.3.3-3。

表 7.3.3-3　根据桥梁现状安全评估给出的施工阶段差异沉降控制指标（单位：mm）

桥梁轴号	结构类型	顺桥向差异沉降			横桥向差异沉降	备注
		预警值	报警值	极限值		
13#～16#	钢-混叠合变截面连续箱梁	3	4	5	5	
16#～19#	预应力混凝土简支T梁	12	16	20	5	
19#～20#	钢筋混凝土异形板	3(6)	4(8)	5(10)	5	括号内数据为19#、20#控制指标
20#～22#	预应力混凝土简支T梁	12	16	20	5	
22#～25#	预应力混凝土连续箱梁	3	4	5	5	

由于评估报告在进行理论分析时,是通过给定位移来反算其受力作为评判标准,没有考虑施工过程,没有考虑地下水的影响,没有更好地考虑桩土相互作用效应,因此,其分析成果还需要进一步完善和验证。

（2）根据理论分析给出控制标准参考值

针对国贸站的桥基方案加固以及方案优化做了很多工作。本书的第4章,通过渗流—应力耦合分析理论,通过适当的简化,考虑了地下水对桥基的沉降影响,综合上述研究成果,理论分析所给出的控制标准参考值见表7.3.3-4。

表 7.3.3-4　根据理论分析成果给出的施工阶段桥基沉降控制值（单位：mm）

桥梁轴号	上部结构类型	桥基编号	桥基沉降极限值 不考虑地下水/考虑地下水	顺桥向差异沉降极限值	横桥向差异沉降极限值	备注
19#～20#	钢筋混凝土异形板	19-1西	5 mm/25 mm	25 mm	10 mm/15 mm	长桩桥基
		19-3	8 mm/28 mm			
20#～22#	预应力混凝土简支T梁	20西	13 mm/33 mm	25 mm/30 mm		长桩桥基
		21西	23 mm/43 mm			短桩桥基（未加固）
		21西	18 mm/38 mm			短桩桥基（加固）
		21东	15 mm/35 mm			长—短桩结合桥基
		22-2内	17 mm/37 mm			中长桩桥基

说明：上述沉降值中,第一个值表示不考虑地下水的桥基沉降值,第二个值即"/"后的值表示考虑地下水效应后的值,地下水引起的桥基沉降按20 mm考虑,引起的差异沉降按5 mm考虑。

（3）综合分析给出的控制标准参考值

借助现场测试数据成果、上述理论分析成果,经过不断完善和修正,在设计单位、施工单位、科研单位、检测单位、管理单位等部门广泛参与的情况下,针对桥墩绝对沉降、各施工阶段桥墩累积沉降、各施工阶段桥墩附近地表累积沉降、相邻桥墩差异沉降,给出了施工期间桥基的安全控制标准。总结各指标的控制标准值可知：

（1）依据桥梁上部结构形式的不同,施工期间桥墩累计沉降不得超过5 mm、10 mm或25 mm。

（2）依据桥梁上部结构形式的不同,施工期间桥墩附近地表累计沉降不得超过25 mm、40 mm或50 mm。

（3）在隧道施工的任一阶段,顺桥向相邻桥墩之间的差异沉降依据桥梁上部结构形式的不同,不得超过5 mm或20 mm。

(4)在隧道施工的任一阶段,桥梁横向同一盖梁下相邻桥墩之间的差异沉降不得超过 5 mm。

7.3.3.4 施工后控制标准的制定

为了研究国贸站长期稳定时的控制标准,针对国贸站邻近土体进行了流变试验,借助试验成果,并在本书第 5 章中研究了国贸站施工过程中的时间效应。试验研究和理论分析表明,国贸站施工过程中变形稳定的时间为 5 d 左右,因此,施工完后,桥基和地层变形将在较短时间内将趋于稳定。因此,国贸站岩土体长期的时间效应并不明显。由于在分析过程中没有将地下水和土体骨架的时间效应共同考虑,实际上,国贸站地层和桥基变形趋于稳定的时间还要更长,既有的时空效应理论分析成果和现场测试表明,7.3.3.3 中制定的施工期间的控制标准是偏于保守的,还有待进一步修正,此外,对控制标准值还需要进一步完善的理由还有:(a)后续施工阶段更全面的量测分析成果以及施工完成后至变形稳定时的最终量测成果的反馈;(b)支护结构和介质属性随时间变化时的长期强度对桥基和地层变形的影响;(c)地下水位回升时对桥基和地层变形的影响;(d)量测信息不能全面反映地下水对桥基的沉降影响。因此,综合考虑上述因素后,认为使用期间的沉降控制标准可以修正为:

(1)依据桥梁上部结构形式的不同,施工期间桥墩累计沉降不得超过 15 mm、20 mm 或 35 mm。

(2)依据桥梁上部结构形式的不同,施工期间桥墩附近地表累计沉降不得超过 35 mm、50 mm 或 60 mm。

(3)在隧道施工的任一阶段,顺桥向相邻桥墩之间的差异沉降依据桥梁上部结构形式的不同,不得超过 10 mm 或 25 mm。

(4)在隧道施工的任一阶段,桥梁横向同一盖梁下相邻桥墩之间的差异沉降不得超过 10 mm。

上述修正是根据目前的监测和检测信息以及既有的理论分析成果而进行的,其值是否客观合理,还有待进一步的施工验证和现场实测验证,甚至包括施工完后进一步的理论分析。实际上控制标准的制定就是一个动态过程,是通过理论分析、现场量测和检测相互补充、相互反馈来完成和实现的。

对于一般桥梁的沉降控制标准可按表 7.3.3-5 选用,对于年代久远、列入文物保护的建筑物应进行专题研究确定其控制标准。

表 7.3.3-5　一般桥梁的沉降控制标准

桥　梁	连续梁桥	横向差异沉降	5 mm	2 mm/d
		纵向差异沉降	15 mm	3 mm/d
	简支梁桥	横向差异沉降	5 mm	2 mm/d
		纵向差异沉降	20 mm	3 mm/d

7.4　地表及地下结构变形标准

7.4.1　概　述

隧道施工对管线或对建筑物的影响,在进行评价时,常常采用两种方法:一种方法就是根据地表的移动与变形值,根据前面给出的允许值或检算标准,直接判断管线或建筑物的安全状态,从而确定是否需要采取有效的工程应变措施,直到能够保证管线或建筑物的安全和正常使用,这种方法也可称为直接法;另一种方法就是,根据管线或建筑物的安全和正常使用要求,找出一个地表变形允许值,从而直接用来指导施工,由于地面沉降值具有代表意义而且容易现场监测,因此,在实际工程中这个允许的变形值就是事先"规定"的地表沉降允许值。

在市区修建的浅埋地下工程,一般在设计施工承包的投标文件中,需要提出一个控制地表下沉的标准。国内现有的一些城市地铁施工引起的地面沉降允许值往往由专家们根据经验规定,通常都采用 30 mm 的控制标准,这一指标是为了控制地下工程开挖对地面环境的不利影响而定的。据调查咨询,国外在市区采用暗挖法修建的地铁工程,要求控制的地表沉降量在 20~50 mm 之间,沉陷曲线拐点的斜率不大于 1/300,地层损失系数不大于 5%。

在工程施工中,鉴于工程条件、地质情况的复杂性,特别是来自施工细节的不确定因素,为保障地面建筑及地下管线的安全与使用,以及围岩与结构的稳定,还应当针对每一个具体工程提出一个地表下沉控制量(或叫地表下沉控制基准值)作为施工监测指标。

通常,投标文件中地表下沉的控制标准一般是按环控要求提出的,而施工中的控制标准则是根据当地实际条件按环控和地层稳定两方面的要求确定。

沉降对城市环境造成的危害主要表现在地面建筑物的过量倾斜及地下管线的变形、断裂而影响其正常使用。通常的地面沉降控制值即是出于对环境要求的考虑,其根据主要来源于已有的建设规范及以往的工程实例。但是由于地面建筑及地下管线种类繁多、结构等级各异,线路穿越的地层不同,若均用同一基准值控制,难免产生某些地段过于保守,造成经济损失,某些地段又出现危害性沉降的弊端。为了使给出的沉降控制值基准既保证建筑物及地下管线的安全,又使建筑成本较为经济,有必要对控制基准作较深入的分析,使其尽量适应各类建筑及地中管线的需求及尽可能符合工程实际。

7.4.2 浅埋暗挖法施工地表及地下结构变形标准

地铁浅埋暗挖法施工监控量测控制标准可参考表 7.4.2-1。

表 7.4.2-1 地铁浅埋暗挖法施工监控量测值控制标准

序 号	监测项目及范围		允许位移控制值 U_0(mm)	位移平均速率控制值(mm/d)	位移最大速率控制值(mm/d)
1	地表沉降	区间	30	2	5
		车站	60		
2	拱顶沉降	区间	30	2	5
		车站	40		
3	水平收敛		20	1	3

注:1. 位移平均速率为任意 7 d 的位移平均值,位移最大速率为任意 1 d 的最大位移值(下同);
2. 表中区间隧道跨度为<8 m,渡线、联络线、风道等跨度为 8~16 m,车站跨度为>16 m;
3. 表中拱顶沉降系指拱部开挖以后设置在拱顶的沉降测点所测值(下同)。

7.4.3 地铁盾构法施工地表及地下结构变形标准

地铁盾构法施工监控量测值控制标准可参考表 7.4.3-1。

表 7.4.3-1 地铁盾构法施工监控量测值控制标准

序号	监测项目及范围	允许位移控制值 U_0(mm)	位移平均速率控制值(mm/d)	位移最大速率控制值(mm/d)
1	地表沉降	30	1	3
2	拱顶沉降	20	1	3
3	地表隆起	10	1	3

7.4.4 地铁明(盖)挖法施工地表及地下结构变形标准

地铁明(盖)挖法施工监控量测值控制标准见表 7.4.4-1,其中,基坑安全等级(一级、二级及三级)的划分见表 7.4.4-2。

表 7.4.4-1 地铁明(盖)挖法施工监控量测值控制标准

序号	监测项目及范围	允许位移控制值 U_0(mm)			位移平均速率控制值(mm/d)	位移最大速率控制值(mm/d)
		一级基坑	二级基坑	三级基坑		
1	桩顶沉降	10			1	1
2	地表沉降	≤0.1%H 或≤30 两者取小值	≤0.3%H 或≤40 两者取小值	≤0.5%H 或≤50 两者取小值	2	2
3	体水平位移	≤0.25%H 或≤30 两者取小值	≤0.5%H 或≤50 两者取小值	≤0.5%H 或≤50 两者取小值	2	3
4	竖井水平收敛	50			2	5
5	基坑底部土体隆起	20	25	30	2	3

注:H 为基坑开挖深度。

表 7.4.4-2 基坑等级标准

等级标准	各等级环境保护要求
一级	基坑周边以外 0.7H 范围内有地铁、共同沟、桥梁、高层建筑、煤气管、大型压力总水管等重要建筑或设施,必须确保安全
二级	基坑周边以外 0.7H 范围内无重要管线和建(构)筑物;而离基坑 0.7H~2H 范围内有重要管线或大型的在使用的管线、建(构)筑物
三级	基坑周边 2H 范围内没有重要或较重要的管线、建(构)筑物

7.4.5 隧道初期支护变形及管理标准

隧道初期支护极限相对位移值可参考表 7.4.5-1,变形管理等级见表 7.4.5-2。

表 7.4.5-1 隧道初期支护极限相对位移值(%)

围岩级别	埋深(m)		
	<50	50~300	>300
	拱脚水平相对净空变化值		
V	0.20~0.50	0.40~2.00	1.80~3.00
IV	0.10~0.30	0.20~0.80	0.70~1.20

续上表

围岩级别	埋深(m)		
	<50	50～300	>300
拱脚水平相对净空变化值			
Ⅲ	0.03～0.10	0.08～0.40	0.30～0.60
Ⅱ	0.01～0.03		0.01～0.08
拱顶相对下沉			
Ⅴ	0.08～0.16	0.14～1.10	0.80～1.40
Ⅳ	0.06～0.10	0.08～0.40	0.30～0.80
Ⅲ	0.03～0.06	0.04～0.15	0.12～0.30
Ⅱ		0.03～0.06	0.05～0.12

注：1. 硬岩取下限，软岩取上限；
2. 拱脚水平相对净空变化值指两测点间净空水平变化值与其距离之比，拱顶相对下沉指拱顶下沉值减去隧道下沉值后与原拱顶至隧底高度之比；
3. Ⅰ，Ⅴ，Ⅵ类围岩可按工程类比初步选定允许值范围；
4. 墙腰水平相对净空变化极限值可按拱脚水平相对净空变化值乘以 1.2～1.3 后采用。

表 7.4.5-2　变形管理等级

管理等级	管理位移(mm)	施工状态
Ⅲ	$U<U_0/3$	可正常施工
Ⅱ	$(U_0/3)<U\leqslant(2U_0/3)$	应加强支护
Ⅰ	$U>(2U_0/3)$	应采取特殊措施

注：U——实测变形值；U_0——允许变形值。

7.4.6　地表沉降控制基准分析

为保障地面环境的稳定，要求地下工程施工不影响地面交通的正常使用，地下管网线路的正常运行以及地面建筑物的安全和使用。从保证地面交通正常通行考虑，由于地表下沉非局部突沉，而是按一定规律平顺下沉，不会导致阻塞汽车不能行，故可不考虑其控制因素。

7.4.6.1　地面建筑物对地表沉降的控制标准

沉降对地面建筑的危害主要表现在地面的不均匀沉降引发的建筑物倾斜(或局部倾斜)。7.1 节中参照相关规范列出了各种建筑物的允许倾斜，譬如砌体承重结构基础之局部倾斜在 2‰～3‰ 以内，多层及高层建筑基础随建筑物高度控制在 1.5‰～4‰ 以内。国外，如法国规定倾斜度控制在 3‰ 以内，日本土木学会规定控制在 4‰ 以内。根据给出的允许倾斜度和实测某种条件下的沉陷宽度，就可以反推出该种条件下的地表最大下沉允许值。

地下工程在施工时产生沉降，在其影响范围之内将对上部建筑物产生不良影响。根据以往的经验，地表沉降规律(横向)可以采用著名的 Peck 曲线描述。

$$S=S_{\max}\exp\left(\frac{x^2}{2i^2}\right) \tag{7.4.6-1}$$

(1)建筑物相邻柱基间距小于或等于沉降槽拐点 i 时

由基础产生的倾斜值不大于相应建筑物允许倾斜值可知：

$$\Delta S/L\leqslant[f] \tag{7.4.6-2}$$

式中，L 为建筑物相邻柱基础间距；$[f]$ 为建筑物的允许倾斜；ΔS 为差异沉降值。

由沉降槽曲线可知，在拐点 i 处曲线斜率最大，以此极限条件下的坡度值不大于相应建筑

物允许倾斜值作为限制条件。此时,差异沉降(不均匀沉降)达到最大,从而得允许最大沉降差为:

$$\Delta S \leqslant [f] \tag{7.4.6-3}$$

由 Peck 曲线可知,当 $x=i$ 时,得出地表下沉的最大斜率为:

$$S'_{max} = \frac{0.61}{i} S_{max} \tag{7.4.6-4}$$

由极限条件

$$S'_{max} \leqslant [f] \tag{7.4.6-5}$$

即

$$\frac{0.61}{i} S_{max} \leqslant [f]$$

并假定建筑物最大允许倾斜与 S'_{max} 相等,此时,地表最大允许沉降量为:

$$S_{max} = \frac{i}{0.61} [f] \tag{7.4.6-6}$$

(2)建筑物相邻柱基间距大于或等于 $2i$ 时

沉降对建筑物的影响除倾斜外还含有基础的挠曲变形,当沉降过大时,有可能导致建筑物基础的断裂及上部结构压性裂缝的产生。由于不同建筑物基础结构的受力条件、荷载分布、建筑等级等不尽相同,难以准确地加以描述,以建筑基础的允许应变作为计算控制基准的极限条件。即

$$[S] = \sqrt{([\varepsilon]i+i)^2 - i^2} \tag{7.4.6-7}$$

式中,$[\varepsilon]=[\sigma]/E$;$[\sigma]$ 为基础的极限抗拉强度;E 为基础弹性模量。

7.4.6.2 地下管线的沉降控制基准

地表下沉也会给地下各种管网线路的正常运行带来影响,通常应根据各管网线路的材质及可变性情况,结合地表沉陷槽分布规律进行综合考虑。在众多的管网线路中,对地表下沉最为敏感的是水泥污水管,从其材质到接缝处理均属刚性,如果地表下沉量过大(也就是沉降曲线斜率过大)就会导致管缝处漏水,影响地下工程施工和管线路的正常使用。

根据北京西单地铁车站工程部门研究,当地表最大沉降值为 70 mm 时,其地表最大斜率为 2.55 mm/m(2.55‰),这时不会导致水泥管漏水。又如对重庆轻轨工程小什字车站,也规定地表最大斜率为 2.55 mm/m(2.55‰),则可按 Peck 公式算得地表的最大沉降值为 42~55mm 之间。

地下管线一般是指供(排)水管、煤(暖)气管、工业管道、各类电缆等,过量的地面沉降会导致管线的断裂,影响其正常使用甚至引起灾难性事故,其后果是极其严重的。由于各种管线对沉降影响的敏感性和耐受力因其材质、连接方式、接口材料、变形的允许指标及施工质量、使用年限不同而有较大的差异。为慎重起见,本文以对沉降耐受力最低的承插式砂浆接缝混凝土污水管作为沉降控制基准研究的控制对象。

沉降槽上方的管线变形类似于建筑物相邻柱基间距大于或等于 $2i$ 时的情况,随着地层的沉降其受力条件发生转化,这时可视为受垂直均布荷载的弹性地基梁来考虑。当管线离地表较近时可用地表的沉降来近似反映管线的沉降,这样处理计算结果是偏于安全的。根据结构在正常使用时受到的应力小于其允许的设计应力这一标准,管道在地面沉降时所产生变形应小于或等于其允许应力的相应变形范围。

对于变形管道,其允许应变为

$$[\varepsilon]=[\sigma]/E \qquad (7.4.6\text{-}8)$$

式中，$[\varepsilon]$ 为允许拉应变；$[\sigma]$ 为允许拉应力；E 为材料弹性模量。

由于管道在地层沉降时产生的变形应小于（或等于）其允许应力的相应变形范围，即

$$[S]=\sqrt{([\varepsilon]m+m)^2-m^2} \qquad (7.4.6\text{-}9)$$

式中，m 为计算长度；Δm 为管道极限伸长量（$\Delta m=[\varepsilon]m$）。

当管道走向垂直于隧道纵向时，$m=i$，此时 $[S]$ 值最小，有

$$[S]=\sqrt{([\varepsilon]i+i)^2-i^2}$$

7.4.6.3 按地层与结构稳定要求分析地表下沉控制标准

从保障地层与结构的稳定出发，地表下沉控制标准必然与当地的地质条件、施工规模、埋置深度、结构尺寸和施工方法等有关，一般应根据模型试验、数值方法所提供的分析结果加以确定。

(1) 通过拱顶下沉极限推算地表沉降标准

工程实践和理论分析表明，更多情况下控制浅埋地下工程稳定性的主要指标是拱顶下沉值，而不是水平收敛值。在利用算得的拱顶位移值与地表中线位移值换算关系后，即可将拱顶下沉控制标准换算成地表下沉控制标准。目前，国内外尚没有这方面明确的规定和科学的确定方法，国内外主要还是参考一些经验性规定或行业规范。

(2) 由地层极限应变推算地表沉降标准

由地层位移的实测结果知，在不考虑地下水的情况下，地层的位移是自洞室临空面向地表逐渐延伸的，这意味着破裂面的形成也是由洞室周围向地表延伸。由于拐点（Peck 曲线）处剪应变最大，当地层处于极限状态时该点剪应变达到极限值，成为地层破坏的控制点，从保证施工安全的角度，以隧道侧壁正上方控制点不发生坍塌时允许产生的最大地表沉降作为控制基准。将地表沉降横断面正态分布曲线（Peck 曲线）视为地层横向梁的挠度曲线，采用地层梁理论导出的极限剪应变法来确定该基准值。

由弹性力学平面问题的基本理论可知，在迪卡尔坐标系中，地层中某点的剪应变可写为

$$\gamma_{xy}=\frac{\partial v}{\partial x}+\frac{\partial u}{\partial y} \qquad (7.4.6\text{-}10)$$

式中，$\frac{\partial v}{\partial x}$ 为地层单元体垂直位移在 x 方向的变化率；$\frac{\partial u}{\partial y}$ 为地层单元体水平位移在 y 方向的变化率。若忽略水平方向的位移，则有

$$\gamma_{xy}=\frac{\partial v}{\partial x} \qquad (7.4.6\text{-}11)$$

Peck 公式描述了地表质点在垂直方向的位移规律，当 $x=i$ 时，得出地表沉降的最大斜率为

$$\gamma_i=\frac{\partial v}{\partial x}=\frac{0.16S}{i} \qquad (7.4.6\text{-}12)$$

假定围岩的极限剪应变 γ_p 与 γ_i 相等，则地层坍塌破坏极限状态的地表最大沉降量为

$$S_{\max}=\frac{i}{0.61}\gamma_p \qquad (7.4.6\text{-}13)$$

式中，$S_{\max}$ 为地表最大沉降量；i 为曲线拐点到中心的距离；γ_p 为围岩的极限剪应度，且

$$\gamma_p=K\tan\beta \qquad (7.4.6\text{-}14)$$

把式(7.4.6-14)代入(7.4.6-13)得

$$S_{\max}=\frac{i}{0.61}K\tan\beta \quad (7.4.6\text{-}15)$$

式中,K 为经验系数,在软岩中:$K=(1.3\sim 1.1)\times 10^3$,$\beta=45°+\varphi/2$,在硬岩中:$K=1\times 10^3$,$\beta=45+\varphi_j/2$;$\beta$ 为弱面走向与水平面夹角;φ_j 为弱面内摩擦角。

综上所述,控制基准值的确定首先应分别计算出建筑物允许沉降值、管线允许沉降值、地层允许沉降值,取其中最小的允许沉降值作为最后的控制基准值。

7.4.6.4 隧道施工下穿管线地表沉降基准确定应用

以 6.4 节工程为背景,由于建筑物离隧道的距离比较远,该范围隧道施工对建筑物的影响比较小,故在确定沉降控制基准时,主要从管线和地层及结构稳定性方面来考虑。

1. 按管线要求确定地表沉降控制基准

(1)按地表最大倾斜确定

左右隧道的等效半径计算为 $R=6.35$ m;内摩擦角 φ 取加权平均值为 $\varphi=24°$;覆土厚度平均值取为 15.7 m。则沉降槽宽度系数计算为

$$i=\frac{H+R}{\sqrt{2\pi}\tan\left(45°-\frac{\varphi}{2}\right)}=\frac{15.7+6.35}{\sqrt{2\pi}\tan 33°}=13.5 \text{ m}$$

而有限元计算分析和离心试验得出的沉降槽宽度系数值约为 15.0 m,为安全起见,采用近似计算值,地表的允许最大倾斜假定为 2‰,可得

$$S_{\max}=\frac{i}{0.61}[f]=(13\,500/0.61)\times 2‰\approx 44 \text{ mm}$$

(2)按管线的极限受拉应变来确定

$$[\varepsilon]=[\sigma]/E=3.721/(1.0\times 10^5)=3.721\times 10^{-5}$$

$$[S]=\sqrt{([\varepsilon]i+i)^2-i^2}=\approx 116 \text{ mm}$$

2. 按地层及结构稳定要求确定地表沉降控制基准

(1)通过拱顶下沉极限推算地表沉降标准

V级围岩拱顶极限下沉计算为 65.6 mm,而有限元分析表明,拱顶最大沉降和地表最大沉降的比值关系约为 1.5,由此可以算出地表沉降基准为

$$[S]=80/19.7=43.7 \text{ mm}$$

(2)由地层极限应变推算地表沉降标准

$$S_{\max}=\frac{i}{0.61}K\tan\beta=\frac{13\,500}{0.61}\times 1.3\times 10^{-3}\times\tan\left(45°+\frac{24°}{2}\right)=44.3 \text{ mm}$$

综上所述,为了满足管线的安全要求以及地层和结构的稳定要求,隧道施工过管线的沉降控制基准确定为 43 mm。

7.5 地下工程施工安全风险控制与管理

拟定了控制标准,如何在实际工程中很好地实现,需要一套科学的管理办法和控制程序,安全风险控制与管理是一种有效的手段。

7.5.1 安全风险控制与管理的工作目标

为了保证工程影响范围内重要结构物的安全,同时,采取可靠的技术措施减小不良地质条

件对隧道施工和结构长期稳定性造成的影响,从而保证工程本身和工程周边环境的安全。

(1)对隧道施工影响区域内的周边环境进行科学的风险分析,并给出环境安全风险等级。

(2)对隧道工程结构本身,分区段按照其所处的地质条件、隧道埋深、隧道施工方法等因素,进行风险分析,并给出隧道工程结构本身的施工安全风险等级。

(3)在风险分级的基础上,构建隧道施工安全风险管理技术体系,并提出安全风险分级管理的系统方案,明确和规范安全风险管理的程序和职责,做到分类和分级管理。

(4)针对不同类别及不同风险等级的周边环境分别制定出相应的控制指标和标准,并提出加固方案。

(5)制定可靠的安全风险控制技术方案,以使隧道结构和地层及周边环境的变形控制在可靠的范围内,保证安全。

(6)完善隧道设计和施工中有关监测方案的审查方法和工作程序,强化监测与信息反馈的质量和效率,提高隧道施工的信息化技术水平,保证施工过程中地下结构及周边重要建(构)筑物的安全。

(7)制定出隧道洞口段和不良地质段施工的安全风险控制方案,以确保关键地段的施工安全。

(8)整体上提升复杂环境条件下隧道施工技术水平,使隧道建设的安全风险管理规范化、程式化。

7.5.2 安全风险控制与管理的工作内容及程序

7.5.2.1 安全风险控制与管理的工作内容

针对区间隧道和车站工程本身和其影响范围内的周边环境进行分类评估和研究的基础上,分别给出不同区段的安全风险等级和不同类别的周边环境的安全风险等级,针对不同类别及不同风险等级的风险点分别制定出相应的控制指标和标准,选择安全风险等级较高的建(构)筑物作为重点风险源进行管理,以此为示范对不同类别的风险点进行管理。具体工作内容主要包括:

(1)重要建(构)筑物检测评估报告的审查,并提出必要的补充勘察建议。

(2)依据勘察报告、检测评估报告、相关规范、规程及必要现场调研,在对隧道施工影响区域内的周边环境进行系统分类的基础上,根据施工影响的程度、与工程的位置关系、对变形的敏感程度以及重要性等因素,对其进行科学的风险分析,并给出环境安全风险等级。

(3)对隧道工程结构本身,分区段按照其所处的地质条件、隧道埋深、隧道施工方法等因素,进行风险分析,并给出隧道工程结构本身的施工安全风险等级。

(4)在风险分级的基础上,协助有关单位构建隧道施工安全风险管理技术体系,并提出安全风险分级管理的系统方案,明确和规范安全风险管理的程序和职责,做到分类和分级管理。

(5)依据重要建(构)筑物检测评估报告、勘察报告、相关规范、规程及必要现场调研,针对不同类别及不同风险等级的周边环境,协助有关单位制定相应的控制指标体系和控制标准值,必要时提出加固方案。

(6)配合设计和施工单位完成施工方案(包括施工方法及辅助施工方法等)的分析和优化,拟定可行的施工方案。

(7)按照变位分配原理,依据周边环境的变形控制标准,制定施工过程中地层及建(构)筑物变形的阶段控制目标和过程控制方案,实现安全风险的动态控制。

(8)制定详细的监测实施方案和技术要求,并对监测人员进行必要的技术培训和指导,提高现场人员监测技术和信息反馈水平,以及时、可靠的监测数据作为风险控制的重要保障。

(9)编制专门的施工技术指南,并在施工过程中提供技术咨询和指导。

(10)施工完成后重点建(构)筑物安全性评估及恢复措施建议。

7.5.2.2 安全风险控制与管理的工作程序

对隧道穿越复杂条件下重要建(构)筑物环境安全风险管理,通常按以下程序开展工作:

(1)既有建(构)筑物的现状评估和安全性评价。

(2)隧道施工对既有建(构)筑物附加影响的分析及施工方案优化。

(3)附加影响的变形预测、阶段控制目标的确定和控制方案的制定及实施。

(4)施工过程中的监测与控制,根据监测结果及其对拟定阶段目标的对比关系确定是否对即定方案进行调整。

(5)工后评估及恢复措施的制定,根据评估结果可以采取必要的恢复和加固措施。

7.5.3 风险控制与管理的主要内容与程序

7.5.3.1 风险控制与管理的主要内容

为了对工程建设过程中存在的安全风险进行科学的评估和有效的控制,确保工程建设的安全,应结合工程及环境特点对相关问题进行专题研究,以形成相应的系统关键技术,从而保证安全风险评估和控制工作的可靠性、有效性和及时性。

风险控制与管理涉及诸多的理论问题,如"地层—结构"相互作用关系、地层及结构变位分配原理、建(构)筑物变形控制指标和标准制定、注浆提升和过程控制理论等,并与工程实际相结合形成完整的技术体系和方法。以下所提建筑物为广义上的概念,包括房屋建筑、管线、道路、桥梁等受隧道施工影响的周边环境。

(1)隧道围岩稳定性分析及其控制技术研究

根据对工程地质及水文地质条件的特点,对不良地质地段典型地层的物理力学性能参数进行实验测定,由此通过数值模拟及理论分析等手段重点研究隧道开挖过程对围岩变形的影响规律,结合对地表沉降控制要求建立起围岩稳定性的评价指标体系,为隧道施工方法的优化和辅助施工措施的制定提供依据,确保隧道工程结构自身的安全。

(2)深大基坑施工围护结构体系稳定性分析及其控制技术

分析影响基坑失稳的各种因素(如地下水位、地基土容重、地基土有效内摩擦角、有效黏聚力、墙后主动土压力、超载或均布荷载),从局部和整体失稳两个方面入手,分析支护结构稳定的关键影响因素及其失稳机理,并确定深大基坑稳定性的评价体系与方法,为本工程深大基坑施工方案的确定提供理论依据,确保深大基坑施工安全。

(3)隧道工程结构安全性评估与可靠性评价

通过理论分析、数值模拟,利用可靠度理论并结合隧道结构变形和应力监测数据,对隧道工程结构的安全性和长期可靠性进行评估,确保隧道结构在施工期及运营期的安全。

(4)地层变形机理分析及其控制技术研究

结合理论分析、数值模拟、实验室研究和现场实测对隧道施工影响下的地层变形规律进行系统的研究,建立起相应的地层变形模式和变形传播规律,对地层变形做出全面的描述,明确地层变形的主要影响因素,并据此提出相应的地层变形控制技术措施。地层变形的有效控制对控制建(构)筑物的沉降和变形,保障其安全具有重要意义。

(5) 环境现场勘察、现状评估资料分析及安全风险分类

根据对施工地段建筑物的现场勘察结果和检测评估报告,并参考相关建(构)筑物的设计和竣工资料,对其基础结构形式、建筑物结构形式以及目前的完好状态进行系统的分析,同时考虑到与新建隧道工程的位置关系,由此可对建筑物进行大致的分类。根据分类结果,确定控制重点,制定相应的风险管理办法。

(6) 环境安全风险等级划分标准、评价体系和分级方案研究

为了可靠地对环境安全风险进行管理,拟采取分级管理的原则开展工作。综合考虑楼房建筑物的类别、结构形式、地下管线、高速公路的结构特点及其受施工影响的程度和重要性,制定较为完整的评价指标体系,对各种建筑物进行危险性等级划分。

(7) 隧道施工安全风险管理技术体系研究

在风险分级的基础上,构建适合本工程建设需要的隧道施工安全风险管理技术体系,并提出安全风险分级管理的系统方案,明确和规范安全风险管理的程序和职责,做到分类和分级管理。

(8) 不同类别及不同等级风险点控制指标和控制标准值的研究

针对不同等级的环境安全风险点,将施工可能产生的附加变形量及其分布形式施加于建筑物结构之上,据其所发生的相应对危险性等级进行评估,考虑一定的安全富裕系数,同时参考相关建筑物控制标准及相关规范,制定出相应指标(如差异沉降量、最大沉降量和水平变形等)的控制标准。

(9) 施工附加影响分析及施工方案优化

针对处于不同风险等级的建筑物,对各种附加影响参数进行分析,通过各种施工方法影响的对比分析,以附加影响最小为原则选择最优的施工方案,据此为设计方案的确定提供建议。根据需要,还可对施工过程的细部方案进行优化,如导洞开挖顺序、支护方式及参数等。对于不良地质和复杂环境条件,还应对辅助施工方法的具体方案和支护参数进行优化分析,以选择最为安全可靠和经济合理的施工方案。

(10) 拟定施工方案下的变形预测和安全风险评估

在施工方案优化分析的基础上,对拟定方案在隧道施工过程中对建筑物变形(差异沉降等)进行预测,得出施工影响范围内所有建筑物的变形预测值。根据建(构)筑物变形预测结果,与前述各相应建筑物控制标准值相比较,从而做出评估,当预测值小于或等于控制值,即当施工影响能够满足控制要求时,即可按既定方案进行施工。而当预测值大于控制值,即施工影响不能满足控制要求时,可采取以下 3 种方案:①加固建筑物,提高变形允许值,即相当于降低控制要求;②进一步优化施工方案,加强施工措施,尽量减小施工对建筑物所造成的附加影响;③实行过程恢复,在总体控制目标不能得到满足时,可以实行阶段目标的控制,即在阶段超限的条件下使其及时恢复到拟定的阶段目标值。

(11) 高等级危险建筑物加固方案及其加固效果的分析和评价

根据现状评估、安全性评价和安全风险评估结果,对于不能承受施工附加变形影响、允许附加变形值很小,尤其是严重损坏且紧接隧道工程的建筑物,即风险性级别较高的重点建筑物应进行结构加固方案的研究,包括加固方案的优化以及加固效果可靠性的检测和评价等。

(12) 结构变位分配原理及重点建筑物阶段目标制定

隧道施工是逐步完成的,相应结构的变形也是依次发生的,其实质是应力逐渐释放的过程,结构的变位是逐渐发生的,据此分析地层及结构变位分配的原理,并提出相应的分配方法。

针对重点的建筑物制定出各个施工阶段的控制目标,通过对阶段目标的控制来实现对总体目标的控制。在每个阶段中还应分别给出预警值、报警值和极限值。

(13)重要建筑物安全风险的过程控制技术

本项研究包括3个方面的主要内容:①注浆抬升建筑物的机理和主要影响因素分析;②在正常施工的条件下,施工到某个阶段具备沉降恢复条件时适时地进行注浆抬升工作,以减小建筑物的最终沉降值,使控制标准达到更高的水平;③当实际沉降值超过沉降控制标准值时,必须实行施工过程中的注浆恢复,将预测值与控制标准的差值也按比例和工序特点分配到各个施工阶段中,以确保施工过程中建筑物的安全。本项研究还包括针对不同地质和建筑物基础条件所进行的注浆抬升方案设计、支护参数确定和效果预测等。注浆技术主要包括注浆材料的研制、注浆工艺设计、注浆设备的选择以及注浆效果的检测和评价等。需要说明的是抬升注浆与常规的地层加固和堵水注浆具有较大的差别,也具有更高的注浆技术要求。

(14)重点建筑物监控量测方案及过程控制方案的制定

为保证建筑物的安全和及时掌握施工过程中结构实际发生的变形量,并在必要时能及时做出反馈,应制定完善的过程监测方案,包括监测内容、监测方式、监测时机以及信息反馈渠道等。根据监测结果,可对重点建筑物实行过程评估,并在必要时实施过程恢复工作。为了保证监测结果的可靠性和及时性,必要时可委托专门机构进行第三方专项监测工作。

(15)监控量测分析和风险评估软件系统的研制

根据有关研究成果及本工程的环境安全特点、监测方案等,拟编制监控量测分析及安全风险管理软件系统,以实现对安全风险的有效监控和动态管理。

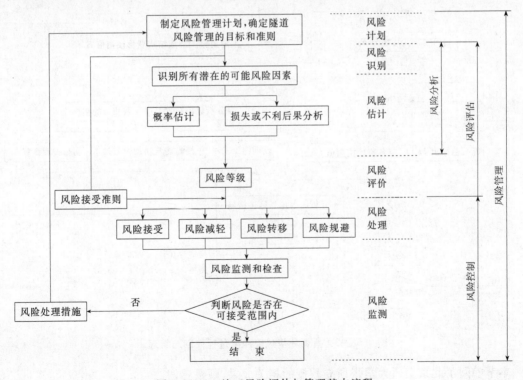

图 7.5.3-1　施工风险评估与管理基本流程

(16)重点建筑物的工后评估

施工完成后通常会对建筑物结构造成一定程度的影响,根据实际的控制效果,对其影响的程度做出客观、系统的评价,分别就对使用功能、外观以及结构可靠性、耐久性方面的影响做出评估,这里需要建立一套评价的指标体系和方法,并按照相应的评估程序进行,给出损害等级。建筑物的工后评估要建立相应的工作内容和技术要求。工后评估主要针对重要建筑物实行过程控制,使其在施工的全过程中均不能正常运营产生任何影响。

(17) 重点建筑物工后恢复方案建议

根据评估结果,就其对建筑物的损伤程度以及对使用功能的提出进行结构恢复的必要性、合理性和可操作性进行综合评判,如有必要应对其恢复的方案进行论证和评述,给出有关的恢复方案和技术措施。

7.5.3.2 区间隧道和车站施工安全风险控制与管理程序

施工风险评估与管理基本流程见图 7.5.3-1,对重要的建筑物实行全过程的跟踪和控制,其工作流程见图 7.5.3-2,图中 * 过程恢复是指计算预测值不能满足控制标准时,可在具备条件时适时地抬升建筑物,将预测值与控制标准值的差值在不同的施工阶段消化掉,达到最小沉降值不超限的目标。

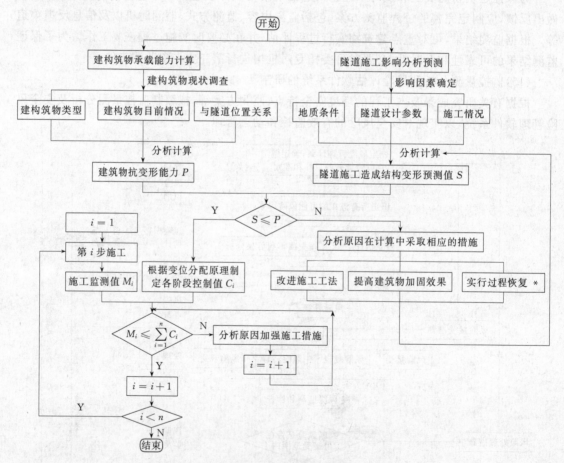

图 7.5.3-2 重要环境风险源全过程控制与管理

本节参阅了北京交通大学张顶立教授的相关成果,顺致感谢。

第8章 城市地下工程快速施工技术

研究城市地下工程施工过程力学和环境岩土工程问题的主要目的,一方面就是要促进城市地下工程研究理论发展和进步,更重要的一方面就是要理论密切联系实际,促进地下工程技术进步,实现安全、快速施工,本章介绍通过科学决策和指导实现安全快速施工的一些典型案例和新技术成果。

8.1 地铁竖井横通道转正洞快速施工技术

8.1.1 工程简介

北京地铁5号线和平西桥站～北土城东路站区间隧道施工竖井设置在K15+060处,位于樱花园西街西侧慢车道上。竖井为矩形断面,净空(长×宽)为6.35 m×4.6 m,深20.18 m。竖井作为辅助坑道,通过横通道转入正洞施工,竖井、横通道、左右线隧道结构平面布置见图8.1.1-1,竖井、横通道、左右线隧道结构剖面布置见图8.1.1-2。

竖井转入横通道及横通道转入左、右线正洞,需破除5个马头门,破除马头门处由于应力较为集中,施工风险和难度较大。目前,竖井横通道国内大多采用小断面横通道,在横通道转入正洞时常常采用小导坑爬坡反扩的施工方法,由于客观原因,本工程工期压力特别巨大,在确保施工安全的情况下,为了加快施工进度,创造性地提出采用大包法进行节点转换施工,下面对小导坑爬坡反扩和横通道"大包法"直接转入正洞两个方案进行比选。

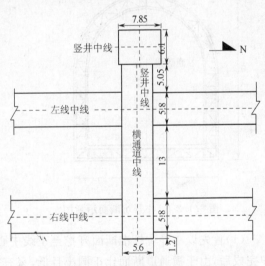

图8.1.1-1 竖井、横通道、左右线隧道结构平面布置(单位:m)

8.1.2 竖井横通道转入正洞施工方案比选

8.1.2.1 小导坑爬坡反扩转入正洞施工方案

1. 小导坑设计

原施工图设计时,横通道转正洞采用宽3.1 m、高3.4 m的小导坑(见图8.1.2-1)进行施工。小导坑是为开辟正洞工作面服务的临时通道,使用时间较短,但必须满足施工安全和使用性能的要求。

2. 施工方法

具体的施工方法如下(见图8.1.2-2):

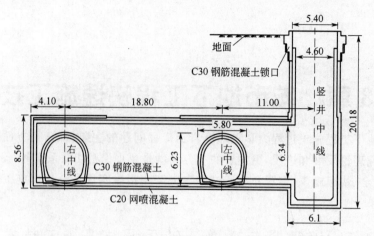

图 8.1.1-2　竖井、横通道、左右线隧道结构剖面布置（单位：m）

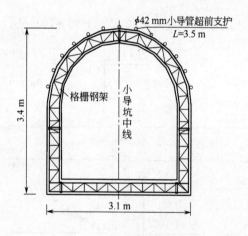

图 8.1.2-1　小导坑断面示意图

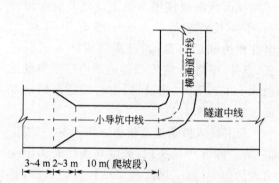

图 8.1.2-2　小导坑掘进路线平面示意图

（1）首先以小导坑标准断面开挖至正线中心，横通道到达与右线隧道边墙相交位置初期支护完成后，由于横通道断面比正洞小且低，只有采用小型导坑小半径曲线转弯 90°到达正洞隧道中线位置，再以 22% 坡度向上爬坡，爬坡段长 10 m，达到正洞上台阶位置，导坑底升高 3.2 m。

（2）按正线隧道坡率向前以喇叭口方式扩挖，过渡到正洞上台弧形导坑的标准断面，完成 3～4 m 上台阶掘进并初期支护后，反向按上台标准断面施工 13～14 m，即超过小导坑爬坡道 3～4 m，开辟另一方向的上台阶工作面。

（3）在坡道 10 m 范围拉中槽，采用挖马口方式完成该段墙部及仰拱的初期支护，此时横通口与正洞交叉处两个方向的工作面基本成型。

（4）进行该段二次衬砌和同时向正洞隧道两个方向正常施工，施工时相交处的二次衬砌结构必须整体灌注，以形成一个整体。

3. 工法特点

采用小导坑爬坡反扩转入正洞的工法，是一项较为成熟的工法，该工法在广州、深圳、北京等地铁施工中曾普遍采用，但是该工法在实施中由于需二次扩挖，对土体的扰动较大，从北京地铁采用该工法施工的相邻区间来看,地表沉降量均超过了80 mm。另外,该工法的工期较长,仅一个小导坑及反扩施工需一个多月的时间。

8.1.2.2 横通道"大包法"直接转入正洞施工方案

1. 横通道设计

所谓"大包法"是指横通道直边墙的设计高度大于正线隧道拱顶的开挖高度,横通道转正洞时能够在直边墙上破口完成正洞施工。由于横通道高度上挑,为确保左右线隧道四个面开口时横通道的稳定,横通道设计为复合初支,且横通道开挖时必须保证横通道端头堵头墙完成时才能破口进入正洞,开口处横通道的初支要封闭成环,再破除正洞轮廓范围内的初支。见图8.1.2-3。

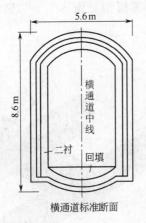 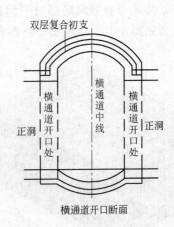

图 8.1.2-3 横通道及断面开口

2. 转入正洞施工方法

(1) 超前支护措施

在横通道复合初支第一层施工完后,即施工正洞的第一环超前小导管,并在正洞开挖前进行注浆加固土层,并施工横通道的复合初支的第二层,同时施做正洞开口处的横梁及两侧密排格栅钢架立柱,横通道转入正洞的预加固措施见图8.1.2-4。

(2) 正洞破口施工

由于与横通道相交的断面为标准断面,结构尺寸相对较小,破口施工时采用短台阶法,在预加固措施做好的前提下,上台阶开挖5 m后,即进行下台阶破口施工及开挖土方。区间隧道正洞施工,首先施工左线往南方向,开挖完10~15 m后,接着施工右线往北方向,同样,依次施工左线往北方向和右线往南方向。

3. 工法特点

采用大包工法,主要特点是直接破口进入正洞,避免了小导坑及反扩的施工,可节省工期一个月左右,为控制地表沉降,设计了复合初支,即在横通道一次初期支护完成后,在破口前再行施工二次初期支护,并在破口处形成门框,保证了破口时受力的整体性和施工安全,实际施工时多采用该方法。

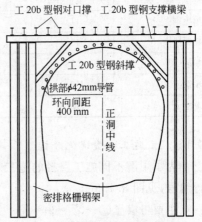

图 8.1.2-4 横通道转入正洞预加固措施示意图

8.1.3 施工过程数值模拟分析

为了验证横通道"大包法"直接转入正洞施工方案的可行性以及为施工提出合理化的建议,借助三维弹塑性数值模拟分析,对施工方案进行了进一步优化,对优化方案的施工过程进行了动态仿真模拟。

8.1.3.1 计算模型

计算模型在 X 方向的尺寸为 40 m,在 Y 方向上的尺寸为 78 m,在 Z 方向上的尺寸为 30 m,共划分单元数为 24 559。围岩和加固区用实体单元来模拟,采用摩尔—库仑本构关系;初支及二衬采用壳体单元来模拟,采用弹性本构关系。分别约束计算模型 X,Y 水平方向上的平动自由度以及 Z 竖直方向底部的平动自由度。整体计算模型见图 8.1.3-1,竖井、横通道、正洞计算模型见图 8.1.3-2,地层计算参数见表 8.1.3-1。

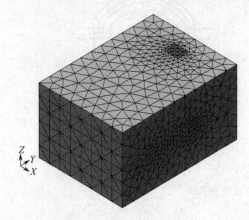

图 8.1.3-1　整体计算模型

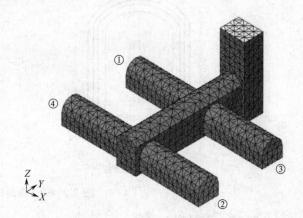

图 8.1.3-2　竖井、横通道、正洞的空间位置关系及模型

表 8.1.3-1　地层主要计算参数

地　层	弹性模量(MPa)	泊松比	容重(kN/m³)	内摩擦角(°)	黏聚力(kPa)
填土	11.6	0.3	16.5	25	18
粉黏土1	15.4	0.29	21	31	19
粉砂	28	0.29	20.5	35	0
粉黏土2	18.3	0.33	20.4	29	20
黏土	12.8	0.35	21.5	18	60

8.1.3.2 施工方案优化分析

为了了解不同施工路径的施工效果,优化施工方案,对由横通道隔断的左右线四条隧道进行编号,见图 8.1.3-2。

主要考察了①→②→③→④;①→③→②→④;①→④→②→③这3种施工路径施工时的施工效果。

从3种施工路径的地表沉降计算结果来看,差别很小,基本可以忽略不计。因此,横通道转入正洞施工时,①、②、③、④四条隧道按不同的先后顺序施工时对计算结果基本没有影响,即路径效应不明显,具体施工时,可按施工组织的实际需要和实际情况选择施工路径进行施工。

图 8.1.3-3 施工完成时地表沉降分布(单位:m)

根据该研究成果的建议,实际施工时选择了①→②→③→④作为施工路径。本文也针对这种施工路径,对施工过程进行了模拟分析。

8.1.3.3 主要分析结果

施工过程共划分了 90 个典型施工步进行模拟,由于分析成果比较多,限于篇幅,这里列出一些有代表性的计算成果,施工完成时,地表沉降分布见图 8.1.3-3;地表最大沉降点的沉降随开挖步的变化曲线见图 8.1.3-4;横通道施工完成时,围岩塑性区分布剖面见图 8.1.3-5。

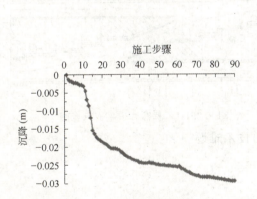

图 8.1.3-4 地表最大沉降点的沉降随开挖步骤变化曲线

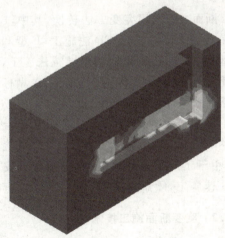

图 8.1.3-5 横通道施工完成时围岩塑性区分布剖面

8.1.4 结 论

(1)施工完成时地表最大沉降为 29.43 mm。地表沉降较大的区域主要集中在横通道及与正洞、竖井的交叉部位,横通道施工引起的地表沉降较正洞和竖井施工显著。

(2)竖井下部施工时,塑性区域分布较大,且有一定的深度。横通道施工时塑性区域分布范围较大,特别是开口处、堵头墙处、正洞开口处是施工薄弱环节,施工过程中应注意,需加强该部位的支护、减少开挖进尺,及时封闭成环。

(3)从施工过程的受力、变形、塑性区分布来看,现有的施工方案是合理可行的,所采取的措施是可靠的,能够确保周围环境以及施工过程中结构自身的安全。

(4)该工程现已竣工,施工监测表明,施工完成时地表最大沉降为27.26 mm,确保了横通道转正洞时作业环境和地表周围环境的安全,表明文中的分析方法是合理的,所采取的措施是可靠的。

(5)横通道转正洞传统采用小导坑爬坡反扩转入正洞的工法,但该工法在实施中由于需二次扩挖,对土体的扰动较大,工期较长。经过理论研究和技术创新,创造性提出采用大包工法,在横通道直边墙直接破口进入正洞,避免了小导坑及反扩的施工,可节省工期一个月左右,为控制地表沉降和施工安全,设计了复合初支,即在横通道一次初期支护完成后,在破口前再行施工二次初期支护,并在破口处形成门框,保证了破口时的施工安全,该工法能够确保施工安全、加快施工进度、降低施工成本,技术、经济效益显著,已在类似工程中推广应用。

8.2 地铁渡线群洞隧道快速施工技术

8.2.1 工程简介

北京地铁5号线和平西桥站~北土城东路站区间隧道设置一处渡线,设计断面类型有B型、E型、F型、G型、K型和H型,见图8.2.1-1。

断面之间采用突变方法转换,其中,B型和E型大断面采用CD法施工,F型和G型断面大断面采用双侧壁导坑法施工,H型双连拱隧道采用中洞法施工,A型标准断面采用台阶法施工。

每一个突变处相邻高差或相互错台均达1.6 m以上,施工难度大,安全风险高,由于工期压力特别巨大,必须做到安全快速施工,须解决突变、连拱隧道快速施工的技术难题。

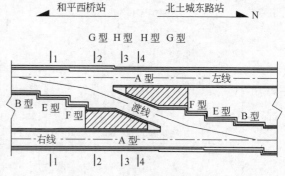

图8.2.1-1 群洞隧道平面示意图

8.2.2 突变断面施工技术

8.2.2.1 左线突变断面施工技术

左线隧道由南往北施工遇到突变断面时,采用从小断面直接过渡到大断面的常见施工方法,为保证土体稳定及施工安全,采取了从小断面以1:2坡度喇叭口方式扩挖至大断面。以B型断面过渡到E型断面为例,顺扩地段在B型断面内完成,待施作二次衬砌时,扩挖部分用同级二衬混凝土回填,二次衬砌内轮廓仍按台阶过渡,见图8.2.2-1。

8.2.2.2 右线突变断面纵横导坑法施工技术

右线隧道由南往北施工至H型断面处时,需从A型断面过渡到G型断面,相互间错台达7m多,施工特别困难,有必要对施工方案进行优化。

1. 小导坑反扩施工方案

原设计从A型断面过渡到G型断面时采用小导坑先行施工,至道岔B型断面后反扩,待B型断面成型后,同时向两端开挖,见图8.2.2-2。

2. 纵横导洞施工方案

采用小导坑爬坡反扩进入大断面施工,一是安全隐患较大,二是通风供料出碴困难,三是工期难于保证,为保证安全、加快进度,提出采用纵横导洞法,核心是从G型断面开辟横通道,直接从最大断面往小断面开挖,达到突变断面快速过渡的目的,具体施工步骤为:

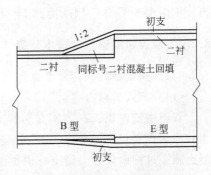

图8.2.2-1 B型过渡至E型断面剖面示意图

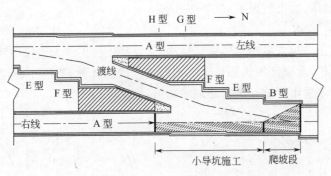

图8.2.2-2 小导坑施工平面示意

(1)A型断面台阶法掘进到H型断面处采用右侧导坑开挖,通过1.5 m的渐变段扩挖成G型断面右侧导坑,继续向前掘进至G型断面的终点,见图8.2.2-3、图8.2.2-4。

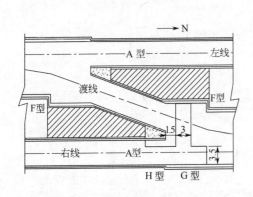

图8.2.2-3 纵横导洞法施工平面示意图(单位:m)

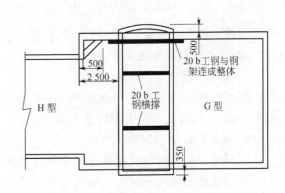

图8.2.2-4 纵横导洞法施工剖面示意图(单位:mm)

(2)在距H型断面2.5 m处,在G型断面右侧导坑的侧墙上横向开辟一个横通道,破口处采用Ⅰ20b工字门框支撑悬空的上部结构,横通道顶部和底部分别比原G型断面向上、向下扩挖50 cm和35 cm,确保横通道初支不影响G型断面初支,并在横通道设两道Ⅰ20b工字钢横撑,横通道形成后,及时施工G型断面在横通道处3 m范围内的初期支护,见图8.2.2-4、图8.2.2-5。

(3)横通道处初支完成后,破除横通道北侧边墙向北开挖,待北侧大断面开挖初支完成后,再开挖南面剩下的 G 型断面和 H 型断面。

8.2.3 双连拱隧道施工技术研究

8.2.3.1 双连拱隧道二衬方案优化

(1) 分离式二衬方案

双连拱隧道原二衬方案是分离式二衬法，即混凝土柱作为两侧隧道边墙的一部分，此设计的缺点是混凝土施工过程中须在混凝土柱顶预留防水层与两侧隧道防水层搭接，由于防水层预先埋设在喷射混凝土里面，两侧隧道施工防水层时要把预留的防水层破出来连接，防水层容易破坏，防水效果不好，见图 8.2.3-1。

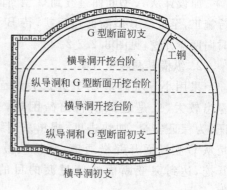

图 8.2.2-5 纵横导洞法初支施工断面示意图

(2) 整体式二衬方案

双连拱隧道优化二衬方案是整体式二衬法，即混凝土柱仅作为置换中间部分土体作用，两侧隧道边墙单独施作，此设计的优势在于防水层施作的总体性，有利于隧道防水，彻底解决了中墙与二衬连接处渗漏水严重且难以处理的缺陷，见图 8.2.3-2。

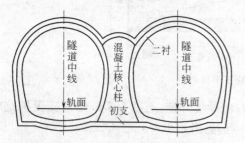

图 8.2.3-1 双连拱隧道分离式二衬方案

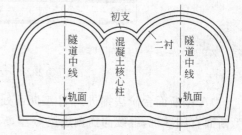

图 8.2.3-2 双连拱隧道整体式二衬方案

双连拱隧道采取整体式二衬方案，保证了良好的防水效果。

8.2.3.2 双连拱隧道施工方法优化

1. 双连拱隧道中洞法施工方法

双连拱隧道传统采用中洞法施工，首先施工中洞，然后再施工左右侧隧道洞室。

2. 双连拱隧道双洞施工方法

双洞施工法是指改双连拱隧道中洞法施工为双洞法施工即改三洞为双洞施工法。具体施工步骤是（见图 8.2.3-3）：

(1) 台阶法施工左侧隧道（必要加设临时仰拱），完成左侧隧道初期支护；

(2) 立模施工中间混凝土核心柱；

(3) 台阶法施工右侧隧道，完成右侧隧道初期支护；

(4) 施工左侧隧道防水层，施作左侧二次衬砌；

(5) 破除左侧隧道在右侧隧道范围内的

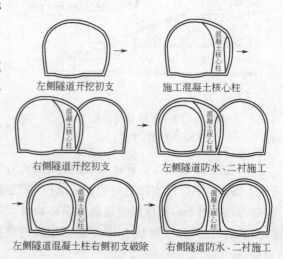

图 8.2.3-3 双连拱隧道双洞施工法流程

初支,施作右侧隧道防水层及二次衬砌。

综合分析表明,两种施工方法均是安全的,双洞法较中洞法能节省工期1个月左右,且临时支护工程比中洞法少一半。

8.2.4 群洞隧道施工顺序优化分析

隧道施工效应具有路径相关性,为了优化开挖方法,通过数值模拟,以地表沉降作为目标,对群洞隧道的不同施工路径进行了优化分析,包括E型断面、G型断面、H型断面与A型断面形成的小间距隧道以及A型断面间形成的小间距隧道,分别见图8.2.1-1中1-1、2-2、3-3、4-4剖面。

8.2.4.1 E型断面与A型断面开挖顺序优化分析

(1)优化工况。对图8.2.4-1中4种开挖工况进行了模拟分析,图中每一开挖块有4个数,表示该块有4种开挖方案和不同的开挖顺序,比如5-3-1-3分别表示方案1第5步开挖、方案2第3步开挖、方案3第1步开挖、方案4第3步开挖,其他类推。

(2)主要结论。先施工大断面隧道比先施工小断面隧道对地表沉降控制更加有利;大断面隧道先施工近小断面隧道侧的导洞对地表沉降控制更加有利;大断面隧道先施工左右半断面比先施工上半断面对地表沉降控制更加有利;工况四→(优于)→工况三→(优于)→工况一→(优于)→工况二。从开挖过程中,洞周塑性区分布来看,大断面隧道和小断面隧道间的中间土体塑性区没有贯通,施工期间中间土柱是稳定的,可以不对土体进行大范围加固,只需对洞周塑性应变较大的局部区域进行加固和加强措施就可以了,典型工况塑性区分布见图8.2.4-2。

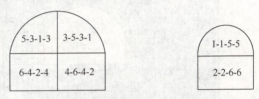

图8.2.4-1 E型与A型断面开挖顺序方案

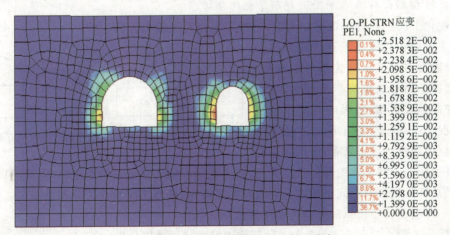

图8.2.4-2 典型工况洞周围岩塑性区分布

8.2.4.2 G型断面与A型断面开挖顺序优化分析

(1)优化工况。对图8.2.4-3中6种开挖工况进行了模拟分析。

(2)主要结论。工况二→(优于)→工况一→(优于)→工况三→(优于)→工况四→(优于)→工况五→(优于)→工况六。其他结论与8.2.4.1节相同,从开挖过程中,洞周塑性区分布来看,大断面隧道和小断面隧道间的中间土体塑性区已经贯通,施工期间中间土柱是很难稳

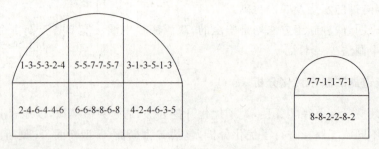

图 8.2.4-3　G 型与 A 型断面开挖顺序方案

定的，需对洞周塑性应变较大的局部区域以及中间土柱进行加固和加强措施，典型工况塑性区分布见图 8.2.4-4。

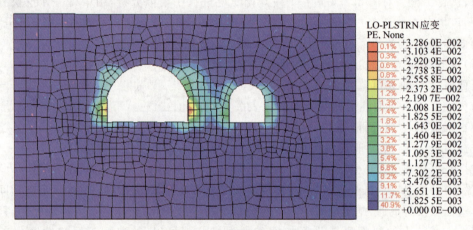

图 8.2.4-4　典型工况洞周围岩塑性区分布

8.2.4.3　H 型断面与 A 型断面开挖顺序优化分析

（1）优化工况。对图 8.2.4-5 中两种开挖工况进行了模拟分析。

（2）主要结论。先施工连拱隧道比先施工标准断面对地表沉降控制更加有利；连拱隧道施工对地表沉降影响较大，为了更好地控制地表沉降，施做临时横撑是必要的；工况一→（优于）→工况二。从开挖过程中，洞周塑性区分布来看，连拱隧道和

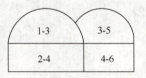

图 8.2.4-5　H 型与 A 型断面开挖顺序方案

小断面隧道间的中间土体塑性区已经贯通，施工期间中间土柱是很难稳定的，需对洞周塑性应变较大的局部区域以及中间土柱进行加固和加强措施，典型工况塑性区分布见图 8.2.4-6。

8.2.4.4　A 型断面小间距隧道开挖顺序优化分析

（1）优化工况。对图 8.2.4-7 中 4 种开挖工况进行了模拟分析。

（2）主要结论。先开挖中间隧道比先开挖两边隧道对地表沉降控制更加有利；同时开挖两边隧道比顺序开挖两边隧道对地表沉降控制更加有利；工况二→（优于）→工况一→（优于）→工况四→（优于）→工况三。从开挖过程中，洞周塑性区分布来看，3 个小间距隧道间的中间土体塑性区已经贯通，施工期间中间土柱是很难稳定的，需对洞周塑性应变较大的局部区域以及中间土柱进行加固和加强措施，典型工况塑性区分布见图 8.2.4-8。

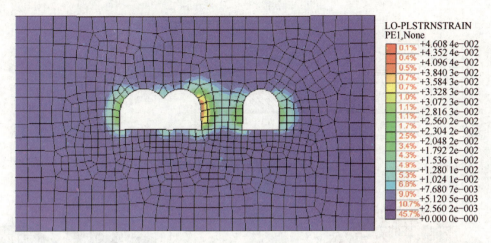

图 8.2.4-6　典型工况洞周围岩塑性区分布

图 8.2.4-7　A 型断面间开挖顺序方案

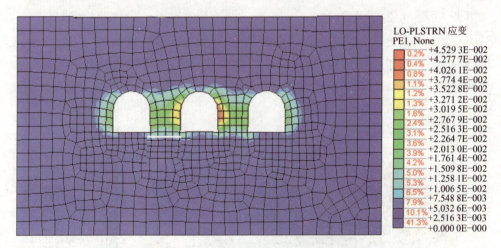

图 8.2.4-8　典型工况洞周围岩塑性区分布

8.2.5　渡线施工过程数值模拟分析

在上述设计方案、施工方案、开挖顺序优化的基础上,结合安全、工期、成本等综合因素,拟定了实施方案,借助数值模拟分析,共划分了 206 个典型施工步,对动态施工过程进行了仿真分析,数值模拟分析施工路径见图 8.2.5-1。

8.2.5.1　计算模型

围岩加固通过等效加固区考虑,加固区和围岩用实体单元模拟,采用摩尔—库仑本构关系;初支及二衬采用壳体单元模拟,采用弹性本构关系。分别约束计算模型 X,Z 水平方向上的平动自由度以及 Y 竖直方向底部的平动自由度。整体计算模型见图 8.2.5-2,初支模型见图 8.2.5-3。

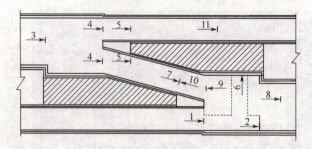

图 8.2.5-1 数值模拟施工路线

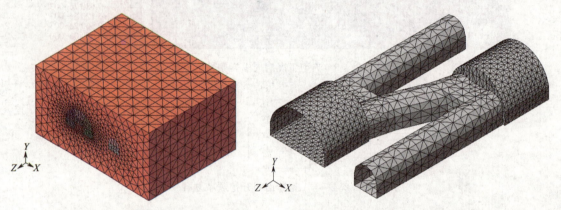

图 8.2.5-2 整体计算模型　　　　图 8.2.5-3 所有初支计算模型

8.2.5.2 主要分析结果

计算成果较多,限于篇幅,只列出代表性的少部分成果,施工完成时地表沉降分布见图 8.2.5-4;地表最大沉降点随施工步的变化曲线见图 8.2.5-5;纵横导洞法施工完成时塑性区分布见图 8.2.5-6。

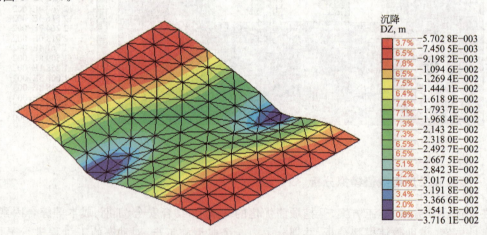

图 8.2.5-4 施工完成时地表沉降变形示意(单位:m)

8.2.5.3 主要结论

(1)施工完成时地表最大沉降为 37 mm。

(2)突变断面纵横导洞法和连拱隧道双洞法施工过程是安全稳定的,施工效果良好,施工方案是科学合理的。

(3) 三洞小间距隧道施工过程围岩是稳定的,开始段中间土柱较薄时塑性区已经贯通,建议对三洞小间距隧道开始段 2 m 范围的中间土柱进行加固。

(4) 大断面开挖及临时支护拆除、连拱隧道开挖、纵横导洞开口处、大断面与连拱隧道连接处、堵头墙等部位施工所引起的塑性区和地层变形值较大,为施工薄弱环节,施工过程中需加强该部位的支护,减少开挖进尺,及时封闭成环。

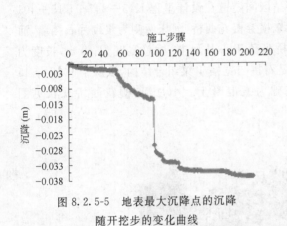

图 8.2.5-5 地表最大沉降点的沉降随开挖步的变化曲线

图 8.2.5-6 纵横导洞法横导洞施工完成时地层塑性区分布

8.2.6 结 论

(1) 首创了软弱围岩中突变断面纵横导洞施工工法。右线从标准断面突变到大断面采用常规方法施工时,施工难度大、安全风险高、进度缓慢等,创造性地提出了直接在标准断面相接的最大断面处开辟纵导洞,待纵导洞成型后破口开辟横导洞进入大断面施工,再向两侧大断面施工。工程实践表明,该工法加快了施工进度、安全性好,先后获省部级工法和国家发明专利,技术、经济效益显著。

(2) 首创了软弱围岩中双洞法施工整体式二衬连拱隧道施工工法。双连拱隧道常采用中洞法施工和分离式二衬方案,为了解决中洞法施工工期长、防排水效果差等技术难题,创造性地提出采用双洞法施工连拱隧道并采取整体式二衬方案,具有施工进度快、临时支护少、防排水效果好等优点,技术、经济效益显著。

(3) 该工程现已顺利竣工,施工监测表明,施工完成时地表最大沉降为 33.26 mm,确保了作业环境和地表周围环境的安全。施工中未出现安全、质量事故,主要取决于施工过程中的理论研究和技术创新。通过理论研究,优化施工方案,动态模拟施工过程,验证施工方案,提出了一系列研究成果和合理化的建议;通过技术创新,加快了施工进度,确保了施工质量和施工安全,显著降低了施工成本,实现了渡线群洞隧道安全、快速施工的目的。所取得的研究技术成果具有广泛的推广应用前景。

8.3 地铁隧道过河过桥施工技术

城市地铁隧道当需要同时下穿河流和桥梁时,施工难度和安全风险很大,一方面如何防止河流水下渗,避免施工作业面发生突泥突水等工程灾患;另一方面隧道开挖施工将不可避免导致地层变形,当变形过大时,将危及邻近桥梁的安全和正常运营。因此,如何采取有效的措施和科学的手段来保证施工环境和周围环境(河流和桥梁)的安全,是亟待解决的现实难题。目前国内外类似的工程实例和研究很少,围绕这方面的研究和探讨将具有重要的现实意义和理论意义。

8.3.1 工程简介

北京地铁 5 号线和平西桥站~北土城东路站区间隧道在设计里程 K15+347~K15+401 范围内下穿小月河及樱花西桥。小月河自西向东横穿樱花西桥,河床两侧为浆砌片石挡墙,河床用素混凝土封闭,河床宽度为 15 m;樱花西桥坐落于小月河上,桥总宽度为 48 m,长度为 44.5 m,中跨长 15 m,边跨长 7.5 m,樱花西桥是石拱与宽幅 T 梁组合结构,该桥于 1988 年 11 月竣工,桥台和桥墩为水泥砂浆砌块石,其基础为素混凝土。小月河、樱花西桥现状见图 8.3.1-1。

图 8.3.1-1 小月河与樱花西桥及施工现场照片

区间隧道与樱花西桥的走向基本一致,设计为复合式衬砌标准断面形式,采用浅埋暗挖法施工。隧道拱顶距桥墩基础底最小间距为 4.4 m,距小月河底最小间距为 6.4 m,隧道范围内的地层主要为填土和粉质黏土。由于小月河对地层水的补给作用,此段地层含水饱和,水位埋深为 3.2~4.8 m。

樱花西桥是北京市重要交通干道,车流量大,而小月河常年有水不能断流,为了确保施工期间樱花西桥的安全以及防止小月河底渗漏,必须采取有效的安全控制措施和较好地控制和预测施工变形。不明之处可参考相关章节。

8.3.2 洞外控制技术与研究

8.3.2.1 防止小月河水下渗洞外隔水技术

由于小月河的水不能断流,为了防止施工期间小月河水下渗,开挖前须对小月河进行引排,通过分幅施作围堰在小月河底铺上防水毯。小月河断流引排的施工工艺为:

搭设北岸施工马道→北岸筑 U 型草袋围堰→北岸 U 型围堰内排水、清淤→北岸 U 型围堰间铺设防水毯→搭设南岸施工马道→南岸筑 U 型草袋围堰并拆除北岸草袋围堰→南岸围堰内排水、清淤→南岸围堰铺设防水毯→拆除南岸草袋围堰→拆除南岸施工马道→防水毯导

图 8.3.2-1 小月河铺好防水毯后现场照片

流→拆除北岸施工马道→防水毯导流→恢复原河道设施。

防水毯导流范围为隧道对应河床前后各 70 m 范围,在隧道开挖穿越樱花西桥区段之前,提前 5 个月对小月河进行防水毯导流,防止河水直接补给地下,小月河断流引排及铺设防水毯施工现场见图 8.3.1-1。小月河铺好防水毯及河道恢复正常后的现场照片见图 8.3.2-1。

8.3.2.2 防止施工作业面突泥突水洞外降水技术

在采取措施防止小月河水下渗后,由于地层饱和含水,为防止施工时作业面发生突泥突水等工程灾害,在地铁隧道施工到该地段之前,在小月河河床上平行隧道线路方向进行管井降水,为隧道施工提供一个无水的作业环境。

管井施工须在小月河草袋围堰后,排水、清淤完毕就立即进行,施工完毕后铺设防水毯,管井高出河床 2 m,管井周围亦用防水毯包裹严密,防止接头处渗水至隧道内。降水井施工提前 2 个月进行,以提前疏干地层水。降水井现场施工照片见图 8.3.2-2。

图 8.3.2-2 降水施工现场照片

8.3.2.3 降水对桥基影响的渗流—应力耦合分析

为了预测降水对桥基的影响以及评估降水方案的可行性,基于三维饱和—非饱和渗流—应力耦合分析基本理论,采用数值模拟手段对降水的动态过程进行了仿真模拟。具体内容见 5.7 节。

8.3.3 洞内控制技术与研究

8.3.3.1 洞内预加固施工方案

为了确保施工期间樱花西桥的安全以及防止小月河底渗漏,必须较好地控制地表沉降。由于洞外不具备加固条件,于是,对旋喷桩、大管棚、深孔注浆、小导管加密注浆及增设临时仰拱等几种洞内超前支护方案进行了比选,4种施工方案比较如下:

(1)安全性比较。经过对4种方案的数值模拟分析和工程经验综合判断表明,4种方案均是安全的,其中"小导管加密及增设临时仰拱方案"在地下水较丰富时可能引起沉降较大。

(2)增加造价比较。相对标准段而言,长棚管超前支护每延米增加造价1.1万元,水平旋喷桩方案每延米增加造价1.4万元,全断面深孔注浆增加造价每延米1.5万元,小导管加密及增设临时仰拱方案每延米增加造价0.5万元。

(3)综合进度指标。长棚管超前支护平均日进度为0.7 m/d,水平旋喷桩方案平均日进度0.5 m/d,全断面深孔注浆平均日进度0.5 m/d,小导管加密及增设临时仰拱方案平均日进度1.5 m/d。

(4)对桥及小月河的影响。长棚管超前支护施工本身引起的地表沉降较大,特别是钻孔所形成的孔隙可能比开挖引起的沉降还大,根据5号线相邻标段下穿既有地铁施工的情况,仅管棚施工就引起既有地铁轨道下沉32 mm;水平旋喷桩方案对桥及小月河没有影响,但须注意控制旋喷压力,超过25 MPa的旋喷压力可能击穿河底;全断面深孔注浆对桥及小月河没有负面影响;小导管加密及增设临时仰拱对小月河及桥没有负面影响。

综合经济、技术、安全、进度等各方面的因素,鉴于工期压力特别大,为了加快隧道过河过桥的施工进度,保证施工安全,同时节约成本,最终采用以小导管加密注浆辅以临时仰拱为主选施工方案;以深孔注浆为施工预案,当掌子面含水量较大或拱顶下沉及周边收敛速率较大时,立即封闭掌子面,采用深孔注浆加固周边围岩。

8.3.3.2 施工过程对桥基影响的时空效应分析

为了预测施工过程中桥基响应的时空效应以及评估施工方案的可行性和提出合理化建议,基于土体三轴流变试验成果和三维塑性和蠕变耦合模型理论,采用数值模拟手段对动态施工过程进行了仿真模拟。具体内容见4.8节。

8.3.4 结 论

(1)降水过程数值模拟分析表明,水位降10 m时,可降至隧道底部,达到设计要求,降水引起桥基沉降为19.63 mm,差异沉降为2 mm;施工过程时空效应数值模拟分析表明,桥基最大沉降为20.6 mm,河底最大沉降为8.5 mm,桥基最大横向差异沉降为6 mm,最大纵向差异沉降为5 mm;降水和施工共同引起桥基沉降为40.23 mm,差异沉降为8 mm,相对控制标准而言,累积沉降≤45 mm,差异沉降≤10 mm,降水方案和隧道施工方案是可行的,能够确保施工期间的安全。

(2)该工程现已顺利竣工,并取得了良好的施工业绩,监控量测表明,降水引起桥基沉降为16.56 mm,差异沉降为1.5 mm;施工引起桥基沉降为18.14 mm,差异沉降为4.7 mm;降水和施工共同引起桥基沉降为34.7 mm,差异沉降为6.2 mm,均小于控制标准。通过以上数据说明过河过桥是成功的,本文的计算分析方法是合理地、较好地反映了工程实际,为实际工程的施工提供了重要的理论依据和指导作用。

（3）针对地铁隧道下穿小月河和樱花西桥施工难度大、安全风险高的特点,通过采取地表铺设防水毯防止河水下渗;通过地层超前降水、疏干地层水防止施工作业面突泥突水;通过隧道施工方案的比选采用小导管加密及增设临时仰拱方案;通过降水过程渗流—应力耦合分析以及施工过程时空效应分析以论证施工方案的可行性和提出决策建议等一系列措施,确保了该工程顺利实施,可供类似工程参考。

（4）通过这个项目的研究,首次进行了北京地铁地层土体时间特性的试验研究,首次对施工过程的时空效应进行了研究,首次对邻近桥基降水施工问题进行三维非饱和渗流—应力耦合分析。在此基础上系统提出了区间隧道过河过桥安全控制模式,避免桥梁了拆除,技术、经济、社会效益显著。

8.4 地铁隧道富水地层非降水施工技术

8.4.1 工程概况

8.4.1.1 设计概况

深圳地铁大剧院站～科学馆站区间隧道,深南中路解放路口至上步路段,埋置于地面下10～19 m,设计长1 144.7 m。分左右两条单线隧道,标准地段间距为13.2～17.2 m,基本与地面道路中线对称。区间隧道内设地铁2号线联络线预留接口1处,缩短单渡线1处,设计断面变化多样,除单线段为单孔圆形断面外,联络线预留接口和单渡线设计有单孔双线、双孔双线、三孔三线断面,其开挖最大宽度分别为12.9 m、12.6 m和20.0 m,隧道接口形式多,工法转换频繁。区间隧道原设计有2座竖井,后因工期需要增设一座3号竖井,竖井通过横通道与正线相连。

8.4.1.2 工程及水文地质条件

隧道范围内上覆第四系全新统人工堆积层、海冲积层和第四系残积层,下伏燕山期花岗岩。洞身主要穿越残积层和风化花岗岩。有三处含水丰富的砂层位于隧道上部,部分侵入隧道断面,层厚度2～10 m不等,长度近700 m,占隧道全长达2/3。有一处流塑状饱和黏土层侵入隧道断面内,见图8.4.1-1。

本区间地下水为第四系孔隙潜水和基岩裂隙水,主要补给为大气降水。根据勘测,地下水埋深1.93～5.73 m,水位高程0.5～7.5 m,水位变幅0.5～2.0 m。隧道东端(靠近大剧院站地段)北侧的荔枝湖与本区间地下水存在水力联系。

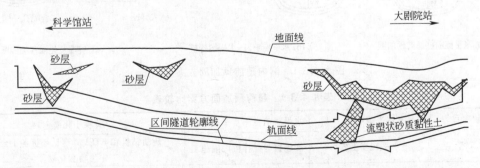

图8.4.1-1 大剧院站～科学馆站区间隧道不良地质分布剖面图

8.4.1.3 地面和交通条件

本区段为交通主干道和商务区。地面交通繁忙,车行如梭;地下管线密集,纵横交错;道路两侧大厦林立,花红草绿,环境优美。途经市委、市政府,是深圳市政治、经济、文化中心带。

8.4.2 技术特点和关键技术

隧道穿越的第四系残积层和全(强)风化花岗岩,含水量丰富。除因南国多雨,补给充沛外,并与荔枝湖存在水力联系,潺潺水流供给不断。据测,$1^\#$ 竖井 24 h 抽水量达 410 t 以上。此外,地面由原沟谷山地回填而成,局部水囊空洞,还有地质钻孔,人工洞穴,更给暗挖施工留下层层隐患,危机四伏。

由于本标段地面交通繁忙,环境优美,不容许在地面采取任何工程措施。这些边界条件界定了本工程的技术特点是:在补给充分的富含水地层(砂层、流塑状黏土层)采取非降水的技术措施进行暗挖隧道施工,特别是渡线段的大断面暗挖施工。其需要解决的主要关键技术是:(1)超前地质预报与动态设计;(2)超前预加固和防水;(3)复杂断面隧道暗挖施工工法研究;(4)软弱地层暗挖隧道施工控制地面下沉技术(特别是在穿越特殊管线时)。

鉴于本工程地质条件的复杂性、结构断面类型的多样性、施工工艺难度极大、周围环境限制条件十分严格,深圳市地铁总公司把本标段工程列为深圳市地铁工程的重点和难点工程。为了保证工程得以顺利完成,成立了科研技术攻关小组,在现场试验、监控、室内离心模型试验、三维数值仿真分析等多种手段综合应用情况下,取得了较好的施工效果,多项施工指标达优。

8.4.3 超前预加固施工技术研究

8.4.3.1 方案比选与特征

洞内超前预加固的目的是改善围岩土体物理力学性能和止水防涌,以保证施工安全,减小地面下沉。在现场多次试验的基础上,比选了 3 种桩体加固方案。(1)水平旋喷桩加固;(2)间隔水平搅拌桩与水平旋喷桩加固;(3)水平旋喷—化灌加固。见图 8.4.3-1,优缺点比较见表 8.4.3-1。

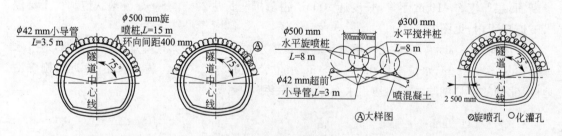

图 8.4.3-1 洞内超前预加固方案示意图

表 8.4.3-1 超前预加固方案比较表

比较项目	水平旋喷桩	水平旋喷桩+水平搅拌桩	旋喷+化灌
机械与工艺	水平旋喷工艺	旋喷桩与搅拌桩间隔施工	旋喷钻机和 KD-100 型钻灌机各 1 台,先旋喷后化灌
每循环加固长度	15 m,其中注浆长 11.5 m	8 m	10 m

续上表

比较项目	水平旋喷桩	水平旋喷桩+水平搅拌桩	旋喷+化灌
开挖掘进长度	10 m	5~6 m	7 m
每循环加固时间	3~4 d	5 d	7~10 d
加固效果	成拱与掌子面加固	成拱	成拱止水
经济成本	较省	省	较高

经在1#竖井横通道中的几次试验效果综合分析比较，确定采用第一方案。其主要特征是：仰角为5°的洞内水平旋喷桩超前预加固形成拱棚。开挖掘进时，用ϕ42 mm小导管注浆补充加固和止漏。

8.4.3.2 水平旋喷桩超前预加固

1. 拱部土体加固

水平旋喷桩在洞内以5°的仰角钻进旋喷成桩，因始端侵入隧道开挖断面，故在前端3.5 m范围内不注浆，旋喷加固体搭接长1.7 m。每一循环钻孔15 m，旋喷长度11.5 m，开挖掘进10 m（开挖时小导管注浆补充填塞桩间的空隙），见图8.4.3-2。

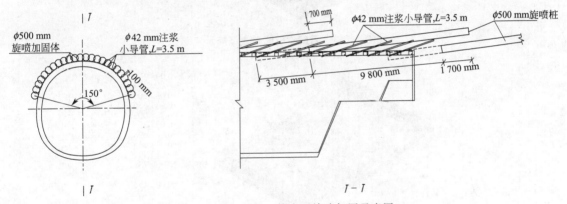

图8.4.3-2　拱部土体水平旋喷加固示意图

2. 掌子面加固防涌坍

处于流塑状黏土层地段，掌子面缓慢顺淌而下引起拱部下沉和仰拱开挖困难。施以旋喷桩挤密和加固，取得了很好的效果（见图8.4.3-3）。

3. 边墙仰拱土体加固

在SK3+240~280和SK3+960~990地段，拱部围岩为砂黏土，具有一定的自稳时间，足以开挖初支成型。但下台阶土层呈流塑状，边墙开挖困难，甚至导致已施作好的喷射混凝土初支外鼓开裂。见图8.4.3-4进行加固，成功通过。

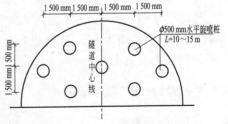

图8.4.3-3　掌子面水平旋喷加固挤密示意图

8.4.3.3 水平旋喷加固力学效果研究

对于水平旋喷预加固效果的认识，由于我国在这方面起步较晚，目前，基本上还处在试验阶段或定性的描述上，而客观现实常常需要我们做出定量的分析，特别是在浅埋软弱的富水地层中进行城市地铁邻近开挖时尤其如此，为了研究水平旋喷预加固效果，在多次现场试验的基础上，进行了离心模型试验和三维弹塑性数值模拟研究。

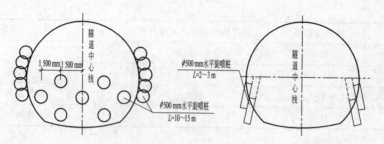

图 8.4.3-4 水平旋喷桩加固边墙及掌子面示意图

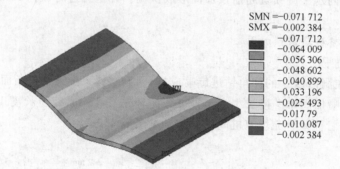

图 8.4.3-5 无旋喷桩时地表沉降示意图

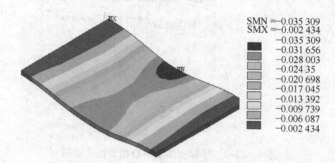

图 8.4.3-6 有旋喷桩时地表沉降示意图

试验和数值分析所得结论基本一致,主要有:(1)研究成果和现场测试数据吻合较好;(2)水平旋喷桩预加固对控制地表沉降的效果是非常明显的,与不施作水平旋喷桩相比,地表的最大沉降值可减小 51% 左右(见图 8.4.3-5、图 8.4.3-6);(3)旋喷桩预加固对提高围岩的稳定性是非常有效果的,相比之下,有旋喷桩时拱顶的最大沉降可降低 53% 左右,同时,洞周围岩塑性区的面积大大减小。

8.4.4 渡线段施工技术研究

8.4.4.1 指导思想

在含水丰富的浅埋软弱围岩(黏砂土和流塑状黏土层)中,由于环境所限,采用非降水的手段,进行渡线段大断面隧道的暗挖法施工,在国内外,地铁修建史上鲜见先例。本工程在这一特定条件下,以防坍保安全为主要目标,选取最佳的超前预支护方案和合适的工法,同时谋求控制地面沉降,减小对管线的破坏和影响又兼顾施工速度的技术措施。本区段隧道有众多横穿管线,其中 SK3+355 有一条煤气管(ϕ300 mm)横穿深南大道(地下埋深约 1.5 m,距拱顶

11 m),必须确保管线安全以防泄露。

8.4.4.2 隧道开挖对煤气管线的影响研究

1. 数值模拟进行施工优化

对于管线所在的位置SK3+355断面,采用平面弹塑性有限元模拟图8.4.4-1的6种施工工法对管线的沉降影响,模拟结果(见表8.4.4-1)表明:

① 先开挖右线隧道(小洞)后开挖左线隧道(大洞)比先开挖左线隧道后开挖右线隧道对管线的变形影响更大;

② 左线隧道采用CRD法施工,左右断面开挖比上下断面开挖对管线的沉降和内力影响更小;

③ 开挖左线隧道对邻近右线隧道及地层位移影响较为明显,综合考虑各种因素后,最后确定采用工法2为过管线段的施工方法。

表 8.4.4-1 不同工法对管线沉降影响值(mm)

工法1	工法2	工法3	工法4	工法5	工法6
-45.4	-30.2	-30.5	-44.2	-23.5	-28.7

2. 模型试验模拟隧道开挖对煤气管线的影响

采用离心模型试验,对煤气管线所在的位置SK3+355断面进行施工模拟试验,试验结果表明,采用水平旋喷桩和小导管注浆预加固技术进行施工,地表沉降最大值为31.6 mm,管线最大沉降为29.5 mm,管线仍处于安全状态。

3. 三维数值模拟隧道开挖对煤气管线的影响

建立土体—支护结构—管线三维弹塑性耦合模型。通过对隧道的开挖过程进行仿真分析,计算结果表明:

(1) 右线隧道施工时,管线最大沉降值为19.8 mm,左线隧道施工时,最大沉降值为28.9 mm;

(2) 地表最大沉降为29.8 mm;

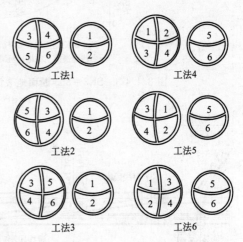

图 8.4.4-1 不同工法示意图

(3) 经过对管线的变形和受力进行检算,管线满足强度和刚度要求,施工期间管线是安全的。

详细情况可参见6.6节。

4. 施工监测隧道开挖对煤气管线的影响

图8.4.4-2所示为SK3+355断面(煤气管线)左线隧道中线与地表交点的沉降随开挖掌子面距离的关系曲线,量测结果表明施工期间管线是安全的。

综上所述,通过对隧道开挖过程中对煤气管线的影响进行三维数值模拟、室内离心试验、现场监控量测,理论分析和实践均表明(见图8.4.4-3):在既有的工程条件下,管线在施工期间是安全的,而且分析数据彼此吻合较好,为施工提供了重要的理论依据和指导作用。

8.4.4.3 施工路线选择

渡线段位于1号、3号竖井中间,经过相关的理论分析和综合考虑各中施工因素,最后确定如下施工路线(见图8.4.4-4):

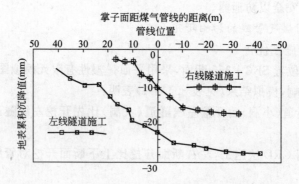

图 8.4.4-2　SK3+355 断面地面沉降与掌子面的关系图

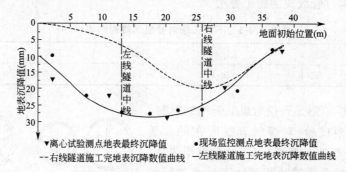

图 8.4.4-3　SK3+355 断面地表沉降的数值模拟、离心试验和现场量测值比较

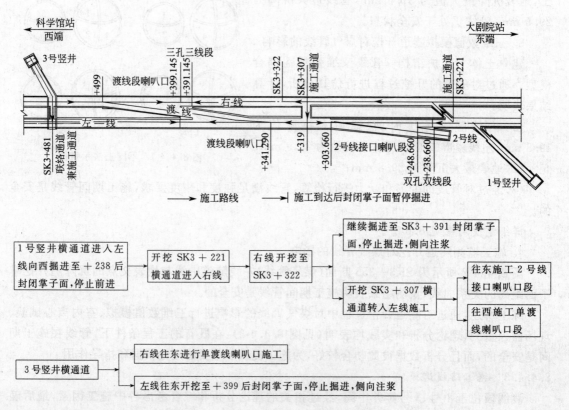

图 8.4.4-4　渡线段施工路线示意图

8.4.4.4 工法和主要技术措施

1. 采用工法

本区间隧道掘进主要采取的工法是：①标准段采用上、下台阶法（见图 8.4.4-5(a)），下台围岩特别软弱时，分三个台阶开挖（见图 8.4.4-5(b)）；②开挖宽度 10 m，高度 8 m 以下，采用 CD 或 CRD 工法（见图 8.4.4-5(c)）；③开挖宽度 10~12 m，高度 10 m 以下，采用双侧壁导坑工法（见图 8.4.4-5(d)）；④双孔双线断面，采用中洞法（见图 8.4.4-5(e)）；⑤三孔三线断面，采用双中洞法（见图 8.4.4-5(f)）。

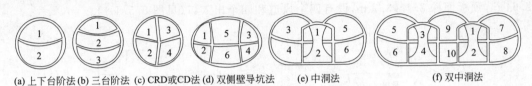

(a) 上下台阶法 (b) 三台阶法 (c) CRD或CD法 (d) 双侧壁导坑法　　(e) 中洞法　　　　　　(f) 双中洞法

图 8.4.4-5　开挖掘进工法示意图

2. 主要技术措施

隧道掘进除采用超前预加固外，还需根据围岩地质条件的变化，采取如下技术措施：

(1) 如下台土体软弱，增设临时仰拱（见图 8.4.4-5(b)），可有效减少拱部和地面下沉；

(2) 增设锁脚锚管，每榀格栅在拱脚部位设 2~4 根，锚管长 3 m，并及时注浆；

(3) 严格遵循短进尺、小步距、快循环、强支护、早喷锚、紧封闭的原则施工，缩小台阶距离，尽早封闭；

(4) 及时对初支背后进行注浆。

8.4.5 结束语

大剧院站~科学馆站区间隧道工程现已顺利竣工，施工期间隧道结构及周围环境没有出现安全隐患，取得了良好的施工业绩，获得了深圳市地铁建设单位的高度评价并授予施工优秀奖。现总结起来主要有以下几点：

(1) 水平旋喷桩和小导管补充注浆超前预加固改善了围岩的物理力学性能，起到了较为显著的拱棚作用，配合以其他综合处理措施，较好地解决了非降水条件下的施工安全，通过深圳地铁大剧院站~科学馆站区间的施工实践、离心机模型试验、数值模拟理论分析得到了验证，为这一工法的发展积累了经验和宝贵的数据。

(2) 在富水的软弱（砂土、流塑状黏土）地层，采用浅埋暗挖法施工地铁隧道，在对围岩进行超前预加固和止水基础上，应用合适的工法和技术措施，施工安全、质量、工期都能予以保证。

(3) "地质预报—动态设计（模型试验、模拟理论分析）—合适的施工技术措施—监控量测" 是地下工程施工的重要环链，特别是在通过重点管线地段。大剧院站~科学馆站区间重视每一环节，取得了良好的施工效果。

(4) 水平旋喷施工在设备、工艺、浆液材料、参数等方面还需进一步加强研究，以满足日益发展的施工需要。

8.5　地铁车站盖挖顺作施工技术

盖挖顺作法就是不中断路面交通的道路下修建地下车站，该方法系于现有道路上，按所需宽度，由地表面完成围护结构后，施工临时路面系统，在临时路面系统的支护下由上而下挖基坑内土石方，并加设钢支撑，直至设计标高；然后由下而上修筑车站主体框架结构和防水工程；最后，拆除临时路面系统，回填土方，恢复正式道路。

8.5.1 科学馆站概况

深圳地铁科学馆站位于深圳市上步路与松岭路之间，深南中路机动车道下方，全长 222.5 m，为 10 m 岛式车站，双层双跨（局部三跨）钢筋混凝土框架结构，外包宽 18.7 m，结构高度 12.64 m，顶板埋深 3.1～3.7 m，设有四个风道和四个出入口（见图 8.5.1-1）。

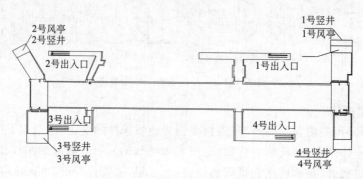

图 8.5.1-1 科学馆站平面示意图

8.5.2 工程环境

8.5.2.1 地形地貌

深南中路为深圳市区主干道，东西走向，道路总宽 50 m，机动车道为 8 车道，宽 28.5 m，道路两侧为大片绿化地和停车场，建筑物相距约 100 m，在车站两侧人行道底下管线繁多，主要有煤气管、通讯光缆、排水管、给水管、电视信号传递、电力线等。

8.5.2.2 工程地质和水文地质

工程区域属海冲积平原和台地，表覆第四系全新统人工堆积层，海积冲积层及第四系中更新统残积层，下伏燕山期花岗岩。地下水按赋存介质分为第四系孔隙潜水和基岩裂隙水，地下水埋深 2.2～5.1 m，水位变幅 0.5～1.0 m，车站范围无砂层，黏性土层具弱透水性。

8.5.3 围护结构施工及防水

围护结构采用密排 ϕ1.2 m 挖孔桩，桩身相切，护壁咬合，为提高防水效果，桩间咬合处设凹槽，凹槽内钉设两道 2×10 cm 的缓膨型橡胶止水条。挖孔桩按"跳三挖一"的原则，分三个循环全面展开施工，先施工Ⅰ序桩，再施工Ⅱ序桩，最后施工Ⅲ序桩。见图 8.5.3-1。

桩间施工防水：在下Ⅰ序桩的钢筋笼时与Ⅲ序桩相接处绑泡沫条(2×10 cm)，全长设置；在下Ⅱ序桩的钢筋笼时，与Ⅲ序桩相接处绑泡沫条。围护结构与侧墙按复合墙设计，挖孔桩既是围护结构，也是主体结构的一部分，围护桩与顶、中、底

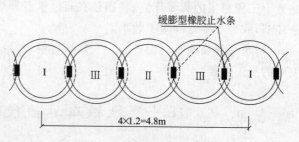

图 8.5.3-1 围护桩设计与防水示意图

板采用钢筋接驳器联结。桩墙间涂以渗透结晶型防水涂料 PQ-200,工程实践表明,围护桩的止水效果较好。

8.5.4 临时路面系统的设计

8.5.4.1 临时路面系统设计概况

六四加强型军用梁在基坑上横向布置,既是临时路面系统的横梁,又是基坑开挖的第一道钢支撑,间距 2 m,跨径 20 m,共计 111 片,每片军用梁主要由 4 个加强三角、3 个加强弦杆、2 个端弦杆、1 个 2 m 的端构架和 1 个 1.5 m 的端构架等组成(见图 8.5.4-1)。

军用梁之间于两端和中部设置纵向联结系,另设置纵向斜杆联结系,以加强主梁整体稳定和沿基坑纵向的刚度。除中部纵向联结系为适应本设计而作的特别设计外,其余纵向联结构件均为军用梁系列定型产品。路面板两端搁置在军用梁上弦杆上,采用 U 型螺栓压板联结,军用梁下弦杆端部与冠梁抵紧(见图 8.5.4-2)。

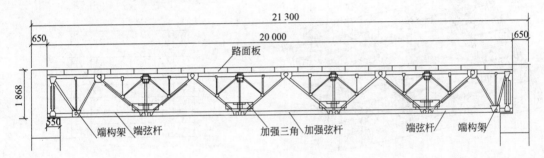

图 8.5.4-1 军用梁构造图(单位:mm)

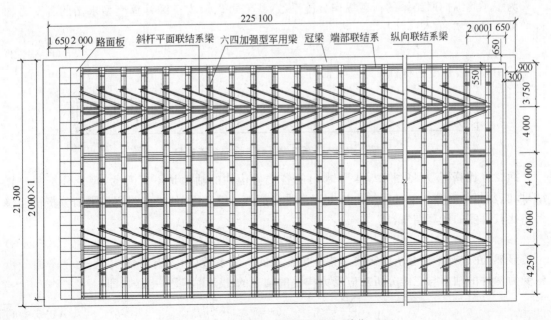

图 8.5.4-2 军用梁路面系统布置图(单位:mm)

8.5.4.2 军用梁荷载纵向折减系数的推导

由于军用梁设置了纵向联结系,荷载实现沿纵向分配,在设计施工中工程技术人员常常采用单片军用梁进行强度和稳定性检算,为此,需要考虑每片军用梁上的荷载沿纵向分配的折减系数。

由于军用梁系的受力状态通过三维桁架结构能够很好地反映,在推导荷载纵向折减系数时,把计算出的每片军用梁上的荷载(p)作用在三维军用梁系的每片军用梁上进行有限元分析,从而可以获知各受力构件的轴力(N_{3i}^{p},其中 N 代表轴力,下标 $3i$ 表示三维分析时受力构件 i,上标 p 表示分析荷载)。同样,在相同的荷载下采用单片军用梁进行平面有限元分析,也可以得到各受力构件的轴力(N_{2i}^{p})。

一般情况下,三维模型中(见图 8.5.4-3)某受力构件的计算轴力与二维模型中(见图 8.5.4-4)相对应构件的计算轴力是不一样的。即

$$N_{3i}^{p} \neq N_{2i}^{p} \quad (i=1,2,\cdots,n) \tag{8.5.4-1}$$

式中,n 表示单片军用梁的受力构件数目。

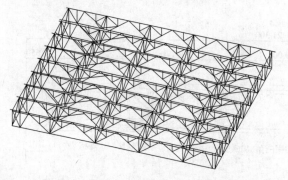
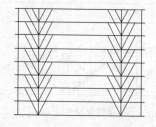

图 8.5.4-3　军用梁系三维有限元计算模型　　图 8.5.4-4　军用梁系三维有限元计算模型平面视图

为了了解纵向联系的荷载纵向分配系数,我们可以认为三维计算模型求出的各受力构件的轴力是真实的(N_{n}^{p}),即

$$N_{3i}^{p} = N_{n}^{p} \tag{8.5.4-2}$$

式中,N_{n}^{p} 表示受力构件 i 的真实轴力。

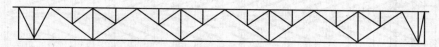

图 8.5.4-5　军用梁平面有限元计算模型

而二维计算模型(见图 8.5.4-5)求出的各受力构件的轴力是不真实的,理论分析和计算结果均表明,平面分析的计算结果均大于三维分析的计算结果,如果要想通过平面分析也能够得出比较真实的计算结果,即

$$N_{2i}^{kp} = N_{n}^{p} \tag{8.5.4-3}$$

显然,在进行平面分析时需要考虑一个荷载的折减系数(k)才有可能实现,由于平面分析各受力构件的轴力与三维分析对应受力构件的轴力的比值并不是一致的,即

$$\frac{N_{3i}^{p}}{N_{2i}^{p}} \neq 常数 \quad (i=1,2,\cdots,n) \tag{8.5.4-4}$$

因此,各受力构件可能对应一个不同的荷载折减系数,即

$$k = \{k_1, k_2, \cdots, k_n\} \tag{8.5.4-5}$$

为了使设计具有足够的安全度,最后应该采用最小的荷载折减系数作为整个军用梁的纵

向折减系数(k_r)。即

$$k_r = \min\{k_1, k_2, \cdots, k_n\} \tag{8.5.4-6}$$

具体实施办法是,对于每个考察的受力构件,反复调整平面军用梁上的荷载,通过几次试算,当考察构件的平面计算轴力与三维计算轴力基本一致时,这时的作用荷载和单片军用梁的计算荷载的比值便认为是考察构件所对应的荷载折减系数,即

$$\begin{cases} k_{ir} = \dfrac{p_j}{p} \\ N_{2i}^{p_j} = N_{ri}^{p} \end{cases} \tag{8.5.4-7}$$

式中,p_j 表示第 j 次试算时的计算荷载,$p_j \leftarrow p_{j-1} \leftarrow \cdots \leftarrow p_1 \leftarrow p$。

通过对每个构件进行计算循环,最后可找出一个最小荷载折减系数作为单片军用梁的折减系数。最后推导得出的军用梁上的荷载沿纵向的折减系数为:$k_r = 0.52$。

8.5.5 临时路面系统的施工及交通疏解

为确保深南中路不少于 7 车道行车,而且车流要顺直、畅通,人流要合理、有序,经过多次现场办公,认真分析讨论,并经深圳市交管部门的批准,确定分四步围挡进行疏解。第一次围挡,占用南侧两车道,其余 6 车道和北侧人行道拓宽 4.25 m 增加一个机动车道,保证有 7 个车道,施工南侧人工挖孔桩、桩顶冠梁及南侧风道、出入口临时路面系统(见图 8.5.5-1)。第二次围挡,占用北侧两车道,其余 6 车道和北侧人行道拓宽 4.25 m 增加 1 个机动车道,保证有 7 个车道,施工北侧人工挖孔桩、桩顶冠梁及北侧风道、出入口临时路面系统(见图 8.5.5-2);第三次围挡,施工占用北侧维护桩以南深南大道中部 11.5 m 范围,北侧保证两车道,南侧保证 5 车道,拼装北侧军用梁,并施工两端相应的挖孔桩及冠梁(见图 8.5.5-3);第四次围挡,施工占用南侧维护桩以北深南大道中部 11.5 m 范围,南侧保证两车道,北侧保证 5 车道,拼装南侧军用梁,并施工两端相应的挖孔桩及冠梁(见图 8.5.5-4)。

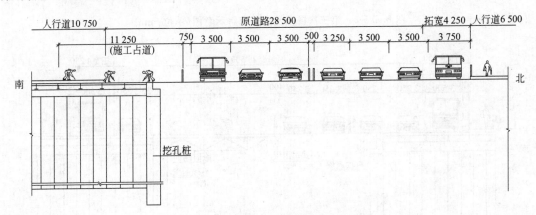

图 8.5.5-1 第一次围挡及交通疏解示意图(单位:mm)

8.5.6 车站主体施工

8.5.6.1 土方施工及钢支撑安装

车站基坑东西长 222.5 m,南北宽 18.7 m,开挖深度 16.8 m,土方总量 8.7 万 m^3,开挖分三个阶段进行。

第一阶段,地面以下 2 m 范围,与军用梁安装同步进行,为明挖部分,采用挖掘机开挖,并

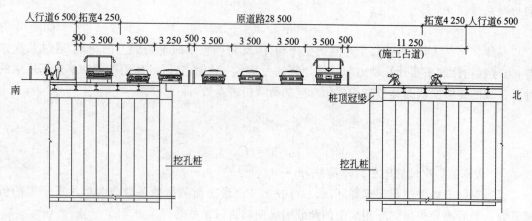

图 8.5.5-2 第二次围挡及交通疏解示意图(单位:mm)

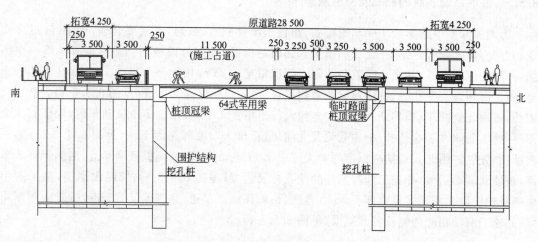

图 8.5.5-3 第三次围挡及交通疏解示意图(单位:mm)

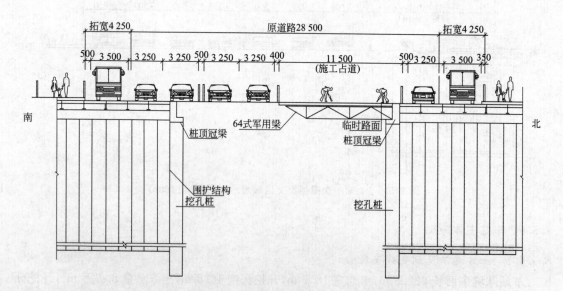

图 8.5.5-4 第四次围挡及交通疏解示意图(单位:mm)

在坑内沿纵向布置八口降水井进行降水,井深20 m。

第二阶段,地面以下2~9 m范围,为盖挖部分,由车站两端向车站中心分两层采用挖掘机开挖。南侧3#、4#风道作为主要出土口,从地面修建25%斜坡道,汽车进入地面下9 m(中板标高)路面进行运土(见图8.5.6-1)。

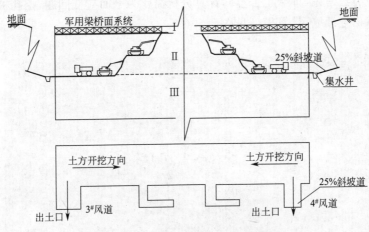

图8.5.6-1　第二阶段土方开挖示意图

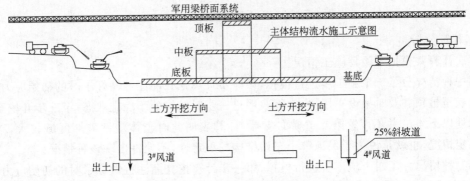

图8.5.6-2　第三阶段土方开挖与主体结构混凝土施工示意图

第三阶段,地面以下9~16.8 m范围,也为盖挖部分,利用第二阶段的路面运土,开挖由车站中心向车站两端分两层采用挖掘机开挖,人工检底,机械由下向上倒土。为保证施工安全和基坑稳定,第二道钢支撑(中板顶以上1 m处)随土方开挖跟进安装,土方开挖与钢支撑水平安装距不得大于3 m(见图8.5.6-2)。

8.5.6.2　主体框架结构施工

车站主体为双层双跨(局部三跨)钢筋混凝土框架结构,东西长222.5 m,没有设置沉降缝,其分段长度按照避开预留孔洞和结构立柱,且纵向梁弯距最小(即在两纵向梁的1/4处)的原则。将车站主体结构分为20个施工段,最长14.6 m,最短8 m,平均长度11 m,车站主体结构施工从车站中间向车站两端分两个工作面形成流水化作业,依序由下而上施工底板⇒站台层侧墙及立柱⇒中板⇒站厅层侧墙及立柱⇒顶板(见图8.5.5-2)。

8.5.6.3　基坑开挖稳定性分析

为了了解车站施工过程中围岩和支护结构受力和变位的动态变化过程,同时预测围岩和支护结构的稳定性,采用有限元软件进行仿真分析。

1. 计算模型

计算中假定每一地层为均匀、连续、各向同性，假定地层为理想弹塑性的 Drucker-Prager 材料，支护结构假定为弹性材料；计算范围取至受开挖影响很小的地方，计算中横向左右及向下取 $2.5B$（B 为开挖宽度），向上取至地表，左右边界进行水平向约束，下边界进行竖向约束。水土压力按总应力法考虑（即水土合算），计算分析简化为平面应变问题，挖孔桩按等效抗弯刚度简化为矩形截面连续墙，计算模型见图 8.5.6-3。

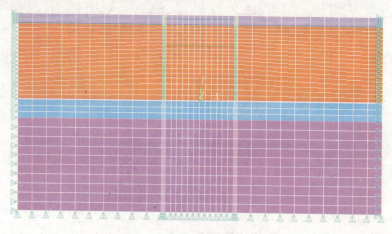

图 8.5.6-3 施工模拟计算有限元模型

2. 计算分析

本次计算共模拟了两种施工情况。

第一种情况分了三个施工步进行模拟，第一步计算挖孔灌注桩做好了时的初始应力场；第二步开挖至桩顶并及时架设军用梁，计算表明这一步时结构处于稳定状态；第三步开挖至设计钢支撑处以下 4 m 并不设置第二道横向支撑，计算表明此时土体塑性破坏区域较大，结构处于不稳定情况，也就是说为了保证整个车站结构的稳定性，不允许出现该种情况。

第二种情况分了四个施工步进行模拟，第一步计算挖孔灌注桩做好了时的初始应力场；第二步开挖至桩顶并及时架设军用梁，计算表明这一步时结构处于稳定状态；第三步开挖至设计钢支撑处以下 4 m 并及时施作横撑，此时结构的内力和变位均满足设计要求，结构处于稳定状态；第四步开挖至设计标高，此时结构仍能维持相对稳定（但安全储备不大），主要是第二道横撑受力，但计算轴力和剪力仍能满足设计要求，该阶段土压力明显增大，结构内力及变位均较大，不利因素是此时横撑弯矩较大，容易引起横撑失稳，同时底部鼓起明显，因此，施工期间应密切关注横撑的挠度情况并及时封闭开挖面。

计算结果表明挖孔桩背后的土体超过极限状态进入塑性区，同时产生松动土压力，随着基坑的挖深，塑性区逐渐扩大，松动范围也变大，作用与支护上的土压力也随之增大，从而表现为结构的内力和变位增大，但支护结构并未出现破坏状态。施工过程中塑性区分布分别见图 8.5.6-4、图 8.5.6-5、图 8.5.6-6。

综上所述，在该工况下现有的横撑设计参数能够满足施工期间的强度要求，需高度重视施工期间横撑的刚度及挠度变化，为保证施工期间的安全应给予支护足够的刚度，从而使支护能够满足强度和刚度要求。由于冠梁和腰梁一方面有利于增强支护结构的整体性，另一方面传递荷载让支护受力均匀，因此第二道横撑务必施作到腰梁上。

第8章 城市地下工程快速施工技术

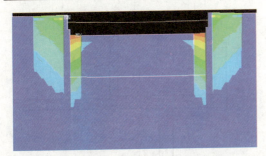

图 8.5.6-4 第一步开挖破坏区域分布色谱图

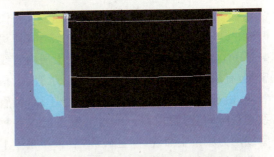

图 8.5.6-5 第二步开挖破坏区域分布色谱图

8.5.7 施工监测

车站施工过程中,对地表沉降,基坑内、外侧土压力,基坑内、外侧孔隙水压力,桩体水平位移,桩体钢筋应力,钢支撑轴力,军用梁杆件的受力情况,地下水变化等进行了监控量测。通过监控量测进行周边建筑物的监控,判断车站围护结构的稳定,监控临时路面系统的稳定和安全。

8.5.8 恢复正式路面及交通疏解

主体结构施工完成后,施作顶板防水层,搭设临时支墩。分四次围挡及交通疏解,顺序与

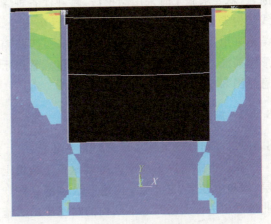

图 8.5.6-6 第三步开挖破坏区域分布色谱图

修建临时路面系统时相反,前两次是拆除军用梁、车站主体结构顶板的土方回填及中间恢复部分正式的道路;后两次是拆除风道及出入口的临时路面系统,土方回填及恢复其余部分正式道路。

8.5.9 结论及建议

(1)深圳地铁科学馆站在我国首例采用盖挖顺作法施工,2001年7月17日第一次围挡,2003年1月18日主体结构封顶,施工期间没有影响路面交通,工程质量优良,受到了各方面的好评,标志着我国地铁车站施工又创造了一个简单快速,安全的施工方法。

(2)军用梁作为临时路面系统的钢横梁及基坑开挖的第一道钢支撑在深圳地铁科学馆站的成功应用,给地铁车站采用盖挖顺作法施工创造了很好的前景,使得盖挖顺作法施工技术既具备了明挖法施工的优点(简单、快速),也具备了盖挖(半)逆作法施工的优点(不中断路面交通),所以对于地铁车站修建技术来说是一个新的里程碑。

(3)建议围护结构与侧墙之间,采用复合式结构,在围护结构与内衬墙之间敷设防水夹层,取消围护桩与顶、中、底板连接的接驳器,这样更能保证车站的防水效果。

8.6 城市地下商场邻近管群施工技术

8.6.1 工程概况

深圳中信地下商场 B 区为超浅埋暗挖超宽特大断面平顶直墙结构,位于深南大道与上步

快速路交汇处以南,横穿上步快速路(见图8.6.1-1),开挖断面宽27.7 m,高6.5 m,埋深4～5 m,全长56.6 m。地下结构覆土层内管线密集,有煤气管、给水管、污水管、雨水管、电信管等,由于周边条件限制,管线不能迁移,且管线迁移时间长,费用高。结构上覆土层内各种管线均为城市生命线,一旦破坏,后果严重。上步路为深圳繁华区的交通主干道,交通不能中断,这就要求施工时采用暗挖法,且确保各种管线结构安全和正常使用,确保车辆行车安全。结构采用复合式衬砌,主体结构为单层四跨箱形钢筋混凝土结构,见图8.6.1-2。重点管线示意见图8.6.1-3、图8.6.1-4。

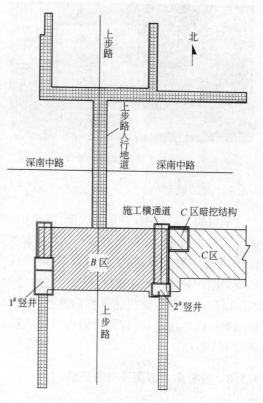

图8.6.1-1 中信地下商场B区暗挖工程总平面布置图

8.6.2 施工方案优化

8.6.2.1 制订施工技术方案的指导思想

深圳市中信广场地下工程B区位于杂填土层、饱和中砂层、黏土层,且地下水丰富。在如此地层中进行大断面地下结构的暗挖矿山法施工,在国内外地下工程的修建史上是罕见的。本工程在这一特定条件下,应以减小施工对周

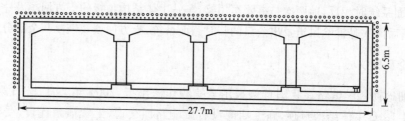

图8.6.1-2 中信地下商场B区暗挖工程横断面布置图

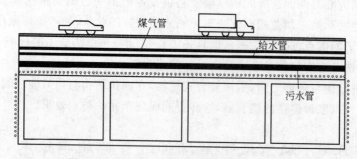

图8.6.1-3 地下商场横断面重点管线示意图

围土体的扰动为主要目标,选取最佳的超前预支护方案和适当的施工方法,同时尽可能控制地面沉降,减小施工对地面建筑及地下结构物的破坏和影响,维持城市的正常生活,同时兼顾施工速度和工程造价。

图 8.6.1-4 地下商场纵断面重点管线示意图

该工程位于深圳市中心地带,地面车流量大、交通繁忙,施工干扰大。地下施工范围内煤气管、给水管、雨水管和通信管线交错布置,且前期的地铁施工已对通道结构周围的土体进行了多次扰动,因此,施工环境十分复杂。就工程自身来说,为超浅埋暗挖大跨度平顶直墙地下结构,通道开挖断面宽 27.7 m,高 6.45 m,埋深 4~4.5 m。施工过程中要求开挖断面多次转换,受力复杂,施工难度和风险极大。因此经专家研究决定,以科研为先导,以施工经验为基础,即先通过数值模拟分析的研究,对施工效应进行预测,然后结合以往的施工经验对施工方案进行实施,同时利用现场量测信息对施工效果进行反馈,实现信息化动态施工,贯彻"爱护围岩,内实外美,重视环境,动态施工"的理念。

8.6.2.2 施工方案优化原则

在深圳市中信广场地下工程 B 区的施工方案优化研究中,把整个优化工作分为如下几部分:超前支护方案的优选,施工方法的优化分析,稳定掌子面的方案优选,台阶长度的优化分析,控制地层松弛加固地层方法的优选等。方案优化的原则主要有:

(1) 确保地面主干道行车速度和地下管线的正常运营,保证城市的正常生活,对地面灵敏目标处的沉降进行观测和控制;

(2) 有较强的操作性,充分考虑我们现阶段的施工技术水平以及本工程的具体特点;

(3) 灵活性好,应变能力强,根据断面形状和地质条件因地制宜的选择施工方案,一旦出现施工灾害,能迅速采取措施;

(4) 具有可连续性,兼顾前后施工工序的衔接;

(5) 具有较好的社会效益与经济效益,在保证工期、确保结构和环境安全的条件下降低工程造价。

8.6.2.3 分步开挖方案比选

本工程开挖断面大,可以进行多导洞划分,具体分成 4 洞室 8 步、6 洞室 12 步、8 洞室 16 步三种方案,分别见图 8.6.2-1、图 8.6.2-2、图 8.6.2-3。

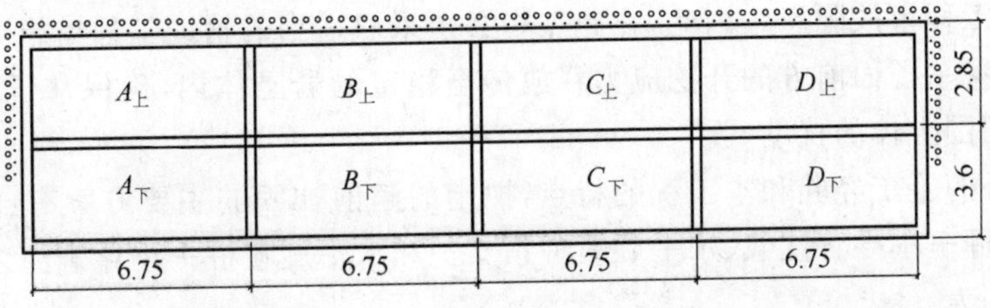

图 8.6.2-1 4 洞室 8 步开挖方案横断面图(方案一)(单位:m)

通过对三种方案的数值模拟计算,得出三种方案的地表典型断面的沉降曲线,见图 8.6.2-4。

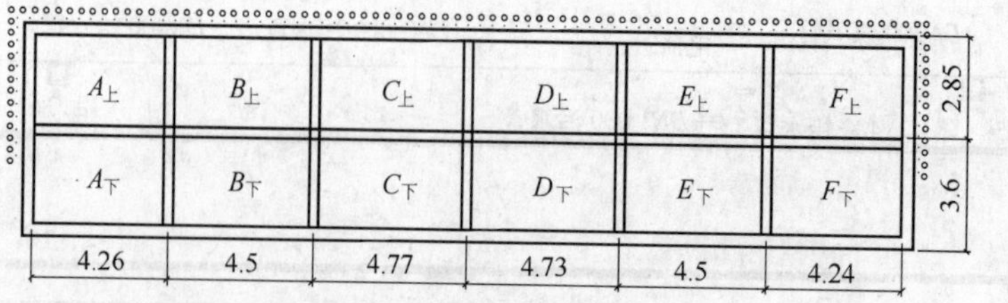

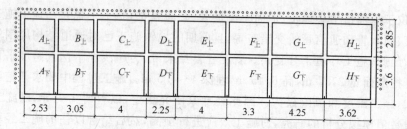

图 8.6.2-2 6洞室12步开挖方案横断面图(方案二)(单位:m)

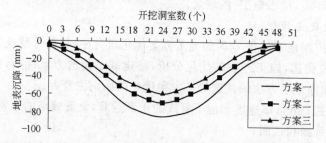

图 8.6.2-3 8洞室16步开挖方案横断面图(方案三)(单位:m)

图 8.6.2-4 三种方案仿真模拟地表沉降曲线图

由图 8.6.2-4 可以看出,随着开挖洞室增加,地表沉降减小,并且如果导洞宽度过大(如方案一)掌子面容易失稳,顶板内力增加,方案一导洞跨度过大,顶板需要用加劲喷射混凝土,造价比二、三方案高。方案二比方案三少两道隔墙,开挖步骤相对简单,但由于导洞洞室比方案三相对偏大,"跳挖法"效果下降,方案二比方案三地表沉降增加 10 mm 左右,为有效控制沉降,方案三为最优。

8.6.2.4 超前预加固方案的比选

深圳市中信广场地下工程 B 区位于杂填土层、饱和中砂层、黏土层,且地下水丰富。由于客观上不允许采取降水措施,土体开挖后,围岩不能自稳,极易坍塌,同时会有大量的地下水涌入,存在极大的工程事故隐患。因此,在施工中必须采取适当的辅助工程措施对通道周围的地层进行预加固,将掌子面前方的开挖应力释放传至稳定的岩土体内,确保掌子面的稳定,以实现控制施工对周围土体的扰动。

根据国内外的施工经验和本工程的特点,拟定的超前加固的主要方案有:小导管注浆、大管棚注浆、大管棚+小导管注浆、水平旋喷桩预支护和水平旋喷桩+小导管注浆。各种预支护方案的特点分别为:

(1) 小导管注浆:是向掌子面附近的围岩注浆,以改善围岩状况,保证掌子面稳定的方法。实践证实掌子面斜上方对隧道的稳定具有很大的影响,因此,开挖前改善此部分的状况,对增加隧道的稳定性极为重要。小导管注浆是一种近距离超前支护的方法,一般适用于掌子面能够短时间稳定或围岩自稳能力很低、少水的地层。施工时，常将小导管的外露端支于开挖面后方的钢支撑上，共同组成预支护系统。其控制地表沉降和防渗止水的效果一般，施工工艺要求一般，造价低。

(2) 大管棚注浆：管棚注浆是在隧道开挖之前沿隧道开挖断面外轮廓，以一定间隔与隧道平行钻孔、插入钢管，再从插入的钢管内压注水泥浆或砂浆，来增加钢管外围岩的抗剪切强度，并使钢管与围岩一体化，由管棚和围岩构成棚架体系。其力学效果可归为梁效应和加强效应。大管棚是一种长距离超前预支护方法，根据钻孔机械的施工精度，可达80 m。由于超前距离长，刚度大，适用于掌子面不能自稳、含水的地层，控制地表沉降和防渗止水效果较好，但施工工艺要求较高，造价大。

(3) 大管棚+小导管注浆：除具有上述(2)大管棚的特点外，能够防止管棚下方三角土体的塌落，这种长短结合的方法预支护效果较好。

(4) 水平旋喷桩预支护：在未固结土体中施工，特别是城市的浅埋隧道，必须注意防止隧道变形和地表下沉以及确保大断面的掌子面的稳定。而水平旋喷桩预支护法是在一般的初期导管注浆的基础上发展起来的，能较大规模地以高压旋喷桩的方式在掌子面前方，开挖外轮廓形成拱形预支护。这种方法由于在隧道开挖之前，在掌子面前方构筑形成拱形刚性体，可减轻传到掌子面和支护上的荷载，改良加固围岩，控制开挖引起的松弛。因采用专门的施工机械，施工速度快。这种方法超前距离长，刚度大，适用于掌子面不能自稳、含水丰富的地层，控制地表沉降和防渗止水效果较好，但施工工艺要求较高，造价大。

(5) 水平旋喷桩+小导管注浆：除具有上述(4)水平旋喷桩预支护的特点外，能够防止旋喷桩下方三角土体的塌落，这种组合系统的预支护以及防渗效果更理想。

通过综合比较，考虑到本工程沿通道纵向近56.6 m长，结合现有的机械设备，决定本工程采用(3)的方案，即大管棚+小导管补充注浆。

8.6.2.5 大管棚经济技术方案比选

大管棚可在$\phi 180$ mm、$\phi 159$ mm、$\phi 108$ mm三种型号中选择，管棚在超前支护中等效梁作用明显，可以承担开挖方向的有效土体作用，各种超前支护方案经济技术比较见表8.6.2-1。

表8.6.2-1 超前支护方案的量化指标

方案	造价(万元)	施工速度	最大位移(mm)	支护效果	施工不可见因素
$\phi 180$ mm	553	较快	0.48	好	1.0
$\phi 159$ mm	359.8	较快	0.88	好	0.7
$\phi 108$ mm	222.6	较快	3.84	较好	0.8
小导管	116.8	快	12.45	较差	0.7

从上表可以看出，随着管棚直径的增加刚度迅速加大，当管棚直径由$\phi 108$ mm增加到$\phi 159$ mm时管棚自身位移3.84 mm减小到0.88 mm，超前支护效果明显；当管棚直径由$\phi 159$ mm增加到$\phi 180$ mm时管棚自身位移0.88 mm减小到0.48 mm，超前支护效果差别不大，而造价增加很多，造成不必要的浪费。

本工程开挖断面大，管线众多，对沉降控制要求严格，通过经济技术分析比选，选择$\phi 159$mm大管棚为最佳方案。

8.6.2.6 稳定掌子面的方法比选

"保护围岩"是隧道施工应遵守的一个重要理念，但如何保护围岩，经常采用增强围岩自身支护能力的辅助工法。在土类围岩中,确保掌子面稳定是至关重要的,常用的方法有:维护拱顶稳定的超前支护、维护掌子面稳定的正面锚杆和核心土以及拱脚稳定的锁脚管(锚杆)等,前面已就超前预支护方案进行了比选,这里仅对后者进行说明。

(1) 小管棚注浆:小管棚的施工,基本上与注浆小导管相同,但超前支护范围大,多采用长度 5~7 m 的钢管,以间隔 30~60 cm 的距离打入。超前支护效果好,但费时,对施工循环有一定影响。

(2) 掌子面正面喷混凝土:正面喷混凝土是在开挖后自稳性差的开挖面喷射 3~10 cm 左右的混凝土,覆盖掌子面,以防止掌子面松弛,提高掌子面的自稳性。喷混凝土不是作为承力构件发挥作用的,是防止剥离的,常常与正面锚杆同时使用。此外通过目视喷射表面是否有龟裂发生,还可以获得有无崩塌发生的信息。

(3) 正面锚杆:正面锚杆是在掌子面有显著崩塌情况下采用的。锚杆一般长 2~3m,视崩塌情况施设。

(4) 预留核心土:为了充分利用掌子面的空间支护效应,预留核心土也是比较有效的稳定掌子面的方法。

综合上述稳定掌子面的辅助工法,结合本工程的实际,选用掌子面正面喷射混凝土+预留核心土的方法;在砂层,由于含水量大,掌子面自稳性较差,采用掌子面小导管注浆来通过。

8.6.2.7 开挖长度优化分析

实际施工时,对于各种不同大小断面和不同施工方法,需要用台阶进行分部,合适的台阶长度对于隧道的稳定性与控制地表沉降具有重要的作用,三维有限元分析结果表明:在预留掌子面核心土和必要的作业空间时,台阶长度应尽量短,为安全起见,实际开挖时使用 0.5 m 的循环进尺。

8.6.3 施工对管线影响的三维有限元分析

8.6.3.1 三维有限元建模

表 8.6.3-1 管道参数

管道位置	管道名称	弹性模量(MPa)	泊松比	密度(kg/m³)	壁厚(mm)	埋深(m)	距开挖线距离(m)
主体隧道西侧	ϕ300 mm 铸铁煤气管	2.1E-5	0.25	78 000	11	1.5	4.35
	ϕ1 000 mm 混凝土雨水管	3.45E-4	0.2	25 000	80	4.23	8.2
	ϕ400 mm 混凝土污水管	3.45E-4	0.2	25 000	45	1.97	6
主体隧道东侧	ϕ400 mm 铸铁给水管	2.1E-5	0.25	78 000	12.5	1.24	6.3
	ϕ300 mm 混凝土污水管	3.45E-4	0.2	25 000	40	3	10.22
	ϕ1 000 mm 混凝土雨水管	3.45E-4	0.2	25 000	80	4.7	12.09

表 8.6.3-2 土性参数

土层名称	弹性模量(MPa)	泊松比	密度(kg/m³)	黏聚力(kPa)	内摩擦角(°)
杂填土	17.0	0.35	19 700	30.9	24.6
砾质黏土	17.7	0.23	19 100	22.8	26.8
全风化花岗岩	25.0	0.2	19 500	15.8	25.1

为对施工开挖引起的地表沉陷及管线变形进行预测与控制,进行了三维有限元分析,计算

分析中所采用的管道参数和土性参数分别见表 8.6.3-1 和表 8.6.3-2。

有限元模型见图 8.6.3-1，周围采用放射网格加宽边界 20 m，用管单元模拟地下管线，用壳单元模拟衬砌，采用载荷步法模拟开挖过程。模型原点取在开挖体的西北角，向南方向取为 x 方向正方向，向上为 y 方向正方向，向东方向取为 z 方向正方向。图 8.6.3-2 表示衬砌有限元模型和剖面图。

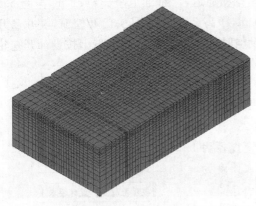

图 8.6.3-1　有限元模型

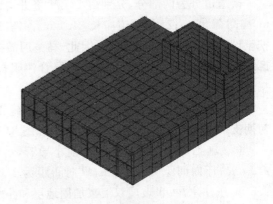

图 8.6.3-2　衬砌有限元模型和剖面图

8.6.3.2　管线变形分析

在开挖体的东西两侧分别分布煤气管、雨水管和污水管各 1 根。除控制地表沉降外，有效保证两侧管群安全，控制其变形也是该工程成败的关键所在。在开挖体上侧由于地表沉陷，使得管线有水平方向向内的位移，大致对称分布，管线竖向位移比横向位移大一个数量级，呈碗状分布。最大竖向位移位置见表 8.6.3-3。

表 8.6.3-3　管道竖向位移

管线名称	$U_{y\max}$(mm)	$U_{y\max}$位置(x 坐标)	局部倾斜度
西侧 ϕ300 mm 铸铁煤气管	5.02	8.0	2.43E-4
西侧 ϕ1 000 mm 混凝土雨水管	1.11	6.0	5.88E-5
西侧 ϕ400 mm 混凝土污水管	2.8	6.0	1.47E-4
东侧 ϕ400 mm 铸铁给水管	4.31	12.2	1.62E-4
东侧 ϕ300 mm 混凝土污水管	1.41	11.1	5.4E-5
东侧 ϕ1 000 mm 混凝土雨水管	0.82	11.1	3.37E-5

8.6.3.3　管线所受的主应力

结果表明各管线最大第一主应力和最大第三主应力都没有达到相应材料的屈服强度，因此管线处于正常的工作状态。

8.6.3.4　结　论

地表最大沉降 5.84 cm，超出了设计最大沉陷不得大于 3 cm 的要求，设计提出的这个值没有充分考虑到土体的塑性特征和强化特性，经验证明该值可以满足工程安全的需要。通常规定 4 m 长的管道接头之间沉降差不得超过 32 mm，即局部最大沉降差 8/1 000，经过对管线的有限元分析可知，施工过程可以满足管线安全的需要。

8.6.4　方案实施

根据上述施工方案的优化分析和施工仿真模拟，制订如下施工路线：首先，在主体通道的两端开挖1#和2#竖井,同时进行竖井的支护;其次,以竖井为工作基地,向北开挖横通道;然后,待横通道的支护达到设计强度后,在主体通道的两端对打φ159mm的大管棚,按照优选的施工方案进行主体结构的开挖、初期支护;最后,在主体开挖完成后,再分段分部进行二次衬砌,拆除临时支护。施工中的重点、关键工序如下介绍。

8.6.4.1 施工横通道的开挖

横通道分为两部分,分别由1#、2#竖井向北暗挖横通道,1#横通道净长14.2 m,净跨5.9 m,净高7.55 m;2#横通道净长24.1 m,净跨5.9 m,净高7.55 m。马头门开挖前,竖井已开挖至设计深度,并完成了封底,因此,马头门需搭设临时工作台,然后在竖井壁上按设计开挖轮廓线放样,施作长管棚并设超前小导管注浆加固后,破壁掘进。

横通道开挖采用CRD工法,分部开挖施工,及时形成初期支护,具体施工步骤见图8.6.4-1和图8.6.4-2。

(1)施工横通道①号导洞超前小导管,小导管直径为φ42 mm,环向间距为0.35 m,纵向间距为1.0 m,长度为2.5 m,压注水泥、水玻璃双液浆加固地层和止水。

(2)开挖①号洞土体,保留核心土,循环进尺0.5 m(其余各部进尺均为0.5 m),人工开挖,将土运至提升料斗,施工①号洞初期支护。开挖后先喷5 cm厚的混凝土,再布设钢钎钉,铺设钢筋网并与钢钎钉焊接,架设格栅钢支撑、临时竖撑,格栅钢支撑拱脚用锁脚锚管定位,对格栅钢支撑及临时竖撑喷混凝土。混凝土分两次喷射,累计厚度达30 cm,掌子面挂钢筋网喷10 cm厚混凝土形成一封闭整体。

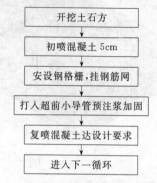

图8.6.4-1 施工横通道CRD工法施工工艺流程图

(3)①号洞进尺4～5 m后,施工②号洞初期支护,施工方法同①号洞。②号洞进尺2～3 m时,施工③号洞,以此循环,施工④、⑤、⑥号洞。施工过程中,下台阶与上台阶错开长度为5 m。

横通道在施工过程中,适时进行初支背后注浆,以控制地表沉降。并加强监控量测,实行信息化施工,并根据监测情况,及时调整施工措施。

施工中应注意,横通道马头门开口处,即横通道与主体结构破口处,该处是容易产生坍方的危险部位,且马头门范围井身段为流塑状砂质黏性土,要格外小心谨慎,高度警惕,严密监控。马头门破口需搭设临时作业平台,然后在竖井壁上按设计开挖轮廓线放样,施作拱部超前小导管,注水泥水玻璃双液浆加固。待水泥水玻璃双液浆压注结束4 h后,破壁掘进①洞,进尺50 cm,开挖成型后,喷5 cm厚混凝土,安装钢筋网片,然后安装钢筋格栅及Ⅰ25a中隔墙,打设锁脚锚管,喷混凝土至设计厚度。拱脚设Ⅰ16型钢临时仰拱,开挖断面纵向焊φ22 mm连接筋加强整体性。待①号洞进尺5 m后,破除②号洞,如①号洞施工方法进尺,如此循环③、④、⑤、⑥号洞。横通道破口处并排三榀格栅全封闭环圈进行加固。即正式形成横通道施工工作面。

8.6.4.2 超前预支护及掌子面稳定施工

(1)超大管棚预加固施工

主体结构横断面图见图8.6.4-3。主体结构管棚采用φ159 mm×7 mm,节长6 m或4 m,沿结构拱部及边墙开挖断面外缘35 cm处布置,管棚间距35 cm,东、西端各长25 m。管棚打设仰角控制在0.3°。施工水平方向误差为$L/600$,垂直方向$L/200$(L为单向管棚打设长度)。

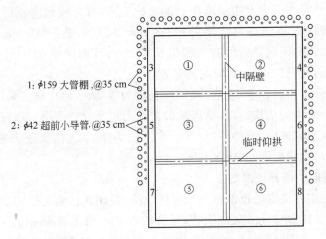

图 8.6.4-2　横通道 CRD 工法施工工序图

钢管接头采用丝扣连接,丝扣长 15 cm。钢管上布 8～10 mm 孔,孔间距 50 cm,梅花型布置。

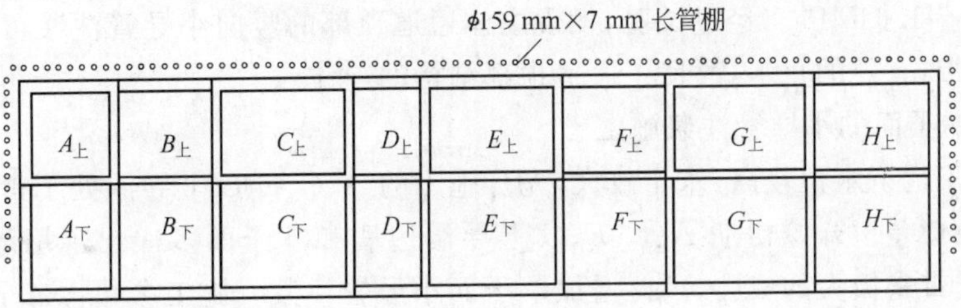

图 8.6.4-3　主体结构横断面图

采用土星-881 型大型钻机按设计钻孔,钻孔前先在竖井或横通道端头初期支护上安装导向架,并安设导向孔,搭建钻机作业平台。钻机就位安装牢固,保证钻孔角度与中线的平行。钻杆轴线与管棚轴线成 0.3°的仰角。钻孔时跳跃进行,先钻单序号孔,后钻双序号孔并注浆,间隔进行。开始钻孔时钻速要慢,压力要小,根据地层及钻进情况随时调整钻压及钻速,钻进中如有异常应立即停钻查明原因。钻孔完成后,在钢管内插入 1 根通长 ϕ42mm 的注浆导管,注浆管外露 0.5 m 左右。

注浆采用活塞式后退注浆工艺,根据注浆压力和注浆量控制活塞后退行程,后退一段注浆一段,直至最后完成。管棚内灌注 M30 水泥浆,水灰比为 1∶1～2∶1 之间,施工中根据实际地质情况进行注浆试验,浆液配比现场适时调整。注浆压力:初压 0.6～1.0 MPa 之间,终压 2.0 MPa,确保浆液充填钻孔周围土体与钢管周围孔隙。注浆结束后,及时清除管内浆液,用 M30 水泥砂浆紧密填充注浆管,以增强管棚的强度和刚度。

在砂层或软弱围岩地层钻孔时,成孔困难,易产生塌孔,因此施工时全部采取"跟管钻进"施工工艺,钻孔与插管同步完成,每根管棚一个钻头一次性使用。其施工顺序为:

① 将钢管分节加工好后,在第一节钢管前端焊接好合金钻头。

② 利用钢管直接钻进,第一节钻进后,采用丝扣连接第二节,直至设计深度。

③ 到设计深度后,用高压风管或高压水管插入钢管内,将管内泥砂冲洗干净,最后注 M30 水泥浆。

(2) 小导管注浆预加固施工

① 通道顶及边墙小导管注浆施工

小导管注浆是长管棚下方及边墙施作的预支护工艺,可有效地防止坍塌并加强通道顶部和边墙的稳定,布置于通道顶部及边墙外缘15 cm。施工参数:ϕ42 mm无缝钢管;导管长3.5 m;搭接长度1.5 m,因此导管的有效施工长度2 m;环向间距35 cm,外插角10°;管上布ϕ8 mm~ϕ10 mm孔,孔间距15 cm,梅花型布置。

超前小导管的仰角控制在10°左右,其搭接长度为1.5 m,钻孔施工采用气腿式风枪,在风枪前端加工1块2 cm厚的垫块,直接靠风枪的振动力将小导管顶进。小导管注浆浆液采用水泥水玻璃双液浆,水玻璃浓度为(30~35)Be′,水灰比为1:2。注浆压力根据注浆试验确定,采用0.8~1.6 MPa,持续时间在3~8 min。

② 通道顶部竖向小导管注浆施工

开挖初支后,在主体通道的顶部出现较大的沉降,采用在已施工的初支背后竖向小导管注水泥浆方案。设计参数:ϕ42 mm无缝钢管;导管长3.5 m;管上布ϕ8 mm~ϕ10 mm孔,孔间距15 cm,梅花型布置。导管间距1 000 mm×800 mm。竖向小导管钻孔时注意地下管线的位置及埋深。在煤气管线底部小导管长2.5 m。

主体通道顶部初支背后注浆浆液采用纯水泥浆,水灰比为1:1。注浆压力根据注浆试验确定,采用0.8~1.6 MPa。经过试验,发现主体通道顶部的竖向小导管注浆可在主体通道的顶部形成止水带,有效的止水,改良了通道顶部结构的土体。

(3)稳定掌子面的小导管注浆施工

该工程由于地下水位较高,水量较大,先行施工的A、C、E、G上导洞处于素填土和砂层之中,掌子面自稳性差。开挖初期A、C、E、G上导洞边墙和掌子面多次出现坍塌,施工进度缓慢,给施工安全带来极大的威胁,因此增加掌子面小导管注浆。施工参数:ϕ42 mm无缝钢管;短管长3 m,长管长6 m;管上布ϕ8 mm~ϕ10 mm孔,孔间距15 cm,梅花型布置。

钻孔采用水平地质钻机施工,成孔后,注入水泥水玻璃双液浆,水玻璃浓度为(30~35)Be′,水灰比为1:2。注浆压力根据注浆试验确定,采用0.8~1.6 MPa,持续时间在3~8 min。

8.6.4.3 通道主体结构的开挖及初期支护

通道主体结构埋深浅,周边条件复杂,顶部有大量管线及行车动载,地质条件差,跨度大,长度短,施工难度大,施工方法采用CRD工法分步开挖,在主体横断面由北向南分为A、B、C、D、E、F、G、H八个导洞,各导洞分上下微台阶开挖,开挖由两个施工队分别从1#、2#横通道及竖井同时开挖A、C、E、G导洞,由于受2号场地拆迁的影响,西侧掘进至20 m断面处,对整个断面进行封闭,采用格栅横向布置进行封闭。开挖过程中加强对地表及顶部的监控量测,及时反馈监测信息,对数据分析后指导施工。

(1)经过测量放线画出A、C、E、G导洞的开挖轮廓线,按设计尺寸在拱顶开挖线与打设的大管棚之间打设ϕ42 mm、长3.5 m的超前小导管并注双液浆加固土体。

(2)根据施工顺序先对A、C、E、G导洞进行施工,破除在A、C、E、G导洞开挖线内的横通道及竖井初期支护,横通道及竖井与主体垂直相交,主体开口时此处土体受力复杂,为确保施工安全,采取加强措施,开挖前四榀钢格栅并排架设并喷混凝土,具体见图8.6.4-4主体初支开挖纵断面工序图。

(3)根据初支开挖横断面工序图开挖A、C、E、G导洞,先开挖上台阶土体,保留核心土,每循环开挖进尺均为0.5 m,每进尺2 m打设ϕ42 mm超前小导管并注浆,人工开挖土方运至竖井出土。开挖后先喷5cm厚的混凝土,再铺设钢筋网,架设格栅钢支撑,中壁为I25a@50 cm的临时竖撑,采用I16临时仰拱,及时喷射格栅及竖撑、临时仰拱混凝土达设计厚度,其中格栅钢支撑每个脚底打设两根 ϕ42 mm 锁脚锚管,掌子面及临时支撑都挂钢筋网,临时支撑采用 ϕ22 mm@1 m 连接筋连接,掌子面封闭喷 10 cm 厚混凝土,临时支撑喷 25 cm 厚混凝土,与格栅喷射混凝土形成封闭整体。

（4）以同样的方法,按照工序图上开挖的先后顺序开挖 A、C、E、G 导洞下台阶,及时封闭成环,上下台阶进尺错开长度保持 3～5 m。

（5）上面步骤循环施工,直至贯通 A、C、E、G 导洞。

（6）按照施工顺序,待 A、C、E、G 导洞开挖初支完成后,以同样的开挖支护方法对称施工其 B、D、F、H 导洞,直至贯通(见图 8.6.4-5、图 8.6.4-6)。

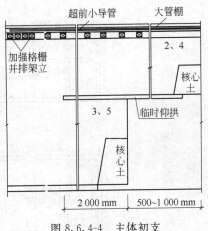

图 8.6.4-4　主体初支开挖纵断面工序图

8.6.4.4　主体结构二次衬砌的施工

本工程的受力结构为初期支护与二次衬砌共同受

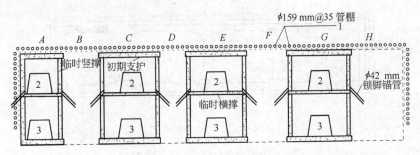

图 8.6.4-5　主体施工顺序图一

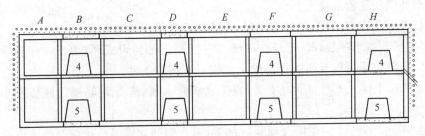

图 8.6.4-6　主体施工顺序图二

力,在进行二衬施工时,需拆除初支结构的中隔墙,如何控制在施工过程中初支结构的下沉量,保障路面车流、人流及地下管线的安全成为本工程的第一大难点。二衬施工采用了将二衬结构断面分 18 次(不含立柱)灌注的方案,见图 8.6.4-7。详细施工作业顺序如下:

① 清除 C、E、G 洞内杂物,底板回喷混凝土抹平收光,施作底纵梁防水层,在施作防水层时必须保持底板基面无明水。

② 测量放样后,绑扎 C、E、G 导洞底纵梁及立柱钢筋,立模板,浇注 C30S8 防水混凝土,同时施工 C、E、G 导洞顶纵梁防水层。在施工立柱时要注意与立柱冲突的临时仰拱拆除,不与临时仰拱冲突的地方临时仰为确保施工安全而暂时保留。

③ 绑扎 C、E、G 导洞顶纵梁钢筋,立模板浇注混凝土。

以上 1～3 道工序完成后,已完成二衬结构对初支结构的回顶工作,此时,二衬结构已开始

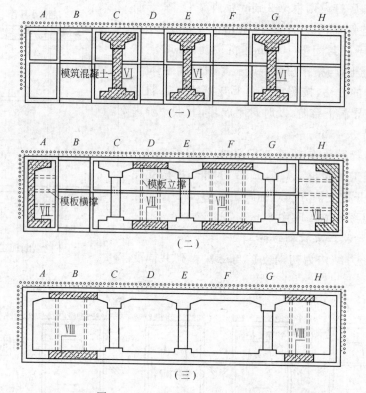

图 8.6.4-7 二次衬砌的施工方案

与初支结构同时受力,可以拆除部分中隔墙,施工二衬。

④ 拆除 $C-E$、$E-G$ 导洞之间临时支撑,清除洞内杂物,施工 $C-E$、$E-G$ 导洞间底板防水层,绑扎钢筋浇注底板混凝土。

⑤ 施工 $C-E$、$E-G$ 导洞顶板防水层,绑扎钢筋立模浇注顶板混凝土。

施工作④~⑤道工序后,$C-E$、$E-G$ 洞二衬混凝土已封闭成环,为下一步拆除中隔墙控制地表沉降、保障地下管线及地表行车安全提供了有利的条件。

⑥ 拆除 $A-C$、$G-H$ 洞间临时支撑,施工底板防水层,绑扎钢筋浇注底板及小边墙混凝土。

⑦ 施工 $A-C$、$G-H$ 洞侧墙及顶板防水层,绑扎钢筋立模浇注顶板及侧墙混凝土。

施作⑥~⑦道工序后,已完成一个施工段的作业。为加快施工作业进度,在东西向的 6 个施工段内,采取流水法施工。

根据主体结构施工图,考虑到各梁、柱及预留接口的影响,将整个 B 区主体结构东西向分为 6 个施工段,各段长度从 9.0 m 到 12.0 m 不等。

8.6.4.5 施工中地下管线保护措施

对地下管线保护,根据本工程的特点,结合有限元分析计算的结果,采取以下措施(以煤气管为例):

(1)管线周围土体加固

通过改良管线底部土体的物理参数能够有效减小管线垂直位移。本工程中管线周围土体以杂填土和砾质黏土为主,孔隙率比较大,采用小导管注浆可显著改善管周土体的性状。根据现场实验,采用 1:1 水泥净浆,注浆加固范围见图 8.6.4-8。

（2）及时加设初支

这也是减少地表位移，改善地下结构的受力条件，减少开挖应力释放，减少管线附近地表沉陷，增强地下结构施工安全的有效方法。

（3）初支背后及时注浆

开挖后要尽快喷射混凝土，支护体系封闭成环。但喷射混凝土与围岩之间有一定的空隙，这是使管线发生沉降的重要原因。在架设钢格栅时在钢格栅与土体之间预埋注浆导管，多次循环注浆，使隧道初期支护与围岩紧密接触，同时间接提高了初支截面有效刚度，减小管线变形。

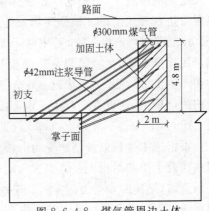

图 8.6.4-8　煤气管周边土体加固示意图

（4）信息化施工

信息化施工可以随时掌握施工中的各项参数，并预测下一阶段乃至最后阶段的状态，对设计、施工方案进行修正，达到工程安全、经济的目的。本工程在开挖时严密监测管线变形情况，对监测数据进行分析。有限元模拟为我们提供了管线的变形规律和最终的应力状态，用监测数据进行分析结果与模拟计算的结果对照比较，按照下面三种方法对管线安全状态进行控制：

① $\sigma_{max} \leqslant [\sigma]$，即管节受弯应力小于容许拉应力$[\sigma_t]$；

② 管线两接头之间的局部倾斜不得超过 8/1 000，即通用的 4 m 长的管道接头之间的沉降差不得超过 32 mm；地表最大斜率不超过 2.55 mm/m。

③ $\Delta = Db/R < [\Delta]$，即当管线接头转动的角度或接缝张开值小于允许值。

上述指标一旦超标，立即采取应急措施。

8.6.4.6　实施效果

实践证明，超前支护采用大管棚+小导管方案是成功的，大管棚在开挖时一端作用在已经完成的初支上，一端作用在土体上，"等效梁"作用明显；超前注浆小导管加固大管棚之间的土体，有效地使管棚形成一个整体，在施工时上导洞掌子面稳定，未出现局部塌方现象，降低了路面沉降和覆土层中各种管线的变形。

采用"跳挖法"、短台阶、及时封闭掌子面、预留核心土等措施进行开挖效果显著，使各洞室沉降叠加效应降低；二衬施作顺序合理，有效完成了力系转换，同时可以使进度加快，工期合理提前。

施工过程中管线保护措施得当，在施工期间和施工后各种管线均正常使用，没有出现任何施工灾害事故，与明挖或者盖挖等施工方法相比，无论是经济效益还是社会效益都要大。

8.6.5　监测分析

8.6.5.1　地表沉降

结构采用"跳挖法"施工，中间预留核心土。由 $C_上$ 开始进洞，然后依次是 $G_上$、$A_上$、$E_上$，四个导洞进尺 20 m 左右时，$B_上$、$D_上$、$F_上$、$H_上$ 开挖进洞。上导洞进尺 26 m 左右时下导洞开始进尺。上导洞 8 个洞室通过煤气管主侧断面的时间是 2005-4-20，引起的地表沉降最大为 31 mm，下导洞 8 个洞室通过煤气管主侧断面的时间是 2005-5-26，造成的地表沉降最大为 20 mm，完成初衬与二衬的应力转换造成的地表沉降最大沉降 10 mm，从施工开始至二衬完成 2 个月地面最大沉降 63 mm。

地表沉降较大,由初期支护施作前的沉降、初期支护施作后及临时中隔墙拆除所构成,且主要发生在开挖阶段。根据现场及监测结果显示,在开挖过程中掌子面地表附近受影响的5～8 m范围内均产生沉降,其中掌子面正上方地表沉降速率最大,接近5 mm/d,随掌子面向前掘进而逐渐稳定,在相邻洞室开挖及下台阶开挖时,上台阶支护施作后的洞室地表仍然受到扰动而产生沉降,沉降速率接近3 mm/d。在整个结构支护结束后,拆除临时支撑进行二次衬砌之前的过程中,地表将会产生一定程度的沉降,沉降从结构中心向两边迅速衰减,最大沉降接近2 mm/d。

根据施工过程以及结构受力分析看,地表沉降主要原因归结为如下几点:① 围岩松散,前期地铁及上步路结构工程施工多次对围岩扰动,且拱部覆土大部分为人工素填土;② 结构为平顶直墙,结构跨中受力较差;③ 开挖穿越富水砂层,掌子面失水;④ 开挖步骤较多,围岩多次扰动;⑤ 管棚钻进过程中带水作业,拱部水土流失;⑥ 洞内临时支撑拆除所支护结构受力变形;⑦ 支护结构拱脚部位承载力不够强;⑧ 衬砌施工受条件影响不能及时封闭。

8.6.5.2 结构洞内水平收敛

从施工过程中对各洞室进行水平收敛量测来看,结构水平收敛主要发生在洞体的开挖支护结束后,喷射混凝土未达到设计强度之前,此时洞内水平收敛速率最大。由结构水平收敛历时曲线图可以看出,待支护结构充分发挥本身的强度后,水平收敛基本稳定,且最大收敛值为15 mm。

8.6.5.3 顶板下沉

顶板下沉主要体现在初期支护结构稳定前和初期支护结构稳定后的整个结构下沉两方面。在洞体开挖后,初期支护未达到设计强度之前,顶板下沉主要由竖向围岩压力引起,沉降速率由2～3 mm/d逐渐变小。初期支护结构稳定后,由于结构底部承载力不够,会产生结构整体下沉而引起顶板沉降。施工支护过程中,加强对结构底部及锁脚的注浆加固,可以减少结构的顶板沉降,这一点从顶板典型断面沉降历时曲线和顶板沉降速率历时曲线图可以看出,顶板在后期的沉降很小,最大拱顶沉降为54 mm。

8.6.5.4 结构底部隆起

从监测的情况看结构底部隆起基本与顶板下沉同步,但与同期拱顶下沉速率相比偏小,最大底部隆起值25 mm。

8.6.5.5 围岩与衬砌之间的接触应力

浅埋暗挖法施工的隧道,因其上方无法形成承载拱,理论上应按顶板以上全部土柱的重量计算地层的竖向压力。以本工程的平均覆土深度5 m来计算,根据地质勘测资料,顶板覆土的平均容重为18.0 kN/m,侧压应力系数取为0.5,则理论上地层的竖向压力应为0.09 MPa,侧向压应力为0.045 MPa。实测的地层竖向压力较理论值偏小,侧向土压力较理论值偏大,分析其原因一是由于地铁与隧道多次施工,土体开挖,围岩多次受扰动造成一定量的水土损失;二是两边对打ϕ159 mm大管棚,管棚支撑在支架上,相当于在隧道顶部形成一个板梁,则板梁可承载一部分土压力,且向两边传递。在侧向则不具备此效应,且由于侧向管棚的类墙作用,产生应力集中,因此侧向土压力较理论值偏大,小导管注浆更加大了这一管棚效应。

8.6.5.6 格栅支撑的内力

地下结构主要采用ϕ28 mm的主筋加工的格栅钢支撑,针对主筋的工作状态及受力情况,对部分格栅进行不同部位的主筋受力量测,从格栅钢支撑的钢筋应力分布图中可以看出,应力较大值分布于结构的侧边墙、顶板与边墙的拐角、结构的底部,在结构的底部最大应力为

119.237 MPa,开挖跨度大的部位及顶板与边墙的拐角处应力较高,但均未超过 180 MPa。

8.6.5.7 管线位移的监测

管线位移的监测值见表 8.6.5-1。监测结果表明均未超过预警值并与目标值接近。

表 8.6.5-1 管线沉降预警值及目标值

位置	管线	预警值(mm)	目标值(mm)	实测值(mm)
主体结构西侧	ϕ300 mm 铸铁煤气管,距主体南侧边 5.2 m 有一接头	70	60	55
	ϕ1 000 mm 混凝土雨水管,距主体南侧边 13.6 m 有一接头	70	50	52
	ϕ400 mm 混凝土污水管,主体范围内没有接头	75	60	53
主体结构东侧	ϕ400 mm 铸铁给水管,主体范围内没有接头	75	50	56
	ϕ300 mm 混凝土污水管,主体范围内没有接头	75	60	58
	ϕ1 000 mm 混凝土雨水管,距主体南侧边 14.16 m 有一接头	70	50	51

8.6.5.8 结 论

(1) 从施工监测结果来看,在施工过程中,地下管线及地下结构本身是安全的,这就说明超前大管棚支护、超前小导管注浆加固、掌子面及时封闭、临时型钢支撑、短台阶法施工的施工方法是成功的。

(2) 从施工情况来看,在特别软弱富水地层,将地表沉降控制在允许范围内是不现实的。可视具体情况选用如下措施:① 水平旋喷桩;② 边墙超前小导管注浆;③ 掌子面喷混凝土封闭进行超前注浆;④ 井点降水;⑤ 增设锁脚锚管注浆;⑥ 增加临时型钢挂网喷射混凝土增强支护强度;⑦ 改短台阶施工为微台阶施工;⑧ 改格栅为型钢拱架及时起到支护效果。

(3) 地表沉降中,以地下水流失引起的主固结沉降为主,施工扰动引起的次固结沉降为次。初期支护形成后,洞内位移以整个结构整体下沉为主,结构本身变形很小。

(4) 围岩压力,理论值与实测值有所差别,究其原因双向对打超前大管棚支护的作用不可忽视。

8.6.6 主要结论

深圳中信广场地下商场地处深南大道与上步路交汇处,B 区为超浅埋暗挖大断面平顶直墙地下商场,横穿上步快速路,邻近埋设管线众多,周围建筑物密集,施工干扰大,施工环境十分复杂,施工期间正处于雨季,对工程所处的地质条件影响较大。根据科技查新,如此大断面、浅埋深和复杂施工条件的地下结构,在国内外未见报道。针对上述不利条件,成立了科技攻关小组,克服了施工中的上述不利条件,创造了较好的社会效益和经济效益。

8.6.6.1 工程实施成绩

通过试验研究,区间地下商场确定了"以大管棚超前支护和小导管补充注浆加固、分上下 8 个导洞、各导洞相互错开、短台阶开挖、洞内排水"的综合施工方案。报送业主和监理单位获得批准。2005 年 2 月 19 日,隧道开始进洞,煤气管线顺利通过,此后开挖进度不断加快,由日进尺 1 m,提升到日进最高 1.5 m。至 2005 年 6 月 28 日,中信地下空间 B 区贯通。2005 年 9 月 28 日,中信地下空间 B 区二衬顺利完工,工程比业主要求提前56 d完成。

施工中煤气管、给水管、污水管均处于安全状态，未出现任何安全、质量事故，多次受到中信集团的好评。

8.6.6.2 技术成果

(1) 中信地下空间 B 区工程是目前国内首次穿越各种管线的 27.7 m 大断面平顶直墙暗挖隧道，"成果报告"已于 2006 年 1 月 20 日通过中铁四局集团有限公司评审。

(2) 本工程位于深圳市中心地带，地面车流量大、交通繁忙，施工干扰大；地下施工范围内煤气管、给水管、雨水管和通信管线交错布置，且前期的地铁施工已对地下商场结构周围的土体进行了多次扰动，施工环境十分复杂。在保证路面和既有管线及施工安全的前提下，兼顾施工造价，最有效地控制了地表沉降量，没有出现任何施工灾害事故。

(3) 采用管线应变—应力耦合有限元模拟理论分析管线的变形规律，为施工提供了强有力的理论依据。

8.6.6.3 社会经济效益

(1) 避免了各种管线迁移需要的时间，从而有效地缩短了工期；(2) 节省了各种管线迁移所需要的费用，大大降低了工程造价；(3) 确保了上步路的行人及车辆正常通行；(4) 施工达到了市政工程的"净、畅、宁"要求；(5) 比合同工期提前 56 d 完工，经济效益显著；(6) 工程质量评定为满分，取得了良好的社会效益。

8.6.6.4 推广应用前景

(1) 城市内，在覆土层中市政管线繁多，超浅埋暗挖大断面平顶地下商场，采用大管棚及小导管注浆为主的洞内施工技术避免对地面环境的破坏，减少对闹市区居民生活影响，具有进一步深入研究和推广意义。

(2) 在被多次扰动的软弱围岩中修建大断面地下商场的技术研究方法、手段和施工实践，为类似工程提供了成功的施工实例，具有理论和实践意义。

8.7 地铁车站钻孔咬合桩施工技术

在软土及高水位等复杂条件下开挖基坑容易产生土体滑移、基坑失稳、桩位变位、坑底隆起、支挡结构严重漏水、流土以致破损等病害，一旦出现事故处理将十分困难。而地铁车站深基坑具有深、大的特点，邻近一般多有建筑物、道路和管线，施工场地拥挤，在环境安全上有很高要求，在基坑支护形式上，目前人们往往采用地下连续墙或柱列式灌注排桩支护和钻孔咬合桩支护。

地下连续墙可较好地控制软土地层的变形，因此，在国内外的地下工程中得到了广泛的应用。

咬合桩围护结构是指桩身密排且相邻桩桩身相割形成的具有防渗作用的连续挡土支护结构，既可全部采用钢筋混凝土桩，也可采用素混凝土桩与钢筋混凝土桩相间布置。根据施工工艺的不同，目前常用的咬合桩主要有钻孔咬合桩和人工钻孔咬合桩两种形式。与常用的桩+桩间止水结构的围护结构形式相比，咬合桩施工工艺单一，便于施工组织和管理，基坑土方开挖时围护结构变形协调性大为增强，抗渗效果好。采用套管钻机(又称摩桩机)法施工钻孔咬合桩具体优点如下：

(1) 成孔精度可以得到有效控制。由于套管压入地层是靠主机液压油缸进行完成的，每次压入深约为 25 cm 套管每节长度 4～5 m。可以边压入边纠偏,进行全过程的垂直精度控制。成孔精度检测在管外用小铅锤就可以进行,控制也直观。

(2) 采用套管钻进护壁,可有效防止孔壁塌方、孔内流沙、涌泥,并可进行嵌岩,确保施工时对周边地基的扰动减少到最低程度。

(3) 用冲抓在管内取土,无泥浆,咬合面成型好,能达到防水设计效果,也有利于文明施工。

(4) 由于采用管内灌混凝土,使得桩身鼓包现象大大减少,从而杜绝了混凝土浪费。

(5) 由于咬合桩咬合面止水效果较好,所以在坑外的止水帷幕可以省略。

因此,近年来咬合桩围护结构施工技术在许多工程中得到应用,并凭借其优势逐渐为广大工程技术人员所接受,具有极大的推广应用价值。

8.7.1 工程概况

天津地铁二期 3 号线华苑车站全长 204.7 m,标准断宽度为 20.70 m,该站覆土厚约为 3.4 m,基坑最大开挖深度 18.5 m,车站主体围护结构采用钻孔咬合桩,桩径 1 m,相邻两桩咬合部不小于 250 mm,桩长为 26～29.2 m,共有 700 根桩,咬合桩分为 A 桩和 B 桩,A 桩为 C30 水下钢筋混凝土,B 桩为 C15 超缓凝水下混凝土。

自地表以下至 30 m 范围内自上至下为杂填土、粉质黏土、黏土、粉土相间,均为弱透水性地层。粉质黏土地层的平均渗透系数 $K=0.03$ m/d;黏性土平均渗透系数为 $K=0.005$ m/d;粉土地层的渗透系数 $K=0.5$ m/d。

地下水分为潜水与微承压水类型。孔隙潜水埋藏较浅,勘测期间水位埋深约为 1.0～2.6 m,潜水主要依靠大气降水入渗和地表水体入渗补给,水位具有明显的丰、枯水期变化,受季节影响明显,高水位期出现在雨季后期的 9 月份,低水位期出现在干旱少雨的 4～5 月份,水位变化幅度的平均值约 0.8 m。微承压含水层主要分布在粉土层中,以粉质黏土为相对隔水顶板。微承压含水层厚度较大,分布相对稳定。微承压水水位受季节影响不大,水位变化幅度小。该微承压水接受上层潜水的越流补给,同时以渗透方式补给深层地下水。勘测期间微承压水水位埋深为 2.9 m,其承压水头为隔水顶板到稳定水位距离。

8.7.2 钻孔咬合桩技术特点

钻孔咬合桩是指平面布置的排桩间相邻桩相互咬合而形成的钢筋混凝土"桩墙"。与普通钻孔支护排桩及地下连续墙相比,其优点主要表现在:

(1) 配筋率较低,咬合桩通常采用钢筋混凝土桩和素混凝土桩间隔布置的排列方式,大大地降低了支护结构的配筋率。

(2) 抗渗能力更强,钻孔咬合桩是连续施工的,桩间不存在施工缝,而地下连续墙分幅接头处的施工缝往往是防渗的薄弱环节。

(3) 施工灵活,由于钻孔咬合桩施工时可以根据需要转折变线,所以更适合于施工一些平面多变的几何图形或各种弧形的基坑。

(4) 施工过程中,始终有超前钢套管护壁,无需泥浆护壁,从而节约了泥浆制作、使用和废浆处理的费用,取出的土为原土,有利于搞好工地的文明施工。

(5) 扩孔系数较小,在施工过程中始终有钢套管护壁,完全避免了孔避坍塌,从而减小了扩孔系数,减小了混凝土灌注量。

8.7.3 咬合桩布置与导墙设计

钻孔咬合桩全称为液压摇动式全套管灌注桩。在成孔时,通过液压设备将套管旋转压入土体,形成围护后,在套管内采用抓斗或者旋挖取土。遇到坚硬障碍物时,可用冲击钻处理。到达设计深度后,进行混凝土灌注,同时提升钢套管,形成灌注桩。

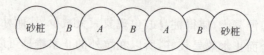

图 8.7.3-1　钻孔咬合桩平面布置示意

桩的排列方式为一根钢筋混凝土桩(A 桩)和一根素混凝土桩(B 桩)间隔布置。施工时利用混凝土超缓凝的性能,先施工 B 桩,在 B 桩混凝土凝固前进行 A 桩施工。A 桩施工时采用全套管钻机切割掉与相邻 B 桩相交部分的混凝土,实现 A、B 桩间咬合。施工中由于先后施工的原因会出现冷接缝,围护结构需闭合时由于起始桩混凝土已经凝固无法切割,从而无法实现咬合。在施工中在排桩接头的位置设置砂桩(成孔后用砂灌满),接头时将砂挖出灌注混凝土即可,砂桩设置于钢筋桩。钻孔咬合桩平面布置示意见图 8.7.3-1。

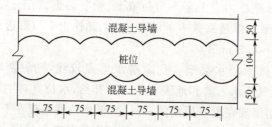

图 8.7.3-2　咬合桩导墙平面设计示意(单位:cm)

为了提高钻孔咬合桩孔口的定位精度并提高就位效率,在桩顶上部施作钢筋混凝土导墙,这是钻孔咬合桩施工的第一步,目的是为了提高钻孔咬合桩孔口的定位精度并提高就位效率。导墙设计为每侧宽 0.5 m,厚 30 cm,强度等级为 C20 混凝土。导墙具体尺寸见图 8.7.3-2,导

图 8.7.3-3　导墙施工现场

墙现场施工见图 8.7.3-3。

8.7.4 咬合桩施工工艺流程

8.7.4.1 排桩的施工工艺流程

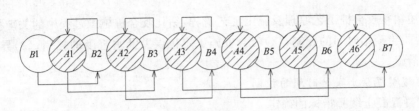

图 8.7.4-1 排桩施工工艺流程

排桩总的施工原则是先施工 B 桩,后施工 A 桩。具体施工工艺流程为:$B1—B2—A1—B3—A2—B4—A3$……,见图 8.7.4-1。

8.7.4.2 单桩的施工工艺流程

咬合桩设计分为 A、B 桩两种形式。除无吊放钢筋笼工序外,B 型单桩施工工艺与 A 型桩相同。A 型单桩施工工艺流程主要为(见图 8.7.4-2):

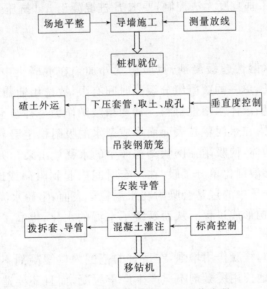

图 8.7.4-2 A 型单桩施工工艺流程

（1）钻机就位。待先施工的导墙达到要求强度后,移动套管钻机,使套管钻机报管器中心对应定位在导墙孔位中心。

（2）取土成孔。先压入第一节套管(每节套管长度约 7~8 m),压入深度约 3 m;然后用抓斗从套管内取土,一边抓土一边下压套管,须始终保持套管底口朝前于取土面大于 2.5 m,第一节套管全部压入土中后(地面以上留取 1.5 m 左右,以便接下一节套管),采用锤球检测其成孔垂直度;如果垂直度偏差超过设计值,需重新回填孔口,拔除套管进行纠偏作业;如垂直度符合设计要求则安装第二节套管继续下压取土,直到达到设计孔底标高。

（3）调放钢筋笼。如为钢筋混凝土桩,成孔检查合格后进行吊放钢筋笼。

（4）灌注混凝土。导管、钢筋笼安装就位后立即进行桩身混凝土灌注,混凝土灌注在成孔后 2 h 内浇注完成。

(5) 拔除套管。混凝土浇注过程中,一边浇注一边拔除套管。套管拔除速度跟随混凝土浇注速度,始终保持套管底低于混凝土面 2.5 m 以上。

8.7.5 咬合桩施工关键技术

通过上述钻孔咬合桩工艺原理及施工工艺流程,钻孔咬合桩施工过程中的关键技术包括:(1)超缓凝混凝土凝结时间的控制;(2)咬合桩施工定位误差及垂直度的控制;(3)异常情况的预防和处理措施。

8.7.5.1 超缓凝混凝土凝结时间的控制

1. 超缓凝混凝土缓凝指标的确定

B 桩混凝土缓凝时间应根据单桩成桩时间来确定,单桩成桩时间与施工现场地质条件、桩长、桩径和钻机能力等因素相关。根据咬合桩施工工艺,B 桩混凝土初凝时间应为:

$$T=t_A+2t_B+k \tag{8.7.5-1}$$

式中,t_A、t_B 分别为 A 桩、B 桩单桩成桩时间;k 为不可预见因素预留时间,一般取 24 h。

经实际测定,初步控制 B 桩初凝时间为 $T=60$ h,并在以后施工中根据现场情况进行适当调整。由于在施工 A 桩时,需要切割相临 B 桩,为保证切割的顺利进行且防止由于两边混凝土强度不同造成 A 桩施工垂直度无法控制,要求 B 桩混凝土 3 d 抗压强度≤3 MPa。

2. 超缓凝混凝土试配

(1) 超缓凝剂的选择

超缓凝剂选用液体水溶性超缓凝剂,克服粉状外加剂在混凝土中不易分散均匀的缺点。因为要求的缓凝时间很长,单一的缓凝组分缓凝时间有限,故选用葡萄糖酸钠及其他数种缓凝组分复合而成,为无色透明液体水溶性材料。葡萄糖酸钠作为一种亲水性表面活性物质,当水泥与水混合时,它们能吸附在水泥颗粒表面而形成亲水的吸附稳定层,并改变了原来水泥颗粒在水化中形成的网状结构体,使吸附在网状结构体中的水释放出来。吸附到水泥颗粒表面后,使固体颗粒表面形成一层溶剂化单分子膜,在一定时间内起到阻碍或破坏水泥颗粒间凝聚的作用,另外,有机缓凝剂分子中的羟基会吸附在水泥粒子表面,阻碍水泥水化过程,使晶体相互接触受到屏蔽,改变了结构形成过程。从而延缓了水泥的水化,提高了其可塑性,延长了缓凝时间。

随着缓凝剂掺量增加,缓凝作用增强,在适宜的范围内掺缓凝剂不但不会影响后期强度,反而有所提高;但超剂量地使用缓凝剂不但产生严重缓凝,而且还要造成强度损失,严重者造成长时期不凝结硬化及严重后果,产生工程质量事故。

(2) 优选材料

由于水下超缓凝混凝土灌注是连续作业,一旦灌注就必须一气呵成,在对混凝土的黏聚性、坍落度损失、抗压强度等各项指标的控制当中,原材料的质量起着至关重要的作用。①水泥选用天津振兴水泥有限公司生产的正通牌 42.5 普通硅酸盐散装水泥;②粉煤灰选用天津大港发电厂的Ⅱ级粉煤灰;③矿渣选用唐山蓝博凝石有限公司生产的 S95 级矿渣微粉;④河砂选用秦皇岛中砂,细度模数在 2.8 左右,颗粒表面圆滑,含泥量、泥块含量都较少;⑤碎石选用蓟县碎石,粒径为 5~20 mm 连续级配;⑥减水剂选用利宏建材公司生产的 FD-4 型高效减水剂。

(3) 优选配合比

超缓凝混凝土为水下 C15 混凝土,初凝时间为 60 h,3d 抗压强度≤3 MPa,根据标准和设计要求,该混凝土试配强度提高 5 MPa;水下灌注混凝土施工不具备振捣条件,靠混凝土自身重量产生流动在桩基底部摊平和捣实,若流动性较差,就会造成灌注困难、堵管,无法正常灌注,甚至会出现断桩,引发质量事故及较大的经济损失。灌注前坍落度应在 180~200 mm 之间,扩展度大于 45 mm。

水下灌注混凝土要有较好的黏聚性和保水性,以防止因混凝土离析、泌水在灌注过程中出现碎石在导管中局部集结,造成"卡管",引发质量事故。通过大量的试配,根据试配结果优选了一组配合比,该配合比混凝土出机状态较好,无离析、泌水现象,坍落度经时损失、缓凝时间都符合要求并且有足够的强度富余系数。

3. 混凝土生产中应注意的问题

(1) 做好搅拌前的组织准备。在生产超缓凝混凝土之前要对车辆、机械设备进行全面的检查,做好维修、保养工作;依据所需的超缓凝混凝土方量,做好原材料储备。

(2) 所有原材料必须经过复试合格后方可使用。超缓凝剂复试时间较长,所以必须提前进料,及时复试,并必须经过与水泥的适应性试验。未经过检验或检验不合格,坚决退货。

(3) 材料员及时检查清除砂子中的砖头和卵石,维修人员定期检查搅拌机料仓筐子,以防骨料中的砖头和卵石进入混凝土。

(4) 搅拌机及运输车在生产超缓凝混凝土前应经过清洗。

(5) 超缓凝混凝土搅拌时间应延长 30 s,保证超缓凝剂在混凝土中分散均匀,避免混凝土不均匀。

(6) 搅拌过程中,生产调度和搅拌操作人员之间必须将生产指令重复确定,以避免搅错混凝土。

(7) 超缓凝混凝土计量必须严格符合标准。

(8) 搅拌运输车司机应仔细查看发货单,了解所运混凝土的工程名称、施工部位、强度等级等信息,交货时与施工方确认,防止混凝土运错。

(9) 质检员对生产的每一车咬合桩混凝土进行检测,不合格混凝土不得出厂。

(10) 超缓凝混凝土试件应确定混凝土完全终凝后方可拆模,以防止试件变形影响抗压强度测试值。

(11) 使用过程中采用严格的检查制度和监控措施。① 每车混凝土在使用前必须检查其坍落度及观感质量是否符合要求;② 每车混凝土均取一组试件,监测其缓凝时间及坍落度损失情况,直至该桩两侧的 A 桩全部完成为止。如果发现其有早凝趋势,施工中会立即采取措施,避免事故桩的出现;③ 按规范要求取试件检查混凝土最终强度,混凝土最终强度必须满足设计要求。

8.7.5.2 咬合桩施工定位误差及垂直度的控制

1. 孔口定位误差的控制

为了保证钻孔咬合桩位置的精确性,要对其孔口的定位误差进行严格的控制。在钻孔咬合桩桩顶以上设置钢筋混凝土导墙,导墙上设置定位孔,其直径宜比桩径大 20~40 mm。钻机就位后,将第一节套管插入定位孔并检查调整,使套管周围与定位孔之间的空隙保持均匀。

2. 桩身垂直度的控制

控制了桩身垂直度,也就能保证钻孔咬合桩底部有足够厚度的咬合量。除对其孔口定位误差严格控制外,还应对其垂直度进行严格的控制。根据规范要求,本工程桩身垂直度偏差不大于0.3%,桩与桩的咬合量为250 mm,在最不利的情况下(按最大桩长31 m计)偏差量为$2\times 31\times 0.3\% = 186$ mm。在成孔过程中要控制好桩的垂直度,必须加强做好以下3个环节的工作。

(1) 套管的顺直度检查和校正。钻孔咬合桩施工前在平整地面上进行套管顺直度的检查和校正。首先检查和校正单节套管的顺直度,然后将其照桩长配置的套管(本工程的套管单节长度为11 m+8 m+8 m+6.8 m)全部连接起来,套管顺直度偏差控制在0.1%~0.2%。检测方法:于地面上测放出两条相互平行的直线,将套管置于两条直线之间,然后用线锥和直尺进行检测。

(2) 成孔过程中桩的垂直度监测和检查。① 地面监测,在地面选择两个相互垂直的方向采用经纬仪或线锥监测地面以上部分套管的垂直度,发现偏差随时纠正。这项检测在每根桩的成孔过程中应自始至终坚持,不能中断;② 孔内检查,每节套管压完后安装下一节套管之前,都要停下来用"测环"或"线锥"进行孔内垂直度检查,不合格时需进行纠偏,直至合格才能进行下一节套管施工。

(3) 纠偏。成孔过程中如发现垂直度偏差过大,必须及时进行纠偏调整,纠偏的常用方法有3种:① 利用钻机油缸进行纠偏,如果偏差不大或套管入土不深(5 m以内),可直接利用钻机的两个顶升油缸和两个推拉油缸调节套管的垂直度,即可达到纠偏的目的;② B桩纠偏,如果B桩入土大于5 m,发生较大偏移,可先利用钻机油缸直接纠偏,如达不到要求,可向套管内填砂或黏土,一边填土一边拔起套管,直至将套管提升到上一次检查合格的地方,然后调直套管,检查其垂直度合格后再重新下压;③ A桩纠偏,A桩的纠偏方法与B桩基本相同,其不同之处是不能向套管内填土而应填入与B桩相同的混凝土,否则有可能在桩间留下土夹层,从而影响排桩的止水效果。

8.7.5.3 异常情况的预防和处理措施

1. 克服"管涌"的施工措施

"管涌"是指在A桩成孔过程中,因B桩混凝土尚未凝固,处于流动状态的混凝土从A、B桩相交处涌入A桩孔内。克服"管涌"方法有:① B桩混凝土的坍落度应相对小一些,不宜超过18 cm,降低混凝土的流动性;② 钢套管底应始终超前于开挖面一定距离,造成一段"瓶塞",阻止混凝土的流动。此段距离视钻机能力而定,一般不应小于2.5 m;③ 必要时(如遇地下障碍物套管底无法超前时)可向套管内注水,保持一定的水头,通过水压力来平衡B桩混凝土的压力;④ A桩成孔过程中注意观察相邻两侧B桩混凝土顶面。如发现B桩混凝土下陷应立即停止A桩开挖,并将钢套管下压,同时向A桩内填土或注水。

2. 克服钢筋笼上浮的方法

由于套管内壁与钢筋笼外缘之间的空隙较小,因此在上拔套管的时候,钢筋笼有可能被套管带着一起上浮。其预防措施主要有:① A桩混凝土的骨料粒径应小一些,不宜大于20 mm;② 在钢筋笼底部焊上一块比钢筋笼直径略小的薄钢板以增加其抗浮能力;③ 制作钢筋笼导正器;④ 混凝土灌注必须按操作规程进行。

3. 钻进入岩(或既有构筑物)的处理方法

钻孔咬合桩仅适用于土质地质,但施工中遇到局部小范围少量桩入岩情况,可采用"二阶段成孔法"进行处理。第一阶段,不论A桩或是B桩,先钻进取土至岩面,然后卸下抓斗改换冲击锤,从套管内用冲击锤冲钻至桩底设计标高,成孔后向套管内填土,一边填土一边拔出套管,即第一阶段所成的孔用土填满;第二阶段,按钻孔咬合桩正常施工方法施工。

8.7.6 钻孔咬合桩施工效果

通过对钻孔咬合桩桩身精度及超缓凝混凝土的全面质量控制,华苑站钻孔咬合桩垂直度偏差最大值为千分之一,咬合桩质量合格率达到100%,优良率达到98%,很好的实现了设计意图,开挖过程中未发生较大的漏水事故。咬合桩挡土作用和止水帷幕效果明显,施工质量及使用效果得到了业主及监理的充分肯定。华苑站主体围护工程于2006年9月6日一次性通过分部工程验收。该工艺特别适用于城市建筑物密集区,可降低工程造价,提高施工速度,切实保证支护结构质量,有利于施工场地的文明整洁,能满足城市安全文明施工的需要。

参 考 文 献

[1] 刘维宁,张弥,邝名明.城市地下工程环境影响的控制理论及其应用[J].土木工程学报,1997,30(5).
[2] 王梦恕.我国地下铁道施工方法综述与展望[J].地下空间,1998,18(2).
[3] 钱七虎.岩土工程的第四次浪潮[J].地下空间,1999,19(4).
[4] 孙钧,等.城市环境土工学[M].上海:上海科学技术出版社,1999.
[5] 刘天泉,钱七虎.城市地下岩土工程技术发展动向[J].煤炭科学技术,1999,27(1).
[6] 刘宝琛.急待深入研究的地铁建设中的岩土力学课题[J].铁道建筑技术,2000,(3).
[7] 王建宇.隧道工程的技术进步[R].2002.
[8] 吴波.复杂条件下城市地铁施工地表沉降研究[博士论文].2003.
[9] 中铁四局集团有限公司,西南交通大学.软弱富水地层中修建地铁车站和浅埋大跨度群洞隧道技术研究[R].2003.
[10] 吴波.城市地铁车站施工对近邻桥基的影响研究[博士后报告].2006.
[11] 中铁四局集团有限公司,石家庄铁道学院.城市管群下浅埋超宽大断面平顶地下商场施工技术研究[R].2006.
[12] 张顶立.客运专线隧道施工安全风险控制与管理大纲[R],2007.
[13] 中铁四局集团有限公司,安徽建筑工业学院.北京地铁区间隧道和车站快速施工技术研究报告[R].2007.
[14] 中铁四局集团有限公司.天津地铁车站钻孔咬合桩施工技术研究报告[R].2007.
[15] 中华人民共和国铁道部.铁路隧道风险评估与管理暂行规定[S].2007.